JAMES DEAN

EL BOULEVARD DE LOS SUEÑOS ROTOS

JAMES DEAN

EL BOULEVARD DE LOS SUEÑOS ROTOS

PAUL ALEXANDER

CULT BOOKS

A Chris,
a James Stein,
y en memoria de Don Elgin

CULT BOOKS

cultbooks@cultbooksediciones.com

TÍTULO ORIGINAL: 'Boulevard of broken dreams
TRADUCCIÓN: Inés de la Torres
DISEÑO: Lucía Dueñas

PRIMERA EDICIÓN: abril de 2024

ISBN: 978-84-128432-3-1
Depósito legal: MA 1927-2024

ÍNDICE

Nota del autor

Todos los diálogos que se incluyen en este libro han sido confeccionados a partir de fuentes directas e indirectas tales como libros, revistas, artículos, ensayos, así como grabaciones de entrevistas realizadas con personas que conocieron a James Dean. No hay ningún diálogo que sea imaginario; en todos ellos, lo que se dice está lo más cerca posible de la realidad.

CAPÍTULO 1
UN NIÑO PERDIDO

1

Siempre se ha creído que James Dean fue la personificación de la rebeldía: rebelde contra el sistema, contra las tradiciones y las costumbres sociales, contra cualquier tipo de conformismo. Pero si ahora pensamos en él, no vemos más que un estereotipo: tejanos, camiseta blanca y cazadora de nilón roja con cierre de cremallera, la espalda ligeramente encorvada, la cabeza un poco ladeada, los ojos estudiadamente entornados y las manos hundidas en los bolsillos delanteros, mientras un cigarrillo Chesterfield cuelga de sus labios. Cuando Jim Stark adoptó esta pose en *Rebelde sin causa* ("Rebel without a Cause"), la película más famosa de James Dean, su imagen aún no se había convertido en un cliché. Parecía nuevo y atrevido, y era impresionante. Antes de que apareciera Dean, los jóvenes no acostumbraban vestir de ese modo, ni se dedicaban, por supuesto, a lanzar aquel tipo de miradas tan agresivas, tan llenas de desprecio. Ante la sorpresa de Hollywood, Dean encontró un público deseoso de escuchar lo que tenía que decir. A mediados de los cincuenta, una década caracterizada por el conservadurismo social y por la represión política, James Dean penetró en la conciencia popular de la nación.

El general Dwight Eisenhower ejercía de presidente con el gélido estilo de un padre puritano y sin otra aspiración que mantener el *statu quo*. Al mismo tiempo, Joseph McCarthy, con la ayuda de Roy Cohn y un jovencísimo Robert Kennedy, hacía lo imposible para conservar su particular versión del *American Way of Life*. Consiguió salirse con la suya apelando a la histeria anticomunista y procediendo, con el apoyo del gobierno, a una caza de brujas que aterrorizó al sector más creativo de la sociedad. El gobierno recurría con mayor frecuencia a la represión, y los derechos individuales iban perdiendo importancia frente a la protección de las normas sociales, con lo que acabó generándose una fuerte reacción de protesta, especialmente entre aquellos jóvenes que durante los años cincuenta se estaban convirtiendo en adultos.

En varias partes del país, los jóvenes se rebelaron abiertamente contra los padres, la escuela y la sociedad en general. En medio de este clima de descontento apareció James Dean. Al constituirse en el símbolo de la rebeldía y de los derechos del individuo, conectó con toda una generación, para la que acabó siendo un héroe. Las chicas lo idolatraban, los chicos se vestían como él, hablaban como él y adoptaban sus mismas poses. Querían ser él. «Piensa en todos esos James Dean –diría en cierta ocasión Andy Warhol–, y en lo que esto significa.» Es lo que hacemos nosotros, pensar en todos los James Dean y en lo que significan, puesto que así pensamos en él.

Unos labios prominentes acentuaban los pómulos de su rostro delicado y anguloso, mientras el cabello castaño hacía resaltar el azul claro de unos ojos redondos y adormecidos. Esto en cuanto a su cara, que en la pantalla era luminosa, inolvidable. Luego estaba su cuerpo. Bien formado sin ser musculoso, Dean tenía andares de competidor de lucha libre, aunque si le venía en gana también sabía moverse con la gracia de un bailarín. ¿Y su forma de caminar? Tan capaz era de pavonearse, altanero y vanidoso, a través de una habitación, como de vacilar igual que un niño que da sus primeros pasos. En cualquier caso, conseguía llamar la atención. Solo su forma de hablar era más llamativa aún, una forma de hablar que, cuando se estrenó su primera película, una revista la calificó de «farfulleo ininteligible».

Pero hay otra razón por la cual le recordamos, además de por ser tan bien parecido. Hizo lo que pocos actores habían hecho hasta entonces o harían después de él. Aportó algo nuevo al terreno del sexo, introdujo en él una cierta ambigüedad, una franqueza y un toque andrógino que no habían sabido dar otras estrellas de Hollywood. No hay duda de que las chicas se enamoraban de Dean, pero la verdad es que también los chicos lo hacían, a su manera. Durante la adolescencia, casi todos los muchachos se sienten, en un momento u otro, atraídos sexualmente hacia algún individuo de su propio sexo. Dean sabía utilizar esta atracción, lo cual le permitía incidir en la incierta naturaleza de la sexualidad, algo que para muchos puede resultar muy amenazador. Además, cultivaba expresamente la contradicción. No cabía ninguna duda de que era muy masculino, pero a la vez parecía suave, vulnerable, incluso “femenino”. Su compleja sexualidad impregnaba sus papeles cinematográficos. En *Al este del Edén* (“East of Eden”) interpretaba a un muchacho agraviado y vengativo, que buscaba desesperadamente el afecto de su padre, el de la novia de su hermano y el de su propio hermano. En *Gigante* (“Giant”), especialmente en las primeras escenas, su personaje se caracteriza por su inseguridad y su falta de decisión. En *Rebelde sin causa*, tanto Judy como Platón se enamoraban del personaje que interpreta Dean, y la respuesta es la misma para ambos. En esta película, Platón afirma desear que Jim Stark sea su padre, pero las miradas de adoración que le dirige no son precisamente las de un hijo. Puede que James Dean fuera el primer adolescente americano, como fue llamado después de su muerte, pero fue también la primera estrella masculina del cine americano que encarnó una imagen andrógina. En los cincuenta, Dean era la contrapartida de figuras como Gary Cooper, Clark Gable y John Wayne –o incluso Dwight Eisenhower–. La generación de los mayores representaba el despotismo y la represión, mientras que Dean era el prototipo de la libertad y el progreso.

Durante su breve carrera solo hizo tres películas, pero ha contribuido a la moderna técnica de interpretación de forma tan significativa que parece que sean muchas más. Aunque murió a los veinticuatro años, superó –en calidad, ya que no en cantidad– los logros de la mayoría de sus más longevos contemporáneos. Hace casi cuarenta años de su muerte, pero la leyenda que se creó tras su desaparición está tan viva hoy como lo estuvo siempre.

Lo cierto es que, en la actualidad, es esa leyenda la que evocamos. Es normal que así sea, ya que se trata de una leyenda que se ha mantenido durante más tiempo del que le correspondió vivir al propio James Dean. Se inició una fría tarde de otoño, el último día de septiembre de 1955, en un tramo de una carretera situada al norte de Los Ángeles, cerca de Cholame. Acompañado de su mecánico, Rolf Weutherich, y con el pie en el acelerador, Dean conducía su Porsche Spyder 550, mientras el atardecer teñía el cielo de un gris casi exactamente igual al del automóvil. De pronto, surgido aparentemente de la nada, un Ford sedán que venía en dirección contraria por el otro lado de la calzada dio un inesperado giro a la izquierda. Incapaz de frenar o de esquivarlo con suficiente rapidez, Dean se estrelló contra el lateral del Ford. El impacto le rompió el cuello: estaba ya muerto cuando la ambulancia lo llevó al hospital más próximo. En las semanas y los meses siguientes, impulsado por el estreno póstumo de *Rebelde* y *Gigante*, se formó un mito en torno a la figura de Dean. Un mito cuyo poder fue en aumento, a medida que pasaba el tiempo, hasta que, como ha ocurrido con otros artistas que han muerto jóvenes –Diane Arbus, Robert Mapplethorpe, Sylvia Plath–, James Dean empezó a tener más fama después de muerto que la que había alcanzado en vida. No deja de ser irónico que una de las razones de esta fama póstuma fueran las trágicas circunstancias en las que encontró la muerte.

Era un apuesto y prometedor genio que murió joven. Esta era la leyenda. Era un joven problemático, cuya exigente personalidad y su obsesión por ser actor tanto divertía a su familia y amigos como los sacaba de quicio. Esta era la persona. ¿Qué había en la persona para que naciera la leyenda?

Una fría noche de febrero de 1957, en la ciudad japonesa de Kioto, cuando aún no hacía ni un año de la muerte de James Dean, Truman Capote entrevistaba a Marlon Brando en su habitación del hotel Miyoko. Brando se encontraba en Japón para intervenir en el rodaje de una película basada en la adaptación que Joshua Logan había hecho de la novela "Sayonara", de James Michener, y Capote había acudido en busca de información sobre el actor, para un artículo que estaba escribiendo para el "New Yorker".

Durante la entrevista, Capote le preguntó a Brando acerca de Dean. Fue, según Capote, «una pregunta que sorprendió a Brando». «No, Dean nunca fue mi amigo –respondió Brando con nerviosismo–. Lo conocía muy poco. Pero me había convertido en su obsesión. Solía llamarme y yo le escuchaba mientras él hablaba con el contestador automático de centralita: preguntaba por mí y dejaba recados. Pero nunca hablé con él, nunca devolví ninguna de sus llamadas.» En aquel momento Brando fue interrumpido. Cuando reanudó la conversación con Capote, añadió: «Dean me hacía caso. Él mismo se daba cuenta de que estaba enfermo. Le di la dirección de un psicoanalista, y fue. Por lo menos, su trabajo mejoró. Hacia el final, creo que empezaba a encontrar su camino como actor. Pero esta mitificación de Dean no tiene sentido. Por eso creo que el documental –Robert Altman estaba preparando uno acerca de Dean y quería que Brando fuera el narrador– puede ser importante. Para mostrar que no era ningún héroe; para mostrar lo que era en realidad: un niño perdido que trataba de encontrarse a sí mismo.»

Aunque las afirmaciones de Brando tal vez tengan su parte de verdad, con el paso del tiempo Dean se ha convertido en algo más para tres generaciones de admiradores. Ha pasado a ocupar en nuestro inconsciente colectivo un lugar reservado para muy pocas personas. Quizá tan solo Marilyn Monroe y Elvis Presley sean más famosos que él en todo el mundo. Sin embargo, ¿qué tenía Dean que lo hiciera tan especial? ¿Qué contribuyó a que se convirtiera en «un niño perdido que trataba de encontrarse a sí mismo»? ¿Qué quiso decir Brando exactamente al afirmar que Dean estaba «enfermo»?

Dean nació en 1931, en Marion, Indiana, pero aún no había cumplido los seis años cuando su familia se mudó a Los Ángeles, ya que el padre de Dean, Winton, había encontrado un trabajo mejor en esa ciudad. Durante los tres años que siguieron, Dean estuvo inusualmente unido a su madre. Cuando esta murió de cáncer de forma repentina, Winton, incapaz de hacerse cargo del niño, lo envió de vuelta a Indiana para que su hermana se encargara de él.

En la mitología de Dean esta condición de huérfano es un factor clave; parece explicar su profunda inseguridad y su conducta neurótica. Cualquiera que sea la razón, al crecer aprendió a canalizar su falta de confianza sumergiéndose en su arte. Como actor consolidado, siempre estuvo deseoso de ir demasiado lejos, de jugar en la cuerda floja, de hacer lo que la mayoría de actores nunca soñarían hacer. Se atrevió a luchar por ser "real" en las películas, por mostrar cómo una persona verdadera respondía realmente en el mundo que el cine representa. Rechazó el relamido estilo de los actores clásicos para mostrarse rudo e incluso emotivo si era necesario; fuera de control en ocasiones, incapaz de expresarse en otras, pero siempre honesto, siempre en su punto. Por esto consiguió ser diferente, por lo menos en su trabajo.

Al final, puede que en su vida personal no llegara tan lejos como él hubiese deseado. La realidad de los hechos hace pensar en que la imagen que de él promocionó su productora nada tenía que ver con lo que realmente fue su vida privada. La Warner Bros. lo pintó como un joven y viril Casanova que no cesaba de ligar con las estrellas de Hollywood.

En realidad, no tenía nada que ver eso. «Básicamente –como diría un productor–, vivió su vida como un homosexual.» Si fue así, si es verdad que tuvo que transigir con una parte tan importante de su vida personal como es la sexualidad, también esto supuso una tragedia, y quizás una tragedia más intensa que la que tuvo lugar al atardecer de aquel 30 de septiembre de 1955, cuando un automovilista que dijo no haber visto a Dean se cruzó frente al bello y elegante Porsche del actor.

2

Norman Mailer, en la biografía de Marilyn Monroe que escribió en 1974, indica que el principal problema con el que tuvo que enfrentarse fue la tendencia de la actriz a adornar los acontecimientos de su vida o simplemente a inventárselos. «Algunos de ellos [de los acontecimientos que se creían verdaderos] –afirmaba Mailer– fueron escritos por Marilyn, es decir, escritos por Ben Hecht tal y como Marilyn se los contaba, una invención prodigiosamente verosímil, aunque dudosa, que apareció por entregas en los suplementos dominicales de 1954. Hecht no era el tipo de escritor que cuenta la verdad cuando un poco de imaginación puede enriquecer su prosa, y Marilyn había estado refinando sus fábulas durante años. Ningún equipo de autores ha contribuido más a la neblina literaria que aún flota sobre una leyenda como la de Marilyn que Ben Hecht.»

Mailer creó una palabra para este tipo de episodios semi inventados y basados vagamente en los hechos, pero esencialmente ficticios. Los llamó "factoides" y documentó muchos de ellos en la biografía de Marilyn.

En el caso de James Dean, estos "factoides" aparecen más o menos con la misma frecuencia. Según la leyenda, cuando Dean era joven e intentaba introducirse en el mundo del espectáculo en la ciudad de Nueva York, escribió lo siguiente sobre su madre: «Mi madre se me murió cuando yo tenía nueve años. ¿Qué esperaba de mí?

¿Que lo hiciera todo solo?» Sin embargo, se le atribuye una cita similar en otro momento de su vida, mientras estudiaba en el instituto. En una ocasión en que intervino en una pelea acabó siendo expulsado, y esa misma noche buscó refugio en la tumba de su madre. «¿Qué esperas de mí? –parece que dijo frente a la tumba–. ¿Que lo haga todo yo solo?» ¿Cuál de estas versiones es la verdadera? ¿Lo son las dos? ¿O ambas son "factoides"?

Existen pruebas escritas de la primera, garabateadas con la letra casi ilegible de Dean en la solapa de un libro, así que podemos suponer que esta versión es al menos parcialmente verdad. Aunque puede que simplemente escribiera un comentario que él mismo había pronunciado años antes delante de la tumba de su madre. Es difícil saberlo en el caso de Dean, ya que, como a la mayoría de los artistas creativos, le gustaba inventarse los detalles de su vida si con ellos mejoraba la historia.

Al fin y al cabo, en la vida de un actor, la línea que separa realidad y ficción tiene que ser muy delgada, pues ya se sabe en qué consiste su trabajo.

Sin embargo, existen otras razones por las cuales la vida de Dean está llena de "factoides". En primer lugar, hay que contar al departamento de publicidad de la Warner Bros. que, hacia el final de la vida de Dean y también después de su muerte, hizo pública determinada información biográfica, más con la intención de obtener un producto rentable que de contar la verdad. Si había que tergiversar los hechos, se tergiversaban. Lo importante era realizar un buen lanzamiento de Dean para que la empresa ganara dinero. Luego están los familiares y amigos que le sobrevivieron –y eran muchos, ya que murió muy joven–, los cuales, tras la muerte de Dean y mientras perduraba su leyenda, se inventaron y reinventaron la historia de la vida del actor, para contársela a un rosario interminable de admiradores. Por último, existe el problema de los que, sin casi conocerle, adornaban los escasos detalles de su ínfima relación con Dean.

Por ejemplo, es posible que Shelley Winters coincidiera varias veces con Dean en las fiestas de Hollywood durante 1954 y 1955, pero decididamente no eran amigos. «Por aquel entonces, Dean estaba teniendo una loca aventura con Vampira. Seguramente hacían el amor en su ataúd, aquel desde el que ella presentaba viejas películas de terror en la televisión» escribió Winters en "Shelley II: The Middle of My Century". Luego se dedica a contar cómo, en cierta ocasión, Dean perdió una apuesta que hicieron los dos, acerca de su afición a un personaje tan curioso como Vampira, y, en consecuencia, Dean tuvo que hacer una visita al terapeuta de la actriz, que ella misma pagó. Teniendo en cuenta que no es muy probable que Dean tuviera relaciones con Vampira ni que le hiciera el amor en su ataúd –Vampira no era particularmente de su agrado, como revela Hedda Hopper, que en cierta ocasión la tildó de «necia» e «infantil»–, la exactitud de la historia sobre la apuesta perdida y la visita al terapeuta queda pendiente de revisión.

Otra persona que también ha exagerado sus relaciones con Dean es Dennis Hopper. A lo largo de los años, tanto en programas de televisión como por escrito, Hopper nos ha ofrecido una gran variedad de anécdotas sobre Dean. Según Hopper, Dean había estado recluido en un monasterio durante los tres últimos días de su vida, un hecho que contradice toda lo que sabemos acerca de lo ocurrido durante esas jornadas. Según Hopper, Dean le había hablado de su madre, un tema del que apenas hablaba con nadie, ni siquiera con sus amantes. Según Hopper, Dean le había revelado el secreto de su forma de actuar, un día en que Hopper lo cogió por el cuello, lo arrojó contra el capó de un coche y quiso saber cómo había hecho lo que había hecho, una historia cuyas premisas ya parecen ser falsas, puesto que Dean jamás hubiera dejado que le trataran con tanta agresividad. Es cierto que Hopper intervino en un papel secundario en *Gigante* y en otro aún menos importante de *Rebelde sin causa.* Dean probablemente le conocía tan bien como conocía a cualquier otro extra o figurante.

Cuando se escribe la vida de una persona, hay que saber diferenciar, lo mejor que se pueda, entre lo que se cree que es verdad y lo que se considera inventado. A partir de este punto, los hechos pueden ser adaptados a la forma narrativa. No es un trabajo fácil, particularmente si uno no cesa de toparse con "factoides" contados en la televisión, los libros o los periódicos como si fueran verdad, pero que no lo son. Claro que incluso Fairmount, Indiana, puede parecer un producto de la imaginación. Como sus habitantes. Quien viaje a la ciudad y eche un vistazo alrededor, tendrá la impresión de haber entrado en un cuadro de Norman Rockwell: pequeños comercios, pulidas y encantadoras casitas y tranquilas calles con nombres como Mayor, Olmo y Sicomoro. Basta hablar con la gente, que enseguida contará cosas del pueblo que a cualquiera le parecerán inventadas y que seguramente lo son. Para un niño perdido que intentaba encontrar alguna lógica en su vida, Fairmount debió ser un lugar tremendamente desconcertante.

CAPÍTULO 2
JIMMY DEAN

1

Según cuenta la tradición del pueblo, Fairmount está indirectamente relacionado con la invención del aeroplano, puesto que en él nació el obispo Milton Wright, padre de Wilbur y Orville, los hermanos Wright. Asimismo, se asegura que Fairmount está también relacionado con la invención del automóvil. El motivo por el que los habitantes del pueblo están convencidos de que este fue el lugar donde se fabricó el primer vehículo motorizado es que, en 1888, Orlie Scott y sus dos ayudantes, Charles T. Payne y Nathan Alpheus Armfield, construyeron en un garaje de la calle East Washington un carruaje que en lugar de ser arrastrado por un caballo estaba impulsado por un motor. Cuando el invento se estrelló a la salida del pueblo, cerca de Park Cemetery, los restos fueron vendidos a Elwood Haynes, de Kokomo, a quien la historia atribuye la invención. Se dice que, en 1903, Cyrus Pemberton vendió el primer cucurucho de helado del mundo y que en algún momento comprendido entre 1885 y 1907, mientras mantenía su carrito de venta ambulante de comida, William Bill Dolman elaboró y vendió la primera hamburguesa. ¿Dónde tuvieron lugar estos acontecimientos históricos? En Fairmount, o eso dicen.

El avión, el automóvil, el cucurucho de helado, la hamburguesa... Todos le deben a Fairmount su invención. No está mal para un pueblo pequeño, noventa kilómetros al norte de Indianápolis, cuya población ha venido oscilando, a lo largo del siglo XX entre los dos y tres mil habitantes. Quizá por eso mismo en 1980 el consejo de dirección del museo local estableció que el lema de la comunidad sería "Fairmount, cuna de gente distinguida". Durante años, el pueblo utilizó indistintamente este lema y el extraoficial: "Fairmount, centro cultural de Indiana." Al pueblo se le denominaba así, según indica un historiador local, por ser la cuna de muchos «rectores universitarios, escritores, abogados, científicos, médicos, actores, campesinos, artistas y maestros de fama nacional e incluso internacional».

Estos son los mitos que enriquecen la historia de Fairmount, pero hay algunos hechos referentes al pueblo que son igualmente fascinantes. Fue fundado a principios del siglo XIX por Joseph Winslow, un antepasado de James Dean, que había llegado del Este, a través del Cumberland Gap, en busca de una vida mejor en Indiana para él y su familia. Fairmount nunca dejaría de ser una comunidad rural. Alrededor del pueblo hay kilómetros y kilómetros de ricas planicies en las que los granjeros cultivan principalmente maíz y legumbres y crían ganado, en especial vacas y cerdos. A finales de siglo, un grupo de hombres de negocios constituyó la Fairmount Mining Company con el propósito de explotar el gas natural que había en el subsuelo de la región. Pero al contrario que en Gas City y Jonesboro, dos comunidades cercanas a Fairmount, la industria del gas nunca sustituyó a la agricultura en el ámbito de la economía local. Y así como la agricultura definía la vida financiera del pueblo, la religión dictaba el entorno social.

A lo largo de su historia, una gran cantidad de habitantes del pueblo habían pertenecido a la Sociedad de los amigos, cuyos feligreses son normalmente conocidos como cuáqueros, una secta cristiana sumamente conservadora que predica la no-violencia y el ajustarse estrictamente a la verdad, y que considera que, en las ceremonias religiosas, la asamblea de fieles es más importante que el propio ministro. Las reuniones de cuáqueros, que se celebran en una especie de sala de recepciones, poco parecida a una iglesia en el sentido tradicional del término (aunque se les llama igualmente iglesias), no están presididas por un predicador. Por el contrario, cualquiera que se sienta inspirado por· el Espíritu Santo puede hacer uso de la palabra.

En Fairmount, durante la década anterior a la Segunda Guerra Mundial, la comunidad cuáquera era tan numerosa como para mantener dos centros de reunión. La primera Iglesia de los amigos se encontraba en el mismo Fairmount. La otra estaba situada cerca de Back Creek, un arroyo tranquilo al norte del pueblo que daba su nombre a la iglesia. Pero en Fairmount no había solamente iglesias cuáqueras, sino que el pueblo también albergaba la Iglesia baptista, la Iglesia cristiana, la Iglesia de Dios, la Iglesia unida de los metodistas, así como la Iglesia wesleyiana. Aparte de la tienda de Xen Edwards, del Citizen's Bank, del teatro Palace y del Little's Koffee Kup, Fairmount contaba con una oficina de correos, una taberna, una ferretería, una librería, un instituto, un supermercado, un grupo de tiendas a lo largo de la calle Mayor y una oficina que pertenecía a Old Doc Holliday, el médico de cabecera que había asistido a los partos de la mayoría de los jóvenes de Fairmount. Las casas, de estructura de madera y dos plantas en su mayoría, estaban edificadas en el centro comercial. Eso era todo, poco más o menos. Si una persona buscaba un hotel, un hospital, un restaurante o una mayor variedad de tiendas, tenía que ir a Marion, una pequeña ciudad situada a dieciocho kilómetros al norte, que tenía una población de alrededor de cincuenta mil habitantes.

En 1931, precisamente desde Marion decidió regresar a Fairmount una joven pareja, casada desde hacía más de un año y con un bebé varón. De hecho, el joven Winton Dean era nativo de este lugar, mientras que su mujer, Mildred Marie Wilson, provenía de Jonesboro. El padre de ella, John Wilson, había sido barbero en Marion y tenía en aquel momento un terreno que arrendaba a varios granjeros, entre Gas City y Upland. La madre, Minnie Mae, se mantuvo ocupada criando a sus cinco hijos (Mildred, a quien apodaban Millie, era la segunda) hasta que murió de cáncer cuando su hija más pequeña, Ruth, tenía seis años. Millie había estudiado en el instituto de Jonesboro, donde entre otras actividades había destacado en el equipo femenino de baloncesto, los Crickets de Jonesboro. Alto, fuerte y atractivo, Winton era un joven agradable y trabajador que, como la mayoría de los Dean, tenía un agudo aunque refrenado sentido del humor. Millie, bella y esbelta, amaba las artes, en especial la poesía, y a veces recitaba en la iglesia.

Winton y Mildred se conocieron mientras ella compartía un apartamento en Marion con otras dos chicas. Tras un apasionado romance, el 26 de julio de 1930 obtuvieron un certificado de matrimonio en el juzgado del condado de Grant. Ese mismo día los casó un clérigo local, Zeno Doan. Winton tenía veintidós años y Mildred veinte. Después de la ceremonia se detuvieron en Fairmount, en casa de unos amigos, David y Hazel Payne, para comunicarles que acababan de casarse, pero que no tenían adónde ir en su luna de miel. Los Payne insistieron en que se quedaran con ellos. Así lo hicieron durante las siguientes dos semanas, pasadas las cuales los Dean no se instalaron en Fairmount, ni en Jonesboro, ni en Gas City, que hubiera sido lo más lógico, sino en Marion, en un diminuto apartamento de un edificio llamado los Siete Tejados, situado en el centro de la ciudad, en la esquina de las calles 4 Este y McClure. La razón por la cual Winton y Mildred Dean decidieron fijar su residencia allí en vez de hacerlo en Fairmount, donde habrían estado cerca de la familia y los amigos, se aclaró al poco tiempo, por lo menos para quienes conocían a la pareja más a fondo. Mildred ya estaba embarazada varias semanas antes de casarse con Winton.

Durante esos primeros meses de matrimonio, Winton continuó su trabajo en el Veterans Administration Hospital de Marion, donde se había formado como técnico dental. Puesto que el país se encontraba inmerso en la Gran Depresión, Winton se consideraba afortunado de tener trabajo, aunque los Dean, como la mayoría de los recién casados, pasaban por una difícil situación económica. Mientras su marido iba al trabajo, Mildred arreglaba el apartamento y se preparaba para el nacimiento de su bebé. La tarde del 7 de febrero de 1931, solamente seis meses y doce días después de su boda, Mildred rompió aguas y comenzó el parto. Winton llamó a Victor Cameron, el médico de la familia, que se presentó inmediatamente. Un par de horas después, a las dos de la mañana del día 8 de febrero, en el apartamento que los Dean tenían en los Siete Tejados, Mildred dio a luz a un niño. Pesó al nacer casi tres kilos y medio, y era un bebé sano y despierto. Tras pensárselo bien, Winton y Mildred decidieron llamarle James Byron. Parece probable que los Dean llamaron así a su hijo por James Amick, un dentista con quien trabajaba Winton, y por Byron Vice, uno de sus amigos. Pero también es posible que Mildred le pusiera James simplemente porque le gustaba el nombre (no necesitaba ninguna razón) y Byron porque su poeta favorito era el romántico inglés George Gordon, Lord Byron.

Fuera cual fuese el motivo, James Byron es el nombre que escogieron los Dean, nombre que, a lo largo de la vida del niño, se alteró y modificó adoptando formas distintas, como Jim, Jimmie, Jimmy, Deanie, Deaner, Jimmy Byron, James Byron, por citar solo algunas de las variaciones que su familia y amigos usaron durante años.

Podría decirse, si nos ceñimos al sentido estricto de la expresión, que Jimmy –así es como la mayoría de la gente le llamaba casi siempre– fue un niño no deseado. No solo no habían planificado sus padres el nacimiento, sino que su madre se había quedado embarazada antes del matrimonio en una época en la que no era corriente que las parejas tuvieran hijos sin estar casadas. Hacerlo acarreaba el repudio de la sociedad. Todo parece indicar, sin embargo, que cuando finalmente el embarazo fue un hecho, Mildred quiso tener a su hijo. Cuando nació, lo llevaba en brazos y lo acariciaba, y estaba pendiente de todos sus movimientos, como lo estaría la más atenta de las madres. Llegó a convencerse de que Jimmy era el hijo que siempre había deseado, aunque al principio no hubiera sido así. «Millie era una persona muy amable y generosa –dice Ruth Wilson Stegmoller, la hermana menor de Mildred–. Adoraba a Jimmy. Realmente adoraba a su hijo.»

Pero el caso de Winton era bien distinto. Durante el verano de 1930, cada día que pasaba se sentía más inquieto. A medida que iban transcurriendo las semanas y Mildred seguía sin tener el período, su preocupación iba en aumento. Mayo dio paso a junio, y julio no tardó en llegar. Pronto fueron dos los períodos que le habían faltado a Mildred, y ya no fue posible seguir negando la evidencia. Finalmente, Winton y Mildred decidieron casarse. Seis meses y doce días después del matrimonio, allí estaba Jimmy, la prueba viviente de la noche de placer de la pareja. Ya desde los primeros días de vida, Jimmy debió captar, inconscientemente, que Winton, un hombre cuyos amigos consideraban distante y poco accesible, era realmente frío e incapaz de dar cariño.

Tan pronto como Winton y Mildred consideraron que había transcurrido el tiempo suficiente para que la distancia entre la fecha de su matrimonio y la del nacimiento de Jimmy quedara difuminada, se mudaron a Fairmount. Una vez allí se instalaron en una casa de madera, situada en la esquina de la calle Washington con Vine, en la que vivieron varios meses. El chico que repartía los periódicos recuerda a Jimmy, un niño revoltoso y lleno de curiosidad que gateaba por la sala de estar. Los Dean se mudaron dos veces más. Primero permanecieron una temporada con los padres de Winton, en Fairmount; luego se trasladaron a una pequeña casa cercana a la Iglesia de los amigos de Back Creek, situada dentro del recinto de una granja que pertenecía a Marcus Winslow, cuñado de Winton.

La granja, ciento ochenta acres situados a la salida de la carretera de Sand Pike, había pertenecido en un principio a James Winslow, el fundador de Fairmount, que había llegado al Oeste un siglo antes. Marcus vivía en la granja desde que él y Ortense, la hermana de Winton, contrajeron matrimonio. Junto con Charles Nolan, Winton y Ortense, estaban los hijos de Charles y Emma Woolen Dean. En el condado de Grant, Indiana, las raíces de la familia Dean se remontaban hasta el bisbisabuelo de Jimmy, Cal, que estaba enterrado en Park Cemetery. Durante tres generaciones, los Dean se habían ganado la vida mediante la agricultura y las subastas. Desde que Jimmy tuvo edad de sentarse en el regazo de su abuelo, este empezó a jugar a las subastas con el niño, simulando que le vendía normalmente a la abuela. No tardó Jimmy en quedar fascinado por la rapidez con la que hablaba su abuelo. Los Dean consideraban con orgullo que subastar era en realidad una forma de interpretación teatral.

Según todos los que le conocieron, Jimmy fue un bebé feliz. A los dos años ya era capaz de construir frases enteras. A los tres empezó a dibujar con lápices de colores. Cuando aprendió a colorear, Mildred no sabía cómo pararle. Durante esa época, a Jimmy le sangraba con frecuencia la nariz y se desmayaba de vez en cuando –lo único que le diferenciaba de los demás niños del parvulario–, pero el médico dijo que se le pasaría con la edad. Y así fue. Con el tiempo, se vio que Jimmy iba a ser tan curioso como tozudo, dos características tradicionales de los Dean. Durante años, Hazel Payne contaría el episodio de la tarde en que Winton y Mildred llevaron a Jimmy a su casa, situada junto al lago Beaver Dam, adonde se había mudado la familia Payne al irse de Fairmount. Hazel había perdido su cinturón favorito y, el día de la visita, ya hacía tiempo que había cesado en su empeño de encontrarlo. Pero poco después de entrar por la puerta principal, Jimmy, cuyo tamaño apenas superaba al de un bebé, apareció en el salón provinente de otra parte de la casa con el cinturón en la mano. Por corroborar su historia, Hazel jura que nunca ha visto un niño tan curioso como Jimmy. En cuanto a su tozudez, hay que tener en cuenta lo que dijo un día Winton: «Si le ordenabas que hiciera o dejara de hacer algo, permanecía sentado con su carita enfurruñada y una expresión distante. No tardabas mucho en darte cuenta de que con él no había nada que hacer. Pegarle no servía para nada. Ni tampoco reñirle. Y no le podías sobornar. Claro que siempre podías razonar con él o apelar a sus buenos sentimientos.» Es interesante darse cuenta de que este comentario es tan revelador acerca de Winton como del mismo Jimmy. Parece normal que Winton percibiera su falta de habilidad para controlar a su hijo, puesto que tampoco había tenido ningún control sobre el nacimiento de Jimmy, o por lo menos no el suficiente como para hacer algo al respecto.

Con el tiempo, los Dean se cansaron de vivir en la granja y se trasladaron de nuevo a Marion, aunque su vida allí no cambió demasiado. Winton trabajaba mientras Mildred se ocupaba de la casa y cuidaba de Jimmy. Le leía libros y le recitaba poesía, esforzándose todo lo posible para que Jimmy se interesara por las artes. A medida que se hacía mayor, Jimmy se aficionó más y más a dibujar con sus lápices de colores, y a Mildred le era cada vez más difícil lograr que los dejara y se dedicara a otras cosas, como jugar o comer. En 1936, poco después de que Jimmy cumpliera cinco años, Mildred decidió fomentar aún más su interés por las artes. No solo le apuntó a clases de violín, sino que también le llevó a clases de baile en el Marion College of Dance and Theater Arts, una escuela de teatro situada en la calle 3 Este. La escuela pertenecía a Zina Glad, una artista retirada que de joven había actuado en vodeviles con sus padres.

No es de extrañar que Mildred acabara convirtiéndose en la típica madre de artista. Fue tantas veces al estudio de Zina Glad que al final las dos acabaron haciéndose buenas amigas. Zina pensaba que Mildred era una madre cariñosa y atenta, pero no tenía la misma opinión de Winton. No tardó mucho en darse cuenta de que Winton era un padre muy frío. De la misma manera que Mildred era feliz y extrovertida, Winton era reservado Y altivo. Verdaderamente, el viejo dicho que afirma que los extremos se atraen quedaba plenamente confirmado con los Dean. Fuera cual fuese la influencia recibida de sus padres, la verdad es que Jimmy pronto bailó muy bien. De hecho, aprendió claqué tan pronto –en pocas semanas– que Zina ya le hizo participar en el recital de la escuela de 1936, que tuvo lugar el 1 de junio.

Pero Jimmy no estuvo mucho tiempo en la escuela de Zina Glad. Poco después de actuar en este primer recital, el Veterans Administration ofreció a su padre el puesto de director del laboratorio dental en uno de sus hospitales. El sueldo era mejor y el puesto más prestigioso. En condiciones normales, Winton hubiera aprovechado esta oportunidad sin dudarlo, pero había un problema. El trabajo era en el Hospital Sawtelle de Los Ángeles. Si Winton lo aceptase, los Dean tendrían que mudarse a California, un estado que ni siquiera habían visitado. Tras pensárselo bien, Winton y Mildred decidieron que la oportunidad era demasiado buena como para dejarla escapar. Al fin y al cabo, ambos no habían cumplido aún treinta años, eran jóvenes, ambiciosos y enérgicos. Tenían toda la vida por delante. En el verano de 1936, Winton, Mildred y Jimmy se despidieron pues de su familia y amigos de Indiana y partieron hacia el Oeste, hacia Los Ángeles.

Los Dean se mudaron a un pequeño pero cómodo dúplex de la calle Veintiséis, a media manzana del bulevar Wilshire, en Santa Monica. El lugar era, por aquel entonces, un tranquilo suburbio de clase media de Los Angeles. El nuevo empleo de Winton en el hospital supuso para los Dean una mejora en su posición económica y social. Su casa, cómoda aunque no espaciosa, era definitivamente mucho mejor que la que habían tenido en Marion. Con el tiempo, Mildred fue amueblando el apartamento con buen gusto. Como siempre, se tomaba el papel de ama de casa muy en serio. Cuando Jimmy llegó a la edad de asistir al parvulario, Mildred, que no dejaba de preocuparse por su bienestar, lo inscribió en la Escuela Primaria Brentwood, situada en la zona oeste de Los Ángeles, en la que también empezó el primer curso. El 8 de febrero de 1938, Mildred lo trasladó a la Escuela Primaria McKinley, en el bulevar de Santa Monica, porque se mudaron de nuevo, esta vez a una elegante casa de estilo ranchero, cerca de la autopista costera del Pacífico, concretamente en el número 1422 de la calle Veintitrés, en Santa Monica. En McKinley, Jimmy acabó su primer curso y realizó el segundo y el tercero. Este acabó el 21 de junio de 1940.

Para los Dean, la vida en Los Ángeles era cómoda y agrada.ble. El clima era templado durante todo el año, sin inviernos muy fríos, lo cual supuso un cambio saludable viniendo de In.diana. La ciudad era grande, en constante expansión y, a diferencia de Fairmount o Marion, ofrecía muchos alicientes. Allí la vida de los Dean era prometedora, algo que no les hubiera ocurrido caso de permanecer en el condado de Grant. Cuando Zina Glad visitó California con sus padres en 1939, llamó a Mildred. Tenía ganas de verles, tanto a ella como a Jimmy. Acabó quedándose con los Dean una semana. Zina y Mildred se sentaban en la cocina a tomar café y a ponerse mutuamente al corriente de los chismes. Zina y Jimmy se fotografiaron juntos muchas veces por los alrededores de la casa. Una tarde en que Zina y los Dean fueron a nadar al lago Elsinore, Winton contó un chiste sobre cómo obtuvo su nombre el lago, conocido por su alta concentración de sulfuro. Un mexicano y un español se estaban bañando un día en él, cuando uno le dijo al otro: «El olor es infernal, señor[1].» Y de ahí salió su nombre, dijo Winton riéndose. Zina no pudo evitar que el chiste le resultase menos inocente de lo que parecía. Tal vez reaccionó con excesiva susceptibilidad, pero siempre le habían molestado los chistes que parecían mofarse de las razas.

1. Juego de palabras intraducible que funciona a dos niveles, uno fonético, la unión de "hell" (se pronuncia "jel") y "señor" (en inglés, se pronunciaría "sinor"): "jel-sinor" equivale a Elsinor. El otro nivel es semántico: la expresión "like hell" ("como el infierno", "infernal") es de uso corriente en inglés, pero aquí, teniendo en cuenta que el lago era sulfuroso, afirmar que huele a infierno puede resultar gracioso porque implica un uso poco afinado del idioma. (N. del T.)

Finalmente, llegó para Zina el momento de separarse de los Dean, que habían acabado representando para ella el prototipo de la familia americana, a pesar de la personalidad de Winton. Al irse, Jimmy le rogó que se quedara. «No te preocupes –le dijo Zina Glad–, volveré a visitarte otra vez.» Pero nunca lo hizo. Poco después de la visita de Zina, Mildred enfermó, y debido a las consecuencias de esta enfermedad, la vida de Jimmy cambió para siempre.

2

A finales del verano y en Los Ángeles, Mildred esperaba con ilusión la llegada de otro otoño típico del sur de California, pero empezó a sentir unos dolores agudos en la parte baja de la espalda. Fue a ver al médico y este la ingresó inmediatamente en el hospital para operarla. Resulta sorprendente que Mildred ni siquiera le preguntara al médico las razones por las cuales necesitaba una operación, ni insistiera para que le revelara la naturaleza de su enfermedad. El médico discutió estos asuntos con Winton, quien se comportó de forma muy selectiva con respecto a quién debía compartir con él esta información; de hecho, parece que nunca le contó a Mildred lo qué le pasaba. Ya recuperada de la operación, que se había realizado en sus órganos reproductores, el médico le permitió que regresara a su casa.

Durante las siguientes semanas no mejoró. Ni siquiera se encontraba lo bastante bien como para terminar un curso de esteticista en el que se había inscrito. Al cabo de poco tiempo, no tenía ni la fuerza suficiente para levantarse de la cama. «Pasaba mucho tiempo en la cama –dice Ruth Stegmoller, quien en 1939 se había trasladado de Indiana a Los Ángeles para vivir con su hermana–. Un día me dijo que mirara en el cajón de su tocador y que cogiera sus anillos y me los probara. Luego añadió: 'Cuando todo haya terminado, puedes quedarte con ellos.'» A finales del invierno, la salud de Mildred se había deteriorado considerablemente, y el matrimonio decidió por fin ponerlo en conocimiento de su familia de Indiana.

A finales de la primavera, cuando Winton le escribió a su madre para hablarle de la salud de Mildred, esta ya se encontraba gravemente enferma. Aunque el médico había diagnosticado la enfermedad y había informado a Winton sobre su prognosis, ambos evitaron hablar con ella de su estado. En Fairmount, Emma Dean llevó la carta de su hijo a su propio médico, y este leyó la descripción que había hecho Winton de los síntomas de Mildred y le explicó a Emma que lo más seguro era que a Mildred le quedasen tan solo unas ocho semanas de vida, o quizá menos. Con el deseo de ayudar a Winton en todo lo posible, la abuela Dean tomó un tren para Los Ángeles, llevándose consigo a la otra hermana de Mildred. Cuando llegaron, la abuela ya se había preparado para lo peor. Ahora debía mentalizar a Winton –y a

Jimmy, si fuera posible–. Hasta que llegaron ambas mujeres, Ruth no se enteró de lo que le pasaba a Mildred. «Yo solo sabía que la habían operado, eso es todo –afirma Stegmoller–. La noche antes de que llegaran mi hermana y *Ma* Dean, Winton entró en la cocina y me pidió mi opinión sobre Millie. Yo le dije que se pondría bien, que mejoraría. Winton dio media vuelta y salió. Mi hermana llegó el día siguiente y me dijo que Millie tenía cáncer. Fue la primera vez que lo oía.»

La salud de Mildred empeoró con rapidez. Pronto estuvo obligada a guardar cama permanentemente. La presencia de la abuela Dean resultó ser de gran ayuda, ya que a veces Mildred reclamaba toda la atención de Winton. A medida que el cáncer invadía su cuerpo, Mildred tuvo que sufrir un dolor insoportable. Para olvidarse de su enfermedad le gustaba que le leyeran la Biblia en voz alta. Emma Dean comprendía muy bien que una mujer tan buena como Mildred quisiera que le leyeran las Escrituras cuando estaba próxima a la muerte. En muchas ocasiones era Jimmy quien se las leía. «Por favor, avisa a mi chico Jimmy», decía Mildred. Entonces entraba Jimmy, se sentaba en una silla al lado de la cama de su madre y leía en voz alta un pasaje solicitado por ella o bien uno escogido por él mismo. Solía leerle el Salmo 23, su pasaje favorito. «El Señor es mi pastor –decía Jimmy con su dulce voz juvenil–, nada me falta. Él me hizo recostar en verdes pastos; me condujo junto a las aguas en calma. Él alimenta mi alma...»

Tres semanas después de la llegada de la abuela Dean a Los Ángeles, Mildred sufrió una hemorragia. «La internaron en el hospital y la vendaron –recuerda Stegmoller–. En el hospital le dijo a mi hermana: `Me está pasando lo mismo que a mamá, ¿no?`» Al parecer, se imaginaba que tenía cáncer, pero no estoy segura de que alguien se lo dijera.» De hecho, se trataba de un cáncer de las cervicales, y para cuando Mildred tuvo la hemorragia, el cáncer estaba ya tan avanzado que le quedaban pocos días de vida. Finalmente, los médicos le permitieron volver a su casa para morir.

Por la noche, Jimmy iba a ver a su madre antes de acostarse. Le tocaba suavemente los párpados para asegurarse de que estaba dormida. Cierto día por la tarde, ocurrió lo que Jimmy ni quería imaginar que pudiese pasar: su madre cerró los ojos para dormir y no los volvió a abrir jamás. Jimmy estaba jugando en casa de un vecino cuando ella murió. «Fui a buscar a Jimmy –cuenta Stegmoller–. La familia se lo dijo. Lo encajó con bastante madurez. No se puso histérico ni nada por el estilo. Parecía preocupado. Era un chico muy espabilado e inteligente. No se puso a llorar ni a gritar, ni nada parecido.» Aunque consiguió ocultar sus sentimientos, la muerte de su madre fue una catástrofe para Jimmy. Al fin y al cabo, siempre fue ella quien le cuidó y le alimentó, quien le quería. Cuando murió, el14 de julio de 1940, Mildred tenía veintinueve años. El 15 de septiembre hubiese cumplido los treinta. Si hubiese vivido dos semanas y media más, ella y Winton hubiesen celebrado su décimo aniversario de boda. En febrero, Jimmy había cumplido los nueve años. Estas fechas normalmente hubieran sido importantes, pero los cumpleaños y los aniversarios ya no le importaban mucho a Jimmy, ahora que su madre ya no estaba.

Poco después dé la muerte de Mildred, la abuela Dean le hizo una propuesta a Winton. Le pidió que se sentase en una silla y, tal como escribiría años más tarde, se lo dijo claramente. «Winton, quiero que reflexiones detenidamente sobre lo que voy a decirte –dijo Emma Dean aquel día–. Si estás de acuerdo con que Jimmy vuelva a Fairmount, estoy segura de que a Ortense y a Marcus les encantará cuidar de él. Si tú quieres, ellos se harán cargo del chico mientras crezca.» Es obvio que la propuesta se había discutido a fondo bastante antes de que la abuela Dean hubiese salido de Indiana, cuando el médico de cabecera le comunicó que el estado de Mildred era terminal.

Según la abuela, Winton permaneció sentado frente a ella, sin inmutarse. Finalmente, dijo: «Nunca se me había ocurrido que tuviera que separarme de Jimmy.» Y luego volvió a guardar silencio mientras pensaba qué decisión tomar. Teniendo en cuenta la importancia de la propuesta que le hacía su madre, no se lo pensó demasiado. «No es posible encontrar un hombre mejor que Marcus Winslow –dijo Winton–, y puestos a escoger entre los cuidados que mi hermana puede darle a Jimmy y los de una criada, no hay elección.»

Y así fue.

En una conversación que no debió durar más de un minuto, Winton Dean renunció a su hijo. En este contexto, el hecho de que mencionase a Marcus Winslow es revelador. Parece como si hubiera estado buscando a alguien a quien poder confiar a su hijo, y como si de forma casi imprevista hubiera hallado la respuesta: Marcus. Si en algún momento Jimmy había sospechado que su padre no le quería, debió salir de dudas al recibir la noticia de esta decisión. En pocas semanas, Jimmy había pasado de tener una familia que podía considerarse completa –una de cuyas partes por lo menos le quería profundamente–, a la perspectiva de no tener ni padre ni madre en la vida diaria. La muerte de su madre supuso un duro golpe para él. Muchos de los que le conocieron piensan que nunca llegó a superarlo. Por si fuera poco, fue de hecho abandonado por su padre cuando aún estaba cercana aquella pérdida tan catastrófica. La verdad es que Jimmy no solo sufrió una pérdida importante, sino dos. Nunca quedó claro quién le dijo a Jimmy que no se quedaría en California con su padre; es difícil imaginar que fuese Winton Dean. Puede parecer irónico, pero Winton tuvo otra opción, además de contratar a una criada. Ruth Stegmoller afirma que le dijo a Winton que se quedaría y cuidaría de Jimmy. «Lo hubiera hecho por Jimmy –dice–. Pero Winton y su madre lo discutieron y esa fue la decisión que tomaron.»

Después del funeral en Santa Monica, el 16 de julio, trasladaron el cuerpo de Mildred en tren, para enterrarla en el Grant Memorial Park de Marion. Jimmy y su padre acompañaron el cuerpo en tren, mientras Ruth y su hermana volvían a Indiana en autobús. En Salt Lake City bajaron el ataúd del tren, cubierto de flores, y lo colocaron sobre el andén de la estación, cerca de la ventana de Jimmy. «¡Mi madre! ¡Es mi madre! –dijo Jimmy al parecer–. ¡Quiero salir! ¡Quiero estar a su lado!» Y acompañado de una enfermera, eso fue lo que hizo; se quedó junto al ataúd hasta que volvieron a subirlo al tren. Jimmy volvió entonces a su asiento, al lado de su abuela.

Por fin, el tren llegó a Marion, y al día siguiente tuvo lugar el funeral de Mildred. Sobre su tumba se lee esta inscripción: "Mildred Marie Dean / 15 septiembre 1910 / 14 julio 1940." Bajo estas líneas, Winton había añadido una única palabra: "Esposa". Seguro que a Mildred Dean le hubiese gustado que su marido hubiera añadido también las palabras "y Madre".

Tras la muerte de su madre, Jimmy empezó a enfrentarse a la nueva vida que le esperaba. A lo largo de los años, familiares y amigos tratarían de justificar la decisión de Winton de abandonar a su hijo. Indicaron que Winton fue reclutado por el Cuerpo Médico del Ejército dieciocho meses más tarde, como si esto pudiera compensar el daño emocional causado a un niño de nueve años que se vio abandonado por su padre.

Había otros, sin embargo, que conocían bien a ambos y que no sentían ninguna simpatía por Winton. Zina Glad manifestó años después que nunca pudo entender por qué su padre no mantuvo a Jimmy a su lado. «Seguro que ahora se arrepiente –decía–. La verdad es que dejé de interesarme por él en cuanto supe que había enviado a Jimmy de vuelta a Fairmount.»

3

Durante las semanas que siguieron al funeral de su madre, Jimmy intentó adaptarse a su nuevo hogar en la granja de los Winslow. Situada a unos cinco kilómetros al norte del pueblo y a poco más de un kilómetro de la Iglesia de los amigos de Back Creek, a la que los Winslow acudían todo los domingos y donde Ortense tocaba el piano para la sesión de catecismo dominical, la granja se extendía al oeste de una estrecha carretera de dos carriles. Había sido edificada en 1904, era blanca y tenía dos pisos y trece habitaciones. Un camino de arena y piedras la conectaba con la carretera. En el porche delantero, que tenía forma de L y era la pieza más llamativa de la casa, Marcus había colgado, utilizando cadenas sujetadas al techo con tornillos, un balancín en el cual a Ortense le gustaba sentarse durante las tardes cálidas para sentir la suave brisa que llegaba de los campos. El porche estaba a la sombra de unos gigantescos robles y sicomoros, mucho más viejos que la propia casa, que las noches de verano despedían un refrescante aroma.

Cerca de la granja había un enorme granero blanco donde Marcus guardaba el heno para el ganado y el pienso para los cerdos. También había una laguna cerca del granero. Durante el verano se podía pescar en él, y mucha gente lo hacía. A veces venían incluso desde Jonesboro o Gas City. En invierno, cuando se congelaba, era posible patinar sobre su superficie, sobre todo desde que Marcus había puesto luces para iluminarlo por la noche.

La tía Ortense y el tío Marcus, a quienes Jimmy pronto llamaría mamá y papá, hicieron todo lo posible para ayudar a su sobrino a acostumbrarse a la nueva vida. Incluso llegaron a darle su propio dormitorio del segundo piso, simplemente porque a él le gustaban los muebles que contenía. Ortense, una campesina de aspecto frágil pero con una voluntad de hierro, siguió animando a Jimmy a que dibujara, pintara y trabajara con arcilla. Además, tanto Ortense como Marcus, un hombre típico del Medio Oeste, que era tan grande y robusto como diminuta era su mujer, animaban al niño a jugar con Joan, la hija del matrimonio que había nacido más o menos cuando la familia Dean se trasladó a California. A pesar de todo esto, los cambios acaecidos en la vida de Jimmy durante los últimos meses fueron muy duros para él. Un día, más o menos dos semanas después de haber llegado a la granja de los Winslow, Jimmy se puso a llorar de repente. Lloraba con tanta intensidad que le temblaba todo su pequeño cuerpo. «¿Que sucede?», quiso saber Ortense «Solo estaba pensando en mi madre», respondió Jimmy sin dejar de llorar. «Era normal que estuviera triste, habiendo perdido a su madre –observó más tarde Ortense–. Pero los niños del vecindario venían a jugar con él. Uno de ellos tenía un poni, y lo dejó aquí durante una o dos semanas para Jimmy. Todo el mundo sentía un poco de lástima por él. Pero no tuvimos problemas, porque él cooperaba. Claro que nunca pudimos olvidar que había perdido a su madre.»

Durante el otoño, Jimmy estuvo bastante distraído con el nuevo curso escolar. Se matriculó en cuarto en la Primaria de West Ward, que en Fairmount era conocida como la Vieja Academia, ya que antes había sido una escuela religiosa. Se trataba de un pequeño edificio situado entre el pueblo y la iglesia de los amigos de Back Creek, y era una de las dos escuelas primarias del pueblo. (Los "niños del pueblo" asistían a North Ward, que se encontraba en el centro urbano, mientras que los "campesinos", como Jimmy, acudían a West Ward). En West Ward, la maestra de Jimmy era una mujer muy divertida, llamada India Nose. También tenía como profesor a Ivan Seward, que además de enseñarle algunas de las asignaturas fue su entrenador en el equipo de baloncesto, y le apadrinó para su ingreso en el club 4-H. Jimmy no acababa de sentirse cómodo en su nuevo ambiente, pero sus compañeros, tras burlarse al principio de él, pronto procuraron que estuviera como en casa.

Sus profesores no tardaron en darse cuenta de que era un buen chico, quizás un poco más sumiso y reservado que casi todos los demás. Naturalmente, tenían en cuenta que su madre había muerto. «Jimmy era como cualquier otro niño de su edad –dice Bertha Seward, la viuda de Ivan, que trabajaba como maestra suplente en West Ward cuando Jimmy estuvo en ella–. No tenía nada destacable. No era un niño malo, no causaba problemas. Un poco callado, quizá. Se trataba simplemente de un niño bueno, aunque creo que en los años que siguieron se sintió terriblemente mal por el hecho de haber perdido a su madre. No creo que jamás superase su muerte.»

En poco tiempo, Jimmy se plegó a su rutina. Se levantaba pronto, desayunaba lo que le preparaba Ortense y cogía el autobús de West Ward. Después de un día de clases y de actividades extraescolares, volvía de nuevo en autobús a la granja, para hacer sus deberes y cenar pronto, hacia las cinco y media o seis. Cuando Jimmy se hizo un poco mayor, Marcus le asignó varias tareas en la granja, que hacía por la mañana antes de ir al colegio o bien cuando volvía a casa. Por la noche, una vez terminado lo que tuviera que hacer, pasaba el resto del tiempo ocupado con sus trabajos artísticos o escuchando la radio. Era la época dorada de la radio, cuando se podían escuchar programas como el "Lux Radio Theatre" o programas de variedades con personajes como Bob Hope, Red Skelton y Jack Benny.

Algunas noches, mientras Jimmy escuchaba las voces que surgían de la radio, soñaba con ser algún día una de esas voces. Estaba convencido de que podía actuar. Su familia y amigos siempre decían que era como su abuela, la madre de Winton, conocida por su afición a hacer interpretaciones satíricas y, en calidad de miembro del Eastern Star, por su habilidad con los disfraces. De todos modos, la mayoría de la gente no se tomaba demasiado en serio a Jimmy. Empezaba diciendo que quería actuar en la radio y a continuación ya afirmaba que también en el cine. Ortense recuerda que, mientras secaba los platos, Jimmy soñaba en voz alta con salir en el cine. «Claro que yo no prestaba ninguna atención, pensaba que eso era imposible para un pequeño granjero de Indiana. Quiero decir que no había en él nada extraordinario, excepto que tenía una rara habilidad para traspasarte sus sentimientos. Cuando algo iba mal en el colegio o en alguno de sus equipos deportivos, todos nos sentíamos tristes hasta que él lo hubiese superado. Y recuerdo que una vecina me dijo una vez, cuando Jimmy tenía alrededor de diez años, que era demasiado delicado para ser un chico, pero nunca he comprendido lo que quería decir con ello.»

Aunque Ortense no comprendiese el comentario de su amiga, la verdad es que su significado se fue aclarando a medida que el chico crecía. Jimmy era casi demasiado bello para ser un niño. El pelo rubio rojizo, la cara de querubín, el cuerpo delicado y menudo, todo ello combinado le proporcionaba una inocente dulzura que era insólita en la mayoría de los chicos. Y lo subrayaba el hecho de que pasara tanto tiempo dedicado a sus actividades artísticas, cuando no estaba pegado a la radio: pintar, dibujar, modelar con arcilla.

En un pueblo como Fairmount, los niños aprenden pronto que todas las actividades de la vida pueden dividirse en dos grandes categorías: masculinas y femeninas. Con sus pinturas y sus sueños de actor, diríase que Jimmy se sentía inclinado a participar en actividades que la mayoría de los nativos de Fairmount consideraban femeninas.

Pronto, Jimmy empezó a insistir cada vez más en su deseo de actuar. Para ello, aprovechaba cualquier oportunidad que se le ofrecía para interpretar. En la Iglesia de los amigos de Back Creek, adonde Jimmy asistía los domingos con los Winslow, varios grupos representaban obras de teatro. Aún no había llegado a la adolescencia cuando Jimmy ya probó por primera vez, en una de estas obras, lo que se sentía al estar sobre un escenario. En una de ellas, "To Them That Sleep in Darkness" ("Para los que duermen en tinieblas"), encarnó a un chico ciego que recobra la vista. Puede que la puesta en escena fuese muy propia de meros aficionados, pero la representación de Jimmy fue tan impactante que, años después, los integrantes del público todavía lo recordaban. Nancy Wood, una habitante de Fairmount, dice: «Mi suegra siempre hablaba de una obra, representada en la iglesia, en la cual actuó Jimmy Dean. Se acordaba de su intervención en esa obra como si hubiera sido ayer. Era una obra navideña en la que él interpretaba a un chico ciego que se curaba durante la misma. Hacia el final, aparecía una estrella, y para dar a entender que estaba curado, Jimmy miraba hacia arriba y decía: "Mira, madre, puedo ver la estrella."»

Jimmy continuó en West Ward durante los cursos quinto y sexto. Era un buen estudiante, pero nada extraordinario. Para Jimmy, estos fueron años tranquilos, especialmente si tenemos en cuenta lo que le había deparado la vida anteriormente. Pero en el resto del mundo, más allá de Indiana, los acontecimientos no tenían nada de tranquilizadores. Cuando Jimmy estaba en el sexto curso, Estados Unidos entró en la Segunda Guerra Mundial tras el ataque japonés a Pearl Harbor. Como todo el resto de habitantes de Fairmount, Jimmy escuchaba las noticias de la guerra por la radio. Seguramente, se preguntaba si su padre, reclutado por el ejército, había llegado a entrar en combate, aunque es posible que no se preocupara tanto de él como a lo mejor sería de esperar. A medida que iban pasando los meses, la presencia real de Winton en la vida de su hijo se iba difuminando.

En otoño de 1943, Jimmy empezó el séptimo curso, lo cual supuso el traslado de la escuela West Ward al instituto de Fairmount, situado dentro del pueblo, en la calle Vine. Fue un cambio radical para Jimmy, pero parece que lo superó sin demasiados problemas. Durante ese otoño, la vida de Jimmy cambió también en otro aspecto. El 2 de noviembre, Ortense dio a luz a un niño al que ella y Marcus pusieron por nombre Marcus Junior. Jimmy estaba encantado con Markie, como le apodaban.

Debido a su forma de vida y a la naturaleza de la relación que se desarrolló con el tiempo entre los dos niños, Jimmy acabó por considerar a Markie no tanto un primo sino como un hermano. Markie también veía a Jimmy como un hermano. En muchos aspectos, Markie tenía más sentimientos fraternales hacia Jimmy que hacia su propia hermana Joan, que se había casado con Myron Peacock justo al nacer Markie, y que se había ido de la granja para fundar su propio hogar.

Durante los tres años siguientes, mientras cursaba séptimo, octavo y noveno, la vida de Jimmy tanto en el instituto de Fairmount como en la granja de los Winslow siguió muy rutinaria. Hubo momentos significativos, como el día que cayó del granero y se rompió los dientes. A consecuencia de este accidente, tuvo que llevar un puente dental durante el resto de su vida. En otra ocasión, él, su amigo Bob Pully y varios chicos más estaban jugando en un campo de hierba seca cuando a Jimmy se le ocurrió la idea de encender cerillas. Una de las cerillas cayó sobre la hierba y antes de que los chicos tuvieran tiempo de apagar el fuego, una gran parte del campo estaba en llamas. Tuvieron que llamar a los bomberos para apagar el incendio. Pero si exceptuamos estos incidentes, la rutina diaria de Jimmy seguía, en general, un patrón regular. Cuanto más tiempo permanecía en Indiana, más sentía que iba conviertiéndose en un chico del campo. Los recuerdos de California se desvanecían con rapidez, a pesar de que en cierta ocasión le dijo a un amigo que le gustaría ir a vivir con su padre. Este había vuelto a Los Ángeles al finalizar la Segunda Guerra Mundial, cuando dejó de servir en el ejército.

Es probable que Jimmy cambiara de opinión al respecto –por lo menos hasta cierto punto– un día de 1945, alrededor de cinco años después de que muriera su madre, en el cual Winton se casó con Ethel Case. Si Jimmy hubiera tenido que concretar en alguna ocasión cuál era el acontecimiento que, para él, representó el definitivo abandono de su padre, este habría sido el segundo matrimonio de Winton. No importa qué esperanzas hubiera mantenido sobre una futura relación con su padre; Jimmy tuvo que asumir que el matrimonio entre Winton y Ethel significaba que Winton deseaba iniciar una nueva vida, una vida distinta a la que había tenido con Mildred, y que nunca incluiría a Jimmy en ella, al menos de manera significativa.

Durante el otoño de su segundo curso de instituto, Jimmy tuvo su primera clase con una profesora que iba a cambiar su vida. Nadie que conociera a esa mujer –su nombre era Adeline Brookshire– podía quedarse indiferente. Sus superiores creían que a veces no mantenía la suficiente disciplina en sus clases, pero tanto sus alumnos como los padres de estos la adoraban. Era nativa de Marion, y se había graduado en el Marion College en 1929, con una licenciatura en filología inglesa y francesa.

Había dado clase en Chicago y había trabajado como editora de la sección de sociedad del "Marion Leader-Tribune" antes de ir a parar, a principios de los cuarenta, al instituto de Fairmount, donde enseñó expresión oral, español, arte dramático e inglés y acabó haciéndose insustituible entre el profesorado. Enseñaba, colaboraba con la Thespian Society y dirigía obras de teatro. En otoño de 1946, en el aula número 21, Jimmy asistió a sus clases de introducción a la expresión oral y, desde el primer momento, fue como una revelación para él. Por primera vez en su vida, se encontró con alguien que apreciaba el arte de actuar tanto como él.

A estas alturas, tras haber escuchado la radio durante años, había llegado a amar el lenguaje y a entender lo emocionante que puede ser una obra de teatro bellamente escrita, cuando la interpreta un buen actor. En Adeline Brookshire, una mujer diminuta, enérgica y culta, Jimmy descubrió a una persona que podía explicarle cómo convertirse en uno de esos actores. Se sintió atraído hacia ella de una manera instintiva. Sin duda, en ello también influyó el hecho de que Adeline fuera lo suficiente mayor como para ser su madre.

Aunque Jimmy nunca había asistido a ninguna de sus clases, sabía perfectamente quién era Adeline Brookshire. Dos años antes le había pedido que le ayudara en un breve discurso sobre los males del alcohol que él tenía que pronunciar en una reunión de Unión de Mujeres Cristianas por la Templanza, un grupo al cual pertenecía la tía Ortense. Contenta de que se solicitase su ayuda, Brookshire se entrevistó con Jimmy durante su tiempo libre y le dio consejos sobre cómo desarrollar el discurso. Pero lo que le hizo desear más que nunca dedicarse al arte dramático fue el inicio en el instituto de Fairmount de sus clases de expresión oral. Y para ello, intervino en dos representaciones del instituto, durante su segundo año en él. Interpretó a Herbert White en "The Monkey's Paw" y a John Mugford en "Mooncalf Mugford", la obra de final de curso de segundo. En estas dos representaciones empleó el nombre artístico de Jim Dean.

Jimmy también participaba en otras actividades extraescolares. Aunque tenía la vista tan defectuosa que apenas veía sin gafas, se unió al equipo de baloncesto del instituto, llamado los Cuáqueros (tenía que utilizar gafas protectoras especiales para los entrenamientos y los partidos). Muchos días entrenaba en la granja con una canasta improvisada dentro del granero. Durante los fines de semana, pasaba horas marcando canasta tras canasta. En Indiana, uno de los ritos de paso que debe superar cualquier chico joven es jugar en el equipo de baloncesto de su instituto, si es que sirve para el deporte. Así que Jimmy estaba convencido de que jugaría. Durante su segundo curso empezó su carrera de jugador de baloncesto, uniéndose al segundo equipo de Fairmount junto con amigos como Rex Bright. Para consternación de todos, el equipo tuvo una mala temporada ese año, con siete partidos ganados y nueve perdidos. En un determinado momento de la temporada, Jimmy decidió ayudar al equipo organizando partidos de baloncesto rápido en su granero, con sus compañeros y los chicos de los institutos cercanos. Cierto día, una amiga de Jimmy llamada Melba Reynolds empezó a jugar en su equipo. En cierta ocasión, cuando un equipo visitante se negó a disputar el partido porque el equipo de Jimmy tenía en él a una chica, Jimmy les dijo que si no jugaba Melba, no jugaba nadie. Y Melba acabó jugando.

Jimmy tenía otra pasión: las motos. Cuando Jimmy tenía quince años, Marcus fue a Carter Motors, una tienda de motos situada cerca de la granja de los Winslow, que era propiedad de Marvin Carter, y le compró a Jimmy su primera motocicleta, una CZ checa de 1,5 caballos. «Jim Dean era como cualquier otro chico del pueblo –recuerda Marcus–. Jugaba al baloncesto, iba los domingos a las reuniones de la Iglesia de los amigos Back Creek y ayudaba en la granja. Además, le encantaba conducir su pequeña motocicleta negra por el prado. Pasado algún tiempo, le dejamos llevarla al instituto.» Años más tarde, Jimmy recordaba sus paseos por el prado. «Me dedicaba a perseguir a las vacas con la moto –decía–. Les daba un susto de muerte. Empezaban a correr y sus ubres iban de lado a lado, y perdían un cuarto de litro de leche.»

El prado no era el único lugar por donde Jimmy montaba en motocicleta. La conducía también por Fairmount y Jonesboro, y llegaba incluso hasta Gas City. Le gustaba forzarla siempre al máximo. También tenía por costumbre convencer a sus amigos para que dieran una vuelta con él y así poder asustarlos. Jack Raup, un habitante de Fairmount algo más joven que Jimmy, recuerda que un día iba camino de su casa cuando apareció este subido a su moto: «Me dijo que me llevaría a casa. Yo tenía miedo, pero monté. Me senté detrás y puse mis manos en su cintura. Pasamos por delante de mi casa sin detenernos. Yo le dije: "Jimmy, ¿adónde vas?" Y me respondió que le apetecía dar una vuelta. Yo tenía mucho miedo, porque él iba cada vez más rápido. Me agarraba con fuerza. Entonces le dije que tenía que ir a casa, así que finalmente volvió. Puso una de sus manos encima de las mías durante todo el camino de vuelta a casa. Cuando llegamos, mi madre le dijo que más le valía que nunca volviera a llevarme en esa cosa.»

La moto fue también el motivo de un incidente que ocurrió en Jonesboro, el pueblo de Clyde William Smitson, uno de los amigos de Jimmy, al que este había conocido cuando ambos se enfrentaron en un partido de baloncesto. Jimmy y Clyde salían juntos con dos chicas de Jonesboro. Curiosamente, Jimmy no acostumbraba a salir con chicas de Fairmount; cuando lo hacía, no solían ser citas serias. La mayor parte de las citas eran resultado de actos escolares, ocasiones en que se esperaba que los chicos fueran con alguna chica. De hecho, en los años anteriores al instituto y durante su permanencia en este, Jimmy nunca tuvo novia, a diferencia de la mayoría de los otros chicos de Fairmount. Parecía mucho más interesado en el deporte y en las artes que en salir con chicas. Pero Clyde se las arregló para que Jimmy tuviera alguna cita, y una noche, en el campo de béisbol de Jonesboro, un par de chicas les retaron a que pasearan por el pueblo desnudos en la moto de Jimmy. «Así que lo hicimos –dice Smitson–. Y cuando volvimos al campo se habían llevado toda nuestra ropa. No tuvimos más remedio que ir a mi casa para ponernos algo encima.»

A primera vista, esta escena parece típica de las actividades de cualquier muchacho campesino de Indiana en los años cuarenta. El baloncesto, la moto, las citas por parejas: estas eran las señas de identidad de un chico que se estaba haciendo adulto de forma normal en el Medio Oeste, durante los años siguientes a la Segunda Guerra Mundial. Pero mucha gente de Fairmount creía que esta imagen que Jimmy proyectaba con tanta habilidad era simplemente esto, una imagen. Sacaban la conclusión de que detrás de esa fachada había una persona muy distinta. «Jimmy jugaba a baloncesto, quería ser uno de tantos –dice Raup–. Sé que esto era así. Se forzaba a ser un jugador de baloncesto para justificarse ante la gente de Fairmount. Llevaba una moto porque tenía que demostrar que era un hombre.»

Para entender la naturaleza dual de la personalidad de Jimmy –y para comprender por qué nunca tuvo novia en el instituto– hay que examinar la relación que tuvo en esta época con un hombre de la edad de su padre que, por su pasado y su temperamento, no podía ser más distinto de Winton Dean.

Además de Adeline Brookshire, el adulto ajeno a la familia que más influencia tuvo en la vida de Jimmy durante sus años de instituto fue James DeWeerd. Carismático y atractivo, DeWeerd, que tenía alrededor de treinta años, era el ministro de la Iglesia wesleyana de Fairmount. Se trataba de un puesto importante porque, a pesar de que en el pueblo había menos wesleyanos que cuáqueros, allí cerca existía un campamento wesleyano que la iglesia nacional usaba cada verano para sus reuniones de iniciación religiosa. Como resultado, DeWeerd disfrutaba de una posición prestigiosa en la comunidad. A nadie se le hubiera ocurrido hablar de él con desprecio, aunque era totalmente distinto de la gente del pueblo. DeWeerd buscaba una calidad de vida diferente que la mayoría de los granjeros. Cuando conoció a Jimmy era soltero. Comía con elegancia, siempre empleaba mantel y cubiertos de plata. Apreciaba la música clásica y había viajado mucho, especialmente por Europa, donde había vivido una temporada mientras realizaba sus estudios de doctorado en la Universidad de Cambridge. También había estado en Francia, como capellán del ejército, durante la Segunda Guerra Mundial. Amaba el arte y la literatura, y a menudo hablaba a los fieles sobre la belleza de la poesía (en este aspecto, sus gustos coincidían considerablemente con los de Mildred Dean).

En un pueblo como Fairmount, donde la tradición y los convencionalismos eran ley, el reverendo DeWeerd simplemente no encajaba. Si hubiera sido cualquier otro quien expresara este tipo de preferencias, las habrían considerado criticables por ser demasiado refinadas. Pero él era ministro de una iglesia –y absolutamente intachable–, de modo que la gente de Fairmount pasaba por alto lo que en otra persona les podía haber resultado sospechoso. De hecho, en vez de ridiculizarlo le tenían mucho respeto. Con frecuencia le invitaban a charlar en los actos cívicos, como las reuniones del pueblo y las graduaciones escolares. Hasta formaba parte del consejo de administración del instituto.

Los habitantes de Fairmount ignoraban otra de las prácticas del reverendo DeWeerd: agasajar a chicos jóvenes. Si cualquier otro hombre de Fairmount hubiese llevado tan a menudo a los adolescentes al YMCA (Asociación Cristiana de Jóvenes) de Anderson, un pueblo situado a unos treinta y cinco kilómetros de Fairmount, para ver cómo nadaban desnudos en la piscina del gimnasio, o si hubiese invitado a esos mismos chicos a su casa a cenar a luz de las velas, se le habría considerado muy sospechoso.

Sin embargo, de esta forma se relacionaba DeWeerd con los jóvenes, entre los que se incluía Jimmy, quien en muchas ocasiones cenaba a solas con él. Durante estas veladas, DeWeerd solía enseñarle a Jimmy películas de corridas de toros, un espectáculo popularizado por las descripciones románticas que se hacían en las novelas de Hemingway. Pero las películas eran para ocasiones especiales; la mayor parte de las noches, Jimmy y DeWeerd simplemente leían, escuchaban música o conversaban.

Años más tarde, DeWeerd describía una escena típica de una de estas noches: «Jimmy normalmente se encontraba más cómodo tumbado en el suelo de mi biblioteca, leyendo a Shakespeare o algún otro libro que él mismo había escogido. Le encantaba tener buena música de fondo. Chaikovski era su preferido.» Jimmy tumbado en el suelo, música suave de fondo, DeWeerd observando con afecto; se trata de una imagen viva, sensual, erótica. «Había algo que no estaba claro con respecto a James DeWeerd y que lo relacionaba con la homosexualidad –dice Raup–. Yo diría que era gay. En cualquier caso, se trataba de un cateto de pueblo que se las daba de intelectual. Sé que andaba con muchos chicos y tengo el presentimiento de que se acostaba con ellos. Es muy posible que se hubiera acostado con James Dean.»

De hecho, lo hizo. Lo más probable es que Jimmy perdiera su virginidad con DeWeerd en una de aquellas veladas, después de que ambos hubieran visto una película sobre corridas de toros. Efectivamente, durante varios años, DeWeerd y

Jimmy mantuvieron una relación romántica en la que el sexo estuvo habitualmente incluido. Sin duda, la relación con DeWeerd fue el principio de la vida sexual de Jimmy; debido a la naturaleza de esta relación y a la persona con quien la mantuvo, Jimmy se vio obligado a guardar silencio al respecto. «Jimmy nunca mencionaba nuestra relación y yo tampoco –le dijo DeWeerd a un periodista, años después, cuando por fin admitió la existencia de la relación–. No nos hubiera favorecido a ninguno de los dos.»

En su nivel más básico, la relación entre Jimmy y DeWeerd era en cierta manera inevitable. Abandonado por su madre y rechazado por su padre, lo más lógico era que Jimmy buscara figuras paternas durante su adolescencia. Tampoco es extraordinario que esa relación adquiriera un matiz sexual. La explicación psicológica no es complicada. Jimmy buscaba una figura masculina que le mostrara afecto, al tiempo que estaba madurando como hombre y explorando los límites de su sexualidad. Con DeWeerd podía disfrutar de la compañía de un hombre y experimentar con su propia sexualidad a la vez.

De todos modos, si los habitantes de Fairmount hubieran sabido que el reverendo DeWeerd mantenía relaciones con Jimmy Dean, es bien fácil imaginar cuáles hubieran sido las repercusiones para DeWeerd... y para Jimmy.

Si Jimmy solo hubiese tenido relaciones con DeWeerd, podría darse por zanjada la relación calificándola de simple aberración. Pero Clyde William Smitson, el amigo de Jimmy que vivía en Jonesboro, comentó: «Recuerdo una vez que yo estaba frente al Webb's Drugstore en Jonesboro, y Jimmy llegó con un tipo en un coche enorme con matrícula de Nueva York. Jimmy me preguntó si quería ir a la feria de South Marion: era cuando en South Marion aún se celebraban las viejas ferias callejeras. El tipo era un sargento mayor de las fuerzas aéreas, así que fuimos con él a la feria; todo lo que Jimmy y yo le pedimos, él nos lo dio. Cuando regresamos, me dejaron en mi casa de la calle Mayor de Jonesboro y continuaron solos su camino. Bien, al día siguiente el tipo apareció en su Chrysler; quería saber si yo sabía dónde vivía mi amigo. Yo dije: 'Sí'.Y él dijo: 'Bueno, pues ven aquí y llévame a su casa.' Bueno, demonios, allí estaba yo conduciendo un Chrysler enorme, de Nueva York. Algo realmente increíble. Así que cuando íbamos en el coche, de pronto me doy cuenta que el tipo me ha cogido la pierna. ¡Era marica! No creo que hubiéramos recorrido ni tres manzanas, pero ahí fue cuando yo me deshice inmediatamente de ese tipo. A mí no me gustan esos individuos. Encontré a Jim Dean poco después y le maldije por haberme enchufado a ese marica. No sé si Jim sabía que era marica o no. Era de Fairmount. Nunca supe cómo se llamaba. Jim le conocía y me lo presentó, pero yo no presté atención.»

4

En el verano de 1947 Jimmy fue al lago Oliver, en el noreste de Indiana, en una excursión con el club 4-H, del cual no solo era miembro, sino también reportero. Hugh Caughell, el profesor de primero de biología, era el organizador de la excursión y acompañó a los chicos. Cuando volvieron a Fairmount, Jimmy pronto se olvidó del club 4-H y de la excursión al lago Oliver, porque apenas comenzado tercero le dieron el papel de Otis Skinner en "Our Hearts Were Young and Gay", obra que tenía que representar en octubre la clase de tercero del instituto.

Durante el resto del año, Jimmy continuó dando clases y destacando en las actividades extraescolares. Disfrutaba en la clase de expresión oral avanzada de Adeline Brookshire, pero a duras penas conseguía aprobar el español. Participó de nuevo en el equipo de baloncesto y mejoró mucho durante la temporada.

En el anuario de la escuela, bajo su foto con el equipo de baloncesto, podía leerse: «Jim Dean, que mostró un buen juego en el segundo equipo el año pasado, y también como escolta este año en el primer equipo, será titular el año que viene.» Llegó incluso a participar en carreras de obstáculos con el equipo de atletismo. Dado que formaba parte de todos estos equipos, consiguió unirse al club F, que agrupaba a los mejores atletas del instituto.

Estas tardes deportivas contrastan de forma curiosa con las veladas en casa del reverendo DeWeerd, donde las actividades nocturnas eran por su tono y sustancia bastante diferentes. Llegó por fin, tras largos años de aprendizaje, su último año escolar. Jimmy había alcanzado uno de los puntos clave de su vida y, por pura coincidencia, las circunstancias hicieron que pudiera expresar sus pensamientos en un ensayo. El instituto de Fairmount acababa de nombrar un nuevo director, Roland Dubois, y este quería que cada estudiante escribiera un pequeño ensayo sobre sí mismo, a modo de presentación. Jimmy hizo por escrito una reflexión que dejaba entrever secretos del presente y del pasado, al tiempo que especulaba sobre el futuro.

> Yo, James Byron Dean, nací el 8 de febrero de 1931 en Marion, Indiana. Mis padres, Winton Dean y Mildred Dean, de soltera Mildred Wilson, y yo residimos en el estado de Indiana hasta que yo tuve seis años de edad.
>
> El trabajo de papá con el Gobierno trajo un cambio, así que papá, como mecánico dental, fue trasladado a California. Allí vivimos hasta el cuarto año. Mamá enfermó y salió de mi vida a la edad de nueve años. Nunca supe la razón de la muerte de mi madre, de hecho todavía le doy vueltas en la cabeza.

> Mi vida siempre estuvo dotada de talento. Estudié violín, toqué en conciertos, bailé claqué en los escenarios teatrales, pero más que nada me gusta el arte, montar y crear cosas con mis manos. Regresé a Indiana a vivir con mi tío. Perdí el baile y el violín, pero no el arte.
>
> Creo que mi vida estará dedicada al arte y al teatro. Y existen tantos campos en el arte que creo que será difícil estropearlo. Y si lo estropeo, existen muchas cosas distintas por hacer: agricultura, deportes, ciencia, geología, entrenar, enseñar, música. Lo tengo, y sé que si me supero no tendré rival. Una persona debe tener confianza en sí misma...
>
> Mi afición, o lo que hago en mi tiempo libre, es ir en moto. Sé mucho de mecánica y me encanta montarlas. He participado en varias carreras y lo he hecho bien. Poseo una pequeña moto. Cuando no me dedico a eso, normalmente practico deportes, la ilusión de todo chico americano. Del mismo modo que uno se esfuerza en alcanzar la meta en un partido, también debería existir una meta para cada uno de nosotros, en este loco mundo. Espero saber cuál es la mía; de todos modos, la persigo. No me importa decirle, señor Dubois, que este es el tema más difícil sobre el que he tenido que escribir, considerando lo que uno sabe de sí mismo.

Un comentario sobre «lo que uno sabe de sí mismo» hubiera sido revelador, pero no era lo que se esperaba de él.

En aquel año de reflexiones y esperanzas, Adeline Brookshire entró un día en la clase de expresión oral y anunció la celebración del Indiana National Forensic League, un torneo de ámbito estatal. Después de clase, Jimmy se acercó a ella y le dijo: «Si usted quiere que me presente, buscaré un texto y participaré en ese torneo.» La señora Brookshire consideró que era una idea excelente y le dijo a Jimmy que estaría encantada de ayudarle. Le satisfizo saber unos días más tarde que el texto escogido era "The Madman's Manuscript", basado en un capítulo de "Los papeles del club Pickwick", la novela de Charles Dickens. Durante ese otoño, Jimmy estuvo bastante ocupado con su trabajo en una parodia para el carnaval de Halloween llamada "Goon with the Wind"[2] en la que bordó el papel del villano. La obra la dirigió Gurney Mattingly, la profesora de arte del instituto de Fairmount, quien de 1947 a 1949 dirigió la Thespian Society, ya que, como Brookshire admitiría más tarde, «Jim era superior a mis fuerzas». Tras el carnaval, Jimmy puso manos a la obra y perfeccionó su lectura con la ayuda de la señora Brookshire, que parecía poder manejarlo mejor a solas que dentro de una clase.

Por aquel entonces Jimmy tuvo problemas a causa de su difícil carácter. Se encontraba en la clase de la señora Brookshire representando su monólogo de "The Madman's Manuscript" ante otros alumnos, cuando David Fox, un compañero de clase, empezó a reírse de él. Desde luego, era un papel que sobrepasaba sus posibilidades, y además Jimmy estaba sobreactuando. Pero Fox le hizo perder la concentración y se enfureció. Después de clase, los dos chicos se enzarzaron en una pelea en el pasillo, al pie de las escaleras. El director les separó y tras determinar que había sido Jimmy el que empezó, lo expulsó durante unos días de la escuela. Como castigo, le impidieron participar en el partido de baloncesto de Fairmount contra Sweetser.

Cuando fue a la escuela solo para ver el partido, no pudo ni comprar una entrada porque, tal y como le dijeron, él no era alumno de Fairmount. Puede que fuese esta la noche en que Jimmy buscó consuelo en la tumba de su madre. «¿Qué esperas de mí? –dijo sentado en el oscuro cementerio, al lado de la tumba de su madre–. ¿Que lo haga todo yo solo?»

Finalmente, Jimmy volvió a la escuela y, superado este episodio, continuó con sus clases y con la preparación para el torneo.

En abril de 1949 actuó en la obra del último curso, "¡Vive como quieras!" ("You Can't Take It With You"). El viernes 8 de abril un día después del segundo y último pase de la obra, Jimmy participó en la primera ronda del National. Forensic League, en Peru, Indiana. Su espeluznante interpretación dejó a más de uno de los presentes entre el público dudando de si estaba o no ante un loco. «Hizo un buen trabajo –dijo Frieda Bedwell, la juez de ese día y profesora de Terre Haute–. Me conmovió profundamente. Quedé en especial impresionada por la expresión escalofriante de sus ojos. Había momentos en que parecían realmente vidriosos y enajenados.»

Cuando la liga anunció los resultados de la primera ronda, se supo que Jimmy había ganado. Existía solo un problema, y la señora Brookshire se lo explicó. A causa de esa tendencia a improvisar que Jimmy había ido desarrollando desde muy temprana edad, su actuación había sobrepasado bastante el límite reglamentario de diez minutos. No era ningún problema serio en la primera ronda, pero podría serlo en el futuro. Sin embargo, Jimmy se resistió cuando la señora Brookshire le aconsejó que acortara su monólogo. «Todas las partes son necesarias», contestó con agresividad.

Al día siguiente, en la última ronda, interpretó el monólogo exactamente igual. El público quedó claramente sorprendido por su vívida y original expresividad. Los jueces lo declararon ganador del estado, lo cual supuso que podría competir en el torneo nacional del Forensic League que se iba a celebrar a finales de mes en Long-

---

2. Juego de palabras a partir de *Lo que el viento se llevó* ("Gone With the Wind"). "Goon", en argot, significa idiota, matón, memo. (N. del T.)

mont, Colorado. Toda la escuela estaba entusiasmada, y cuando llegó el momento, Jimmy y la señora Brookshire fueron memorablemente despedidos en la estación de Marion.

El acontecimiento quedó incluso recogido en el "Fairmount News", donde se citaban las palabras de Jimmy, diciendo que «por los ciudadanos de Fairmount, va a poner todo su empeño en hablar bien». En Chicago, Jimmy y Brookshire hicieron transbordo y tomaron el Denver Zephyr; en Denver, cogieron un tren local que el día 28 les dejaba en Longmont.

El día siguiente, Jimmy compitió contra otros noventa y nueve estudiantes de veinticuatro estados distintos. En la primera ronda, donde Jimmy se excedió de nuevo en el tiempo, la juez le dijo, como advertencia, que si hubiera otro actor tan bueno como él que se ajustase al tiempo reglamentario, le habría declarado ganador. «Puede que esté hilando muy fino –dijo–, pero tendré que usarlo en tu contra » Brookshire nunca se enteró de si Jimmy había acortado o no su interpretación, ya que ella estaba encargada de juzgar las interpretaciones de otros estudiantes. Lo más probable es que no lo hiciese. Al día siguiente, cuando anunciaron los resultados de la última ronda, Jimmy figuraba en sexto lugar. Estaba destrozado y enfurecido por no haber sido el ganador. Brookshire no atribuyó la derrota a que su monólogo fuera demasiado largo, sino a que Jimmy salió a divertirse la noche anterior a la ronda final. De todos modos, parece que las advertencias de la juez sobre la duración del monólogo iban en serio. Para Jimmy, este episodio constituyó una anticipación de cómo actuaría el resto de su vida al enfrentarse con personas que simbolizasen la autoridad.

Tras un viaje de una semana a Washington D.C., que financió la clase del último curso con los mil setecientos sesenta y cinco dólares que habían reunido dando cenas a un centavo durante el año escolar, regresaron todos a Fairmount justo a tiempo para la graduación. El recuerdo de sus experiencias en Washington (vieron la Casa Blanca y el monumento a Washington, hicieron un crucero por el río Potomac y se hospedaron en el hotel Roosevelt) estaba todavía presente en su memoria cuando llegó el domingo 15 de mayo y los cuarenta y siete miembros de la promoción del 49 asistieron a la ceremonia de graduación. Durante la misma, celebrada en el tabernáculo wesleyano, Jimmy pronunció la bendición. Durante la entrega de diplomas, el reverendo Xen Harvey pronunció el discurso principal. Por su participación durante los años de instituto, a Jimmy le fueron concedidos premios de teatro, arte y deportes. Sentados entre el público, Marcus y Ortense Winslow se sintieron tan orgullosos como si fueran sus padres.

Durante el último curso, Jimmy había estado recapacitando sobre cuál sería el próximo paso a dar en su vida. La señora Brookshire le había aconsejado que fuera a una universidad de Indiana o, por lo menos, a alguna del Medio Oeste, pero Jimmy parecía tener otros planes. Su padre, a quien Jimmy había ido a visitar a California en tres ocasiones, y quien también había hecho diferentes viajes para verle, le animó a que se mudara a Los Ángeles para matricularse a los cursos preparatorios de derecho del Santa Monica City College.

Tras reflexionar sobre todas las posibilidades, Jimmy decidió probar suerte en California. Una vez cumplimentados todos los papeles necesarios para el acceso al colegio universitario, consideró que estaba listo para llegar a Los Ángeles a mediados de julio, a fin de empezar las clases obligatorias para los estudiantes que no habían sido educados en el área metropolitana de la ciudad. Antes de irse, Jimmy y el reverendo DeWeerd acudieron a las 500 Millas de Indianápolis, el último sábado de mayo. Era el regalo de graduación que DeWeerd le hizo a Jimmy. Se trataba de la primera vez que este asistía a una carrera de coches deportivos, y quedó tan fascinado por los coches que daban vueltas a la pista que empezó a considerar la posibilidad de, algún día, participar él mismo en una de esas carreras.

El15 de junio de 1949, los Winslow acompañaron a Jimmy a la estación de Marion. Una vez allí, lo acompañaron al tren, se despidieron de él y contemplaron cómo se iniciaba el viaje que le conduciría hacia su padre, en el oeste. Una nueva vida se abría ante Jimmy. La etapa de Indiana había terminado.

En los próximos años recordaría con cariño muchas de las experiencias de su adolescencia en Indiana, especialmente las relacionadas con los Winslow y los Dean. Pero también recordaría Fairmount como aquel lugar que, al tiempo que le había incitado a ser lo que quería ser, se lo había impedido en cuanto lo intentó. Durante el tiempo en que Jimmy vivió en la granja y se guió según los valores tradicionales de Indiana, no pudo evitar sentirse desencantado con los habitantes de Fairmount. Les consideró intolerantes e hipócritas, ya que, a pesar de su carisma y su aparente buena voluntad, los nativos de Fairmount podían llegar a ser excepcionalmente limitados en cuanto a su forma de ver el mundo, como se reflejaba en la naturaleza misma de la comunidad.

En Fairmount no había minorías étnicas –ni negros, ni hispanos, ni asiáticos–, y aunque el pueblo contaba con diversas iglesias, no había ninguna iglesia católica ni ninguna sinagoga. La actitud de los habitantes del pueblo, la mayoría de ellos trabajadores blancos, protestantes o cuáqueros, era excesivamente rígida en muchos aspectos, como, por ejemplo, en lo tocante al reparto de papeles masculinos y femeninos, los asuntos de familia y, por supuesto, la orientación sexual.

Durante años, la gente del pueblo chismorreó sobre lo que supuestamente dijo Jimmy el 8 de febrero de 1949, en su decimoctavo cumpleaños, cuando se presentó en la oficina de reclutamiento. Se dice que un oficial le preguntó si existía alguna razón por la que no debiera ser reclutado. Jimmy respondió que sí la había. No se refería a sus problemas de vista o al hecho de que fuera cuáquero, dos buenos motivos para rehuir el reclutamiento. Jimmy tenía otras razones. «No me podéis reclutar, porque soy homosexual», dijo.

A pesar del cariño que sentía por Indiana, Jimmy no podía ignorar las rígidas actitudes de la gente de Fairmount. Estas actitudes sin duda tuvieron mucho que ver con la ambivalencia sexual que experimentó durante su juventud, ambivalencia que trataría de resolver a medida que fue madurando. Varios meses después, hablando con un amigo de California, Jimmy diría que a menudo se sentía mal respecto de algunas de las cosas que había hecho durante los años que pasó en Fairmount. No cabe duda de que Jimmy se estaba refiriendo indirectamente a su relación con DeWeerd. «Al decir que se sentía mal, no creo que quisiera decir que se sentía malo –diría su amigo años después–. En algún momento, durante su educación cuáquera, debió aprender a asociar el mal con aquellos actos que no se ajustaban a los esquemas de conducta normales y aceptados.»

Un día, cuando ya había dejado Los Ángeles y vivía en Nueva York, Jimmy escribió un poema sobre el pueblo donde había transcurrido gran parte de su juventud. Desprovisto del sentimentalismo que a veces empleaba cuando se refería a ese lugar, el poema "Mi pueblo" se lee más como una acusación. Escrito en pareados con rima, en él Dean afirma que en Fairmount se admira la «impotencia industrial», a pesar de que hay un exceso de «temible intolerancia» y existe un «exceso de idolatría». Se «cree» en Dios, pero se «odia» a los católicos y a los judíos. Al final Dean afirma que el pueblo y él ya no son lo mismo, puesto que es su presencia como ser independiente lo único que cuenta.

CAPÍTULO 3

DIEZ MIL CABALLOS CANTANDO

1

Fue, sin duda, algo más profundo que el simple deseo de recibir una educación universitaria lo que empujó a Jimmy a dejar Indiana para dirigirse a la costa oeste. Si todo hubiera consistido en querer ir a la universidad, podría haberse quedado en Indiana perfectamente. En el Earlham College, con la ayuda de Adeline Brookshire, habría sido admitido sin reservas, y allí se habría podido convertir en un valioso miembro del grupo de estudiantes interesados en el arte. Además, Earlham no era en modo alguno inferior al Santa Monica City College, la escuela preuniversitaria a la que Jimmy debía asistir durante dos años en California y que no era ni mucho menos excepcional.

Lo que llevó a Jimmy a Los Ángeles en el verano de 1949 no fue, pues, una ansia de saber, sino la necesidad de hacer un último esfuerzo para ganarse el afecto de su padre. Durante los últimos nueve años, Jimmy no había visto a Winton con demasiada frecuencia. Ortense y Marcus –mamá y papá para Jimmy– se habían portado muy bien con él. Le habían ofrecido todo lo que unos padres cariñosos pueden dar a sus hijos: educación, apoyo económico y, lo más importante, un amor sin condiciones. A pesar de ello, Jimmy no podía considerarlos sus verdaderos padres aunque les diera este nombre. Winton, por el contrario, era su padre, a pesar de que hasta la fecha no había ejercido como tal. Jimmy llegó, pues, a la estación de Los Ángeles en el verano de 1949 con la esperanza de poder establecer, por fin, algún tipo de relación con aquel hombre que a lo largo de su vida le había fascinado de forma tan obsesiva como inquietante. Jimmy se encontraba en el andén de la estación de ferrocarril de Los Ángeles, con la mayoría de sus pertenencias embutidas dentro de una vieja maleta marrón que había dejado en el suelo, a su lado. Era como si, con su simple presencia en el andén, le quisiera decir a su padre que le había venido a buscar: ¿Me querrás por fin? ¿Ayudarás a este niño perdido a encontrar su hogar?

Cuando Jimmy llegó a California, Winton aún vivía en Santa Monica, aunque él y Ethel se habían trasladado de la vieja casa de Winton a otra casa modesta pero muy agradable, situada en el número 1527 de la avenida Saltair, cerca del hospital donde trabajaba Winton. A pesar de no tratarse de la misma casa de su niñez, al regresar "a casa" con su padre, Jimmy se vio forzado a enfrentarse con recuerdos del período más doloroso de su vida, el de la muerte de su madre. No le ayudó mucho el hecho de que Jimmy tuviera que enfrentarse con una madrastra, una mujer que se sentía amenazada (a lo mejor comprensiblemente) por la súbita reaparición en la vida de su marido de un hijo del primer matrimonio.

Durante años, hubo versiones contradictorias sobre cómo se llevaban Jimmy y Ethel. Algunos familiares y amigos creían que Ethel, una persona que para ellos era por naturaleza dominante y poco agradable, se sintió dolida ante la presencia de Jimmy e hizo todo lo posible para impedir cualquier reconciliación que padre e hijo intentaran lograr. Otros creen que ella procuró mantenerse al margen. Según esta segunda versión, Ethel incluso deseaba que Winton y Jimmy resolvieran sus diferencias. Fuera cual fuese el papel que Ethel interpretó en el planteamiento doméstico de los Dean, fue Winton quien asumió la posición dominante en la vida de Jimmy.

Durante los anteriores nueve años, dos figuras masculinas, Marcus y el reverendo DeWeerd, habían ejercido una intensa influencia en Jimmy. Marcus le había dado amor paternal y DeWeerd un simulacro de amor paternal (debido a la diferencia de edades, DeWeerd era inevitablemente una figura paternal para Jimmy), aunque ese sentimiento se hubiera nublado cuando se convirtieron en amantes. Ahora Jimmy esperaba que Winton diera un paso adelante y se convirtiera para él en el verdadero padre que nunca tuvo.

A su manera, Winton lo intentó. Hizo que Jimmy se encontrara tan cómodo como fuera posible desde el momento en que se instaló en Los Ángeles. Para poder desplazarse por la gran ciudad, le compró un Chevrolet de 1939. Y cuando Jimmy empezó los cursos preparativos indispensables para el ingreso en el *college*, procuró animarle. Incluso le daba consejos para el futuro. Aunque probablemente Winton no lo hacía a propósito, el tipo de consejos que le daba y la manera en que lo hacía acabaron perjudicando más que favoreciendo sus relaciones. Winton quería que Jimmy, cuando empezara el *college* en otoño, estudiara para llegar a ser entrenador de baloncesto, profesor de educación física o, mejor aún, abogado. Cualquiera de estos trabajos le proporcionaría una vida relativamente libre de preocupaciones económicas. Winton no quería en absoluto que Jimmy continuara, bajo ninguna circunstancia, con la actividad que a este más parecía haberle gustado en el instituto: la interpretación. «La gran mayoría de actores nunca gana dinero –argüía Winton–, y los que son lo suficientemente afortunados como para conseguir trabajo, nunca saben cuánto tiempo les durará ni de dónde saldrá el próximo.» Al fin y al cabo, Winton había vivido tiempo suficiente en Los Ángeles para saber que Hollywood era un mundo corrupto. Para convertirse en un actor de éxito, Jimmy se vería forzado a tomar decisiones comprometidas que afectarían su vida y que Winton no deseaba que tuviera que tomar.

A pesar de las objeciones de su padre, a Jimmy todavía le interesaba actuar, y ese mismo verano se apuntó al Miller Playhouse Theater Guild de Los Ángeles, oponiéndose frontalmente a los deseos de Winton. Aun así, Jimmy estaba encantado de trabajar con el Miller Playhouse. Su satisfacción se ve reflejada en una carta que les escribió a Ortense y Marcus. «Ahora soy un miembro hecho y derecho de la *trup* (sic) del Miller Playhouse Theater –escribió–. No llegué a tiempo para entrar en el reparto de ninguna obra, pero debido a mis conocimientos teatrales y a mi habilidad para diseñar y pintar escenarios, me he ganado el puesto de director de *atrezzo* para la próxima producción de cuatro piezas de un acto.»

De todos modos, sí que apareció finalmente en una de las producciones de repertorio que el Miller realizó durante aquel verano. Con el nombre de Byron James, tuvo un pequeño papel en "The Romance of Scarlet Gulch".

Jimmy, de esta forma, le mandaba a su padre un claro aviso. Tal vez hubiese ido a California para intentar establecer con él algún tipo de relación, pero Winton estaba equivocado si pensaba que iba a quitarle de la cabeza la idea de ser actor. En Fairmount, Jimmy había saboreado la emoción que se siente al aparecer en un escenario ante el público. Ahora le consumía el deseo de volver a sentir esa emoción. Quizá la atracción de un padre sobre un hijo sea fundamental, pero la del arte sobre el artista es hipnótica. Winton debería haber sabido a qué se enfrentaba, pero, por extraño que parezca, no parecía haber entendido lo resuelto que estaba Jimmy a perseverar en la carrera de actor.

En el otoño de 1949, acabadas sus clases de verano, Jimmy se matriculó en el Santa Monica City College. La escuela estaba construyendo unas nuevas instalaciones que aún no estaban terminadas, así que durante el año académico de 1949-50 se impartieron las clases en algunas aulas del instituto de Santa Monica. El primer semestre, Jimmy se matriculó en varias clases relacionadas con el programa de Introducción al Derecho (Inglés, Geología, Física, Español), un gesto que contentó a su padre. Pero también decidió estudiar Historia del teatro y un curso introductorio al Arte de la interpretación, dos asignaturas que impartía Gene Nielsen Owen, que también era su tutora.

Owen supo darse cuenta inmediatamente de que Jimmy tenía un talento innato, al tiempo que reconocía hasta qué punto su experiencia previa como actor, tal y como había ido, no le había preparado suficientemente. «Su vocalización era pobre, mezclaba las palabras y era difícil de entender –escribiría Owen en cierta ocasión.

En una clase de interpretación, alguien se lo hizo notar y lo atribuyó a su acento de Indiana. Más tarde, cuando estábamos a solas en mi oficina, Jimmy protestó y se quitó la placa superior del puente dental que llevaba en el paladar –resultado del accidente que tuvo de pequeño cuando se cayó en el granero–. Para superar su problema de vocalización, iniciamos una hora extra de interpretación oral de "Hamlet" que había de durar todo el semestre. Le dije que si algo podía remediar su pronunciación poco clara, serían los exigentes soliloquios de Shakespeare. Y así comenzamos, cara a cara, lo que iba a ser un estudio revelador y fascinante para ambos.»

Owen nunca olvidó sus sesiones de "Hamlet". «El esfuerzo de leer una obra de Shakespeare –dice– habría sido demasiado para él. Podía memorizar a la perfección, pero yo no quería que improvisase con Shakespeare, así que le guié a través de todo "Hamlet". No tenía realmente ninguna dificultad, pero yo le ayudaba a comprenderlo. Leía solo y memorizaba todos los soliloquios. Ese fue un gran acontecimiento para Jimmy (conseguir tanto en un terreno académico, siendo tan joven). Sentí que eso le animaba. Si Jimmy hubiese podido algún día interpreta "Hamlet" en Broadway, habría sido un papel revolucionario. ¡Habría sido realmente extraordinario!»

En general, a Jimmy le fue bien ese primer semestre en el *college*, aunque las notas que sacó en sus clases preparatorias para la carrera de Derecho no fueran tan buenas como él –o Winton– esperaba. Aunque lo más destacado del trimestre hubiera sido su trabajo con Gene Owen, Jimmy también se ganó una plaza en el equipo de baloncesto de la universidad, se unió al club de teatro y se hizo miembro del club de aficionados al jazz. Cuando llegó el semestre de primavera, lo eligieron para el Opheleos Men's Honor Service Organization, un grupo muy selecto que se componía de los veinte hombres jóvenes mas sobresalientes de la escuela. Por ser miembro de este grupo, Jimmy llevaba una chaqueta azul ultramar, que en el campus era una especie de símbolo de prestigio.

Durante la primavera Jimmy seguía sumamente interesado en las clases de interpretación. Estudiaba con Gene Owen las asignaturas de voz, dicción y transmisión radiofónica, pero no le parecía suficiente. Como parte de las actividades de la fiesta del primero de mayo, él y otros estudiantes organizaron un espectáculo llamado "She Was Only a Farmer's Daughter", en el que también actuaron. Pese a estar tan ocupado, cuanto más tiempo pasaba en el Santa Monica City College, más le consumía una nueva idea. Lo que realmente deseaba era trasladarse a la otra punta de la ciudad, a la Universidad de California, un campus que formaba parte del sistema estatal de universidades y que estaba situado cerca de Santa Monica, en Westwood.

La razón por la que quería trasladarse allí era el convencimiento de que en la UCLA (Universidad de California en Los Ángeles) tendría más oportunidades de estudiar arte dramático. Cuando le contó a Gene Owen sus planes para el siguiente semestre, ella se mantuvo firme en su creencia de que Jimmy no estaba preparado para enfrentarse a las formidables exigencias académicas de esa universidad. «Le desaconsejé que asistiera a la UCLA –afirma Owen–. Yo misma me había graduado allí y sabía que era un lugar demasiado académico para Jimmy. Sabía que él no tenía el nivel de cultura general adecuado para esa universidad. En realidad, yo quería que Jimmy permaneciera con nosotros un año más, que siguiera participando en nuestras actividades, y que después de ello se mudara quizás a otra universidad.»

Pero Jimmy estaba obsesionado. Algo muy profundamente arraigado en su psique –un impulso creativo, una necesidad de formar parte de algo o, simplemente, pura ambición– hizo que Jimmy ignorara los consejos de Owen. La tentación de estudiar en uno de los mejores departamentos de teatro de todo el país, un programa que en el pasado había proporcionado a los estudios de Hollywood un flujo constante de escritores, directores y actores, era demasiado atractiva para resistirse a ella. Si se quedaba en Santa Monica era poco probable que consiguiera los contactos necesarios para trabajar en el negocio del espectáculo. En la UCLA, las posibilidades eran mucho mayores. Así que Jimmy se decidió. Asistiría a la UCLA.

Cuando, en el otoño de 1950, solicitó una plaza en la universidad, sus calificaciones eran suficientemente altas para que fuera admitido. Existía, por supuesto, un enorme problema que solventar: su padre. Al igual que Gene Owen, este se oponía a que Jimmy se trasladara a la UCLA. Winton era consciente de que la UCLA ofrecía tantas oportunidades a los actores que Jimmy perdería por completo el interés por las dos carreras profesionales que él quería que estudiara, Educación Física y Derecho.

Antes de que Winton pudiera darse cuenta, Jimmy ya se habría especializado en Interpretación Dramática. Solo de pensar en esa posibilidad, se le revolvían las tripas. Pero en este asunto, Jimmy no quiso ceder a las presiones de su padre. Se dispuso a comenzar en la UCLA ese otoño y, tras pasar el verano trabajando como monitor en unas colonias para niños, se apuntó a las clases tal y como había decidido. Para calmar a su padre, eligió un programa de Introducción al Derecho. Pero no sirvió de mucho. Winton estaba tan furioso por el hecho de que Jimmy no le hiciese caso, puesto que había cambiado de centro de estudios a pesar de sus objeciones, que se empezaron a producir constantes enfrentamientos entre los dos, lo cual dio lugar a agrias y acaloradas peleas.

Al poco tiempo, sus discusiones habían adquirido un tono malintencionado y rencoroso: a pesar de ello, cuanto más peleaban, más determinado estaba Jimmy a hacer su voluntad. De alguna manera, le estaba diciendo a su padre lo que toda su vida había deseado decirle: si a ti no te importan nada mis sentimientos, a mí tampoco me importan los tuyos.

Las fricciones entre los dos fueron en aumento hasta tal extremo que Jimmy no pudo continuar viviendo con Winton. Por aquel entonces, Winton y Ethel decidieron marcharse de Santa Monica y comprar una casa en Reseda, otro suburbio de Los Ángeles. Tras una temporada de búsqueda, los Dean encontraron una pintoresca casita situada en el número 7235 de la avenida Yolanda. Jimmy utilizó como excusa el que la familia estuviese de mudanza para separarse de su padre y trasladarse al campus de la UCLA. Tras reflexionar sobre dónde quería vivir, Jimmy decidió unirse a un círculo estudiantil, el Sigma Nu, y en cuanto empezó el curso se trasladó a la residencia que el círculo tenía en la avenida Gayley.

A pesar de haber reñido con su padre, no cambió de especialidad y siguió con la Introducción al Derecho. Es posible que tomase esta decisión teniendo en cuenta los deseos de Winton, aunque los que le trataron durante ese semestre estaban convencidos de que realmente quería hacer la carrera de abogado. Puede que así fuera. No obstante, por si acaso –y para satisfacer el deseo que desde un principio le había hecho inscribirse en la UCLA–, decidió estudiar teatro como segunda especialidad. Así pudo no solo cursar las asignaturas de interpretación, sino que también estuvo directamente en contacto con los responsables de las pruebas que se hicieran para escoger actores con destino a las producciones teatrales de la universidad. Una de las previstas, "Macbeth", le interesaba particularmente.

Estaba contento de vivir lejos de casa, pero la ruptura con su padre creó un serio problema que no había previsto: la repentina falta de dinero. Además de permitir que viviese en su casa sin pagar alquiler, Winton le había estado ayudando económicamente. Al desafiarle Jimmy de manera tan patente, Winton no iba a facilitarle las cosas, así que le retiró toda ayuda. Jimmy se vio obligado, pues, a conseguir empleos de media jornada en la UCLA, para pagar tanto las matrículas como su manutención. Al principio del semestre, ganó todo el dinero que pudo trabajando como proyector de cine en las asignaturas que requerían de apoyo audiovisual. Aunque el salario era modesto, por lo menos trabajaba en algo que no le resultaba odioso.

Ese otoño, mientras Jimmy asistía a sus clases –Latín, Geología, Historia de América, Antropología y Preparación Militar– no dejó de pensar en actuar. Finalmente, a principios de octubre, el departamento de teatro anunció que pronto efectuaría pruebas de actores para "Macbeth", obra que estaba prevista para ser representada en el campus, entre el 29 de noviembre y el 2 de diciembre. Jimmy se presentó a las pruebas como un principiante inseguro y con poca experiencia, deseoso de actuar más que de ninguna otra cosa en el mundo. Tras leer el texto en el escenario, ante algunos de los mejores profesores de la especialidad, sintió que había profundizado en el papel lo suficiente para causar una buena impresión. Naturalmente, todo el tiempo que había invertido en el estudio de "Hamlet" con Gene Owens, en aquellas inolvidables clases particulares, le había ayudado a sentirse cómodo con el lenguaje de Shakespeare. Por lo visto, su familiaridad con este lenguaje era mayor que la de la mayoría de los estudiantes que se habían presentado a la prueba, ya que al finalizar la misma Jimmy se enteró de que le habían asignado el papel de Malcolm.

Dirigida por Walden Boyle, la puesta en escena de la obra tendría lugar en el Royce Hall de la UCLA; sin duda el local con más prestigio en el que Jimmy, con sus diecinueve años, había actuado nunca. «¡Dios mío, es un sueño! –exclamó al enterarse de que le habían dado el papel–. ¡Que nadie me despierte!» Cuando días más tarde escribió a la tía Ortense y a Markie para darles la noticia, todavía estaba en las nubes. «La mayor ilusión de mi vida se hizo realidad hace tres semanas –decía–, tras pasar unas pruebas muy duras para las cuatro obras de teatro más importantes de la UCLA, la más importante de las cuales es "Macbeth", que será representada en el Royce Hall (160 localidades). Después de probar a 1.600 actores y actrices, me dieron uno de los principales papeles en "Macbeth", el personaje de Malcolm (un papel importantísimo).»

Durante los ensayos de "Macbeth", que comenzaron el 12 de octubre, Jimmy conoció a mucha gente de teatro y se introdujo en una subcultura con la que no había tenido ningún contacto en Indiana, y que solo había conocido superficialmente en el Santa Monica City College. En este mundillo, Jimmy empezó a relacionarse con estudiantes y profesores que compartían con él su profundo amor por la interpretación. Asimismo, tropezó con otros que, aunque se encontrasen en esta misma situación, carecían simplemente del talento potencial e innato que a él le caracterizaba.

Hubo muchos que, llenos de envidia y mezquindad, despreciaron a Jimmy por su origen humilde y su falta de formación y experiencia profesionales. Se burlaban de su acento de Indiana, se reían de su modesto vestuario, ridiculizaban su retraído porte de cuáquero. Dos de los estudiantes, sin embargo, superaron estos prejuicios y se convirtieron en amigos de Jimmy: Jeanetta Lewis, miembro del equipo de producción de "Macbeth", y William Bast, un estudiante de teatro al que, como a tantos otros en la UCLA, Jimmy al principio no le cayó bien. «Si no recuerdo mal –escribiría más tarde Bast sobre el día en que, durante el ensayo de "Macbeth", Jimmy fue presentado en el Green Room del Royce Hall–, no me impresionó en absoluto. Era callado, casi hosco, y parecía resentido por el hecho de que le hubieran pedido que participara en la obra.»

Puede que ésta fuera la primera impresión de Bast, pero cuando, con el tiempo, él y Jimmy fueron desarrollando una relación cada vez más compleja, Bill tuvo que admitir que esta primera impresión no había sido muy certera. En las representaciones de "Macbeth" Jimmy realizó una actuación inspirada pero con fallos. Compensaba con energía e inventiva las limitaciones de su tosca declamación y de su acento de Indiana. Al finalizar, Jimmy se sintió deprimido, aunque le animaba pensar en lo que había conseguido. «La obra ha sido un éxito rotundo –escribió a los Winslow–. Fue una experiencia muy satisfactoria para mí. Conseguí demostrarme a mí mismo que podía ser un buen actor, ante los ojos de varios centenares de personas muy cultas. Si todo continúa de esta manera y nada se interpone en mi camino, puede que uno de estos días haga una contribución importante a este mundo (teatralmente hablando).»

2

Jimmy lo había conseguido. Había ido a Los Ángeles y en poco más de un año había actuado en una obra montada por uno de los departamentos de teatro universitarios más respetados del país. Estaba tan contento por la experiencia que casi pudo pasar por alto la única crítica –negativa– que recibió por su interpretación. «Malcolm resultó ser un rey vacío», escribió Harve Bennett Fischman en una crítica que apareció en "Spotlight", una publicación del campus.

En lugar de preocuparse por ello, Jimmy centró su atención en lo que verdaderamente representaba un importante –y puede que incluso improbable– desarrollo de los acontecimientos. Isabelle Draesemer, una agente teatral muy bien considerada y dueña de su propia empresa, había acudido a una de las representaciones de "Macbeth" y, tras haber visto a Jimmy, se sintió tan segura de su talento como para proponerle ser su representante. Dado que Westwood estaba cerca de los estudios y de las agencias artísticas más importantes, no era raro que la gente de la profesión se dejara caer por la UCLA para ver los montajes de teatro universitario. Ya no era tan normal, sin embargo, que alguien como Jimmy consiguiera agente en su primera obra. Tanto en el reparto como en el resto del equipo, había muchos estudiantes, algunos de ellos bastante mayores que Jimmy, que, habiendo intervenido en numerosas producciones, aún no tenían agente. Puede que él fuese joven y poco experto, pero era obvio que tenía talento.

Estaba todavía eufórico por el éxito de "Macbeth" y por haber firmado con Draesemer cuando, para su sorpresa, le ofrecieron su primer trabajo remunerado como actor. Un día, Jim Bellah, compañero suyo de la UCLA e hijo del novelista James Warner Bellah, le contó que había sido contratado como actor para un anuncio de Pepsi, de un par de minutos de duración.

En el anuncio, un grupo de jóvenes aparecería en un tiovivo de Griffith Park. Alguien sacaría algunas pepsis de una nevera portátil y las repartiría entre diversos adolescentes, la mayoría chicas, que irían pasando por delante de la cámara en el tiovivo. «Ven, que necesitan mucha gente joven», le dijo Bellah a Jimmy, y este decidió ir.

El día especialmente frío de invierno en que se rodó el anuncio en Griffith Park –el 13 de diciembre de 1950–, Jimmy no hizo más que llegar al rodaje y el director ya se había fijado en él y había decidido convertirle en el protagonista del anuncio. Así pues, interpretó al joven que repartía las pepsis a los adolescentes del tiovivo, la única persona que estaba en todo momento en el encuadre. Por este trabajo, Jimmy recibió una modesta remuneración: veinticinco dólares y el almuerzo. El rodaje sirvió también para que conociera a otros dos jóvenes actores, Beverly Long y Nick Adams, con quienes sintió que podía entablar amistad.

En el fondo, la satisfacción que experimentó por este trabajo marginal fue mucho más importante que el dinero o las posibles amistades. En la vida de todo artista llega un momento en que hay que comprometerse con lo que uno está haciendo y seguir adelante, a pesar de las penalidades que ello pueda suponer. Es el único camino para llegar a alguna parte. En el otoño de 1950, a resultas de su participación en "Macbeth" y de su intervención en el mundano anuncio de Pepsi, Jimmy había llegado a ese punto y estaba dispuesto a aceptar el compromiso. Se daba cuenta, por supuesto, de que su decisión de ser actor le había hecho perder a su padre, si es que alguna vez había podido contar con él. ¿Acaso era posible perder algo más importante?

Más o menos en la misma época, Jimmy tuvo un enfrentamiento con uno de los miembros de la residencia Sigma Nu. La verdad es que nunca había encajado del todo en ese círculo, cuyas reglas le resultaban difíciles de cumplir, ya que nunca había estado muy dispuesto a ceder ante la autoridad. A menudo dejaba sin realizar las tareas que se le asignaban en la residencia, una costumbre que sus compañeros veían como indicio de su falta de voluntad para mantener su compromiso con el círculo. La verdad era que si Jimmy no participaba demasiado en la residencia, no era tanto porque odiase las reglas ni porque estuviera ocupado (aunque lo estuvo, y mucho, durante los ensayos de la obra), sino porque simplemente no le gustaban los miembros de Sigma Nu.

La situación llegó al límite el día en que uno de los cofrades se burló de él por andar metido en el teatro. Eso solo podía significar, insinuaba el individuo, que Jimmy era homosexual. La última vez que alguien se había reído de el por actuar –nunca olvidaría la ocasión en que David Fox se burló de él en clase de la señora Brookshire, en el instituto de Fairmount– no había tenido más remedio que pegarle una paliza. En esta ocasión no dudó en hacer lo mismo. Se lanzó sobre su cofrade con tanta furia que este no pudo ni reaccionar. Cuando Jimmy acabó con él, el chico estaba tumbado en el suelo, lleno de magulladuras y terriblemente asustado. A consecuencia de esta pelea, los estudiantes se reunieron y, tras discutir lo ocurrido, llegaron a la conclusión de que la culpa había sido de Jimmy y no del provocador. El veredicto fue simple y contundente: le pidieron a Jimmy que dejara Sigma Nu.

De todos formas, Jimmy no tenía previsto quedarse por mucho tiempo en la residencia. Debido a sus recientes éxitos, incluso estaba pensando en dejar la universidad para dedicar todo su tiempo y energías a buscar el triunfo como actor. Al fin y al cabo, ya estaba consiguiendo algunos trabajos y tenía una representante dispuesta a llevarle a cuantas pruebas de actuación fuera necesario. El comentario del cofrade sobre su sexualidad y la pelea que siguió le sirvieron de acicate para seguir adelante.

Resulta irónico que el incidente en la residencia hubiera tenido que ver con la homosexualidad de Jimmy, precisamente cuando no hacía mucho que había estado saliendo con Jeanetta Lewis. De todas formas, y aunque la única relación importante y duradera que había tenido había sido con James DeWeerd, Jimmy se había sentido obligado a defender su honor en el incidente.

Su relación con DeWeerd había sido, por supuesto, un secreto muy bien guardado entre ambos, y por lo visto Jimmy había decidido que, de cara a todo el mundo, seguiría manteniendo una fachada heterosexual. Para ello, estaba dispuesto a llegar a las manos con quien le acusara de lo contrario. En el fondo, sus sentimientos eran muy distintos. Jimmy iba dándose cuenta de que en realidad le atraían sexualmente más los hombres que las mujeres. Para ser precisos, le gustaba estar con chicos jóvenes, que fueran más o menos de su misma edad. Chicos, en concreto, como Bill Bast.

Era una noche típica de Los Ángeles: agradable, fresca, tranquila. Durante el año y medio que había vivido en California, Jimmy había aprendido a disfrutar del clima, que era mucho más agradable que el de Indiana. Si en esos momentos hubiese estado en Fairmount, se habría encontrado en pleno invierno, rodeado de nieve e inmerso en frías temperaturas, bajo los vientos intensos y cortantes que soplaban sobre la llanura. Esa noche, mientras iba sentado en un autobús al lado de Bill, Jimmy no pensaba precisamente en el clima de Indiana. Pensaba en Bill. Hacía solo un par de semanas que le conocía, desde que coincidieron en uno de los ensayos de "Macbeth", pero en poco tiempo los dos habían entablado una íntima y agradable amistad. Tenían mucho en común. Ambos estaban saliendo con chicas que a su vez eran amigas. Bill salía con la actriz que hacía de Lady Macduff en "Macbeth", una joven llamada Joanne, y Jimmy con Jeanette, la amiga de esta.

Las dos parejas habían salido juntas varias veces; en una ocasión incluso habían ido todos a México. Además, tanto Jimmy como Bill provenían del Medio Oeste. Nacido en Milwaukee en 1931, Bill había pasado algún tiempo en una granja de Wisconsin y había asistido dos años a la universidad del estado antes de trasladarse a la UCLA, en el tercer curso. Y, sobre todo, ambos estaban luchando por formar parte del mundo del espectáculo de una forma u otra. Jimmy quería ser actor, y Bill actor o escritor. Durante varias semanas, Bill había intentado conseguir un trabajo en la CBS. Con anterioridad, ya había participado en un taller de radio de la compañía, pero ahora esperaba conseguir un trabajo de jornada completa. Aquella misma tarde, Bill había llevado a Jimmy a la CBS para mostrarle las instalaciones y presentarle a algunas de las personas que conocía.

Mientras regresaban juntos al campus, en el autobús, Jimmy estaba contento de que Bill le hubiese llevado a la CBS, aunque la visita no hubiera sido demasiado productiva, debido a que este aún no tenía ningún contacto importante allí. Pero la ocasión le había servido a Jimmy para descubrir algo sobre su amigo. Tenía la impresión de que Bill no iba a ser tan envidioso como otros estudiantes del departamento de teatro de la UCLA. Tal vez incluso estuviera dispuesto a ayudarle.

Además de las similitudes superficiales que suelen darse cuando dos personas entablan amistad, había algo más en la relación entre ambos; algo tan etéreo, tan tácito, que al propio Jimmy le costó mucho entender. Sentía una cierta energía entre ellos dos, una especie de fuerza que les unía. Jimmy nunca había sentido este tipo de atracción hacia una mujer. En cambio, sí que la había experimentado hacia el reverendo DeWeerd, aunque, como este era mucho mayor que él, a menudo había confundido el deseo sexual con el amor filial. Con Bill no había diferencia de edad. En muchos aspectos, cuando Jimmy miraba a Bill era como si se mirase a sí mismo. Bill era un muchacho listo y enérgico que parecía absolutamente determinado a conseguir lo que quería en la vida; pero aun así, era una persona sensible y cariñosa, capaz de modificar su conducta si esta podía causar algún daño a un semejante. Además era guapo. Tenía el cabello negro y las facciones angulosas, una combinación muy seductora que atraía enormemente a Jimmy. También era abierto, dulce y suave, aunque no afeminado, característica que Jimmy había llegado a odiar en un hombre.

Jimmy nunca había vivido con un chico de su edad, así que no supo cómo le iba a plantear a Bill la idea que se le había ocurrido. Como le habían pedido que dejara la residencia, planeaba trasladarse a un apartamento de fuera del campus, pero para ello necesitaba un compañero que le ayudara a pagar los gastos. Tras reflexionar sobre el asunto, Jimmy decidió proponerle a Bill que compartieran piso. No fue una tarea fácil, más que nada por los sentimientos que empezaba a experimentar hacia Bill. Aunque los dos salían con chicas, la atracción que sentía hacia él no dejaba de crecer: era obvio que se trataba de un deseo sexual. No podía dejar de preguntarse si Bill sentiría lo mismo por él. En el autobús, sentado junto a su amigo, Jimmy decidió por fin ser sincero y decirle lo que estaba pensando.

—Sabes –dijo Jimmy mientras el autobús continuaba su marcha–, creo que tú y yo formaríamos un buen equipo.

Bill no contestó. Permaneció sentado en silencio.

—He dicho –insistió Jimmy– que creo que formaríamos un buen equipo.

El autobús, mientras Jimmy esperaba la respuesta de Bill, descendió con estruendo por Sunset Boulevard y pasó por delante del hotel Beverly Hills.

—¿Un buen equipo? –preguntó finalmente Bill.

—Exacto –dijo Jimmy–. Tú y yo nos complementamos. Tú eres un tipo bastante listo. Quiero decir que sabes muchas cosas que a mí me convendría conocer. Y por otra parte, creo que yo también te podría ser de utilidad. Adonde quiero ir a parar es a que, bueno, si nos mantuviéramos unidos, ya sabes, si combináramos nuestras fuerzas, las cosas podrían resultar mucho más fáciles.

En cierto modo, Jimmy estaba hablando de unir fuerzas para ayudarse mutuamente en sus respectivas carreras. Y para demostrarle a Bill que estaba dispuesto a compartir sus contactos profesionales, se ofreció a presentarle a Isabelle Draesemer. Se trataba de un gesto importante por parte de Jimmy, ya que Bill no tenía agente y estaba buscando uno desesperadamente.

No obstante, Bill siguió sin responder. Jimmy empezaba a pensar que se había equivocado completamente respecto a él, que ni siquiera debería haber tocado el tema.

—¿Sabes? –continuó Jimmy–. La otra noche, mientras tomaba unas cervezas con gente de la residencia, se empezaron a meter conmigo. Les dije que no me gustaba nada lo que pretendían que hiciera para la iniciación. Empezaron a burlarse de mí por estar metido en el teatro y todo eso. La verdad es que no soporto que se metan conmigo. Ya me pasó una vez, en el instituto. Y el otro día, acabé pegándole a un tío.

Por algún motivo, la confesión de Jimmy pareció convencer a Bill, que también tendía a cuestionar la autoridad y el conformismo. Jimmy le había sugerido anteriormente que visitara los locales de Sigma Nu, por si quisiera inscribirse, pero. Bill había salido del lugar odiándolo, con un especial desprecio por sus miembros. Más tarde le dejó bien claro a Jimmy cuál era su opinión sobre la residencia. Ahora Jimmy le estaba haciendo saber que también él estaba harto de todas aquellas paparruchadas griegas en torno a las que se movían los círculos. Al final, le confesó abiertamente que los miembros del círculo le habían pedido que se fuera, que estaba buscando un apartamento y que había pensado que Bill y él deberían irse a vivir juntos.

Hubo otra larga pausa.

—¿Sabes, Jimmy? Probablemente tengas razón. A lo mejor sí que hacemos un buen equipo –dijo Bill. Sus palabras podían tener más de un significado.

Al oír esto, Jimmy se sintió embargado por una andanada de emociones: confianza, alivio, sensación de seguridad, esperanza... En cierta forma, sentía que él y Bill habían conectado de manera mucho más profunda que la que se podía esperar de una improvisada amistad como la suya. Aunque solo conocía a Bill desde hacía unas semanas, intuía que entre ellos se iba formando una relación profunda. Jimmy había conocido por vez primera en su vida a una persona con la que deseaba vivir, y esa persona estaba de acuerdo en vivir con él, sin importarle sus limitaciones.

En el mismo autobús, sin poder controlar más sus emociones, Jimmy se encontró, sin darse cuenta, haciéndole a Bill confidencias acerca de sus sueños y aspiraciones más privados en un largo pero apasionado monólogo.

—Nunca le he contado esto a nadie -empezó diciendo Jimmy-. Supongo que siempre he pensado que cualquiera diría que estoy loco, si alguien llegara a saberlo. Así que nunca se lo he dicho a nadie.

De esta manera inició su discurso.

—¿Has tenido alguna vez la sensación de que no puedes hacer nada? Quiero decir, ¿no te ha pasado alguna vez que, sabiendo que tienes que hacer alguna cosa, te das cuenta de que no tienes ningún control sobre la forma de llevarla a cabo? Todo lo que sé es que tengo que hacer algo. Todavía no sé exactamente qué, pero cuando llegue el momento, lo sabré. Tengo que seguir intentándolo hasta dar con ello. ¿Entiendes lo que quiero decir?

Bill permaneció en silencio; prefería que fuese Jimmy quien hablara.

—Imagínate, por ejemplo, que yo sé que quiero ser actor, pero que no es exactamente eso... Ser solamente actor o director, aunque sea uno muy bueno, pero no es suficiente...

»Creo que no hay nada que no puedas hacer, si te entregas de lleno. Lo único que impide que la gente consiga lo que quiere son ellos mismos. Ponen demasiadas barreras en su camino. Es como si tuvieran miedo de triunfar. Creo que sé por qué les ocurre esto. El triunfo lleva consigo una enorme responsabilidad, y cuanto más grande sea el triunfo, mayor es la responsabilidad... Pero yo creo que si no tienes miedo, si pones todo tu ser, todo lo que en ti hay de valioso, si pones todo tu empeño en conseguir un objetivo final, nada podrá impedir que lo alcances. Se trata de que aceptes el mundo tal como es y dejes que todo fluya normalmente hacia ti, que te envuelva. Si lo haces, las cosas empezarán a funcionar a tu alrededor como nunca soñaste que pudieran hacerlo.

»Por eso voy a seguir con esto. No quiero ser solamente un buen actor. No quiero ni siquiera ser el mejor. Quiero crecer y crecer, crecer tanto que nadie me pueda alcanzar. No para demostrar nada, sino simplemente para llegar adonde tienes que llegar cuando dedicas tu vida entera y todo lo que eres a una sola cosa.

Jimmy estaba rozando el núcleo de sus ideas más íntimas.

—Quizá lo que voy a decirte te parezca una locura o puro egocentrismo, pero creo que solo existe una forma de grandeza en el hombre. Si un hombre consigue llenar el vacío que separa la vida de la muerte, si puede vivir después de muerto, quiero decir, entonces es posible que sea un gran hombre. Cuando se habla de triunfar, se habla de llegar a la cima. Pero la cima no existe. Tienes que seguir y seguir, sin detenerte nunca en ningún lugar. Para mí, el único triunfo, la única grandeza de un hombre, reside en la inmortalidad. Que tu trabajo se recuerde a lo largo de la historia, dejar algo en este mundo que permanezca durante siglos: en esto consiste la grandeza.

»Quiero crecer hasta sobrepasar este pequeño y mezquino mundo en que vivimos. Quiero dejarlo todo atrás, todos los pensamientos triviales sobre cosas totalmente insignificantes, cosas que de todos modos nadie recordará dentro de cien años. Existe un nivel en algún lugar donde todo es sólido e importante. Voy a intentar alcanzarlo para encontrar ese sitio en el que yo creo, cerca de la perfección, un lugar donde todo este confuso mundo debería estar, y podría estar, si se tomara el tiempo necesario para aprender cómo.

Jimmy por fin terminó de hablar. Pero antes añadió:

—Bueno, ya te he soltado el rollo. Ahora ya sabes lo loco que estoy.

El autobús, mientras Jimmy y Bill permanecían sentados mirándose el uno al otro, avanzaba en plena noche hacia Westwood.

Una vez decididos a vivir juntos, el problema más inmediato fue encontrar el apartamento adecuado. Los alquileres eran altos, y la suma de sus ingresos, los de dos estudiantes universitarios que vivían del dinero que conseguían en trabajos a media jornada, no era gran cosa. Pero por escasos que fueran los ingresos, tenían que encontrar algún sitio; así que un día decidieron empezar la búsqueda, y lo hicieron por Santa Monica. (No deja de ser curioso que la primera vez que Jimmy tuvo la oportunidad de alquilar un apartamento, teniendo toda la ciudad de Los Ángeles a su disposición, fuera a escoger precisamente el último lugar donde había vivido con su madre.) De los innumerables apartamentos que vieron, ninguno resultó ser apropiado. Generalmente eran todos demasiado caros. Pero cuando ya estaban a punto de dejarlo correr por aquel día, descubrieron un nuevo cartel de "se alquila" y decidieron hacer una última intentona. La propietaria, una mujer mayor y algo excéntrica, les enseñó un diminuto apartamento de soltero que no les gustó absolutamente nada. Ya se marchaban cuando la mujer pareció apiadarse de ellos. «Dejadme que os enseñe –dijo– lo que mi marido y yo llamamos nuestro ático.»

El apartamento se encontraba en el último piso de un edificio situado detrás de la casa principal. Para acceder a él, los tres tuvieron que subir por unas escaleras exteriores cubiertas por las hojas de una palmera que crecía al lado del edificio. Nada más entrar en el apartamento, que tenía tres habitaciones, Jimmy y Bill quedaron cautivados por el aire mexicano de la decoración, así como por su ambiente cálido y acogedor. La sala de estar tenía un techo con vigas vistas, y en las paredes colgaban cuadros al óleo de paisajes mexicanos. La cocina tenía una original barra de bar que daba a la sala, y frente a ella se alineaban unos graciosos taburetes rojos. Finalmente, había un dormitorio, pero era tan pequeño que no cabía más que una sola cama, lo cual significaba que, si querían dormir con comodidad, uno de ellos tendría que hacerlo en la sala, donde también había una cama. Había que hacer algunos arreglos, pero esto era lo de menos. El apartamento eran tan encantador y tenía tanto estilo que ambos quedaron inmediatamente prendados. Solo había un inconveniente: el precio. El marido de la propietaria había fijado el alquiler en setenta dólares al mes, y la pareja no estaba dispuesta a negociar, ya que no tenía ninguna prisa por alquilarlo. Además, la dueña había decorado ella misma el apartamento y estaba muy orgullosa del resultado. Tomándolo todo en consideración, el precio parecía, sin embargo, razonable. «Era un lugar demasiado perfecto para nosotros; no podíamos dejar que algo tan insignificante como el dinero se interpusiera en nuestro camino», escribiría Bill años después. A juzgar por su decisión, parece que Jimmy opinaba lo mismo. «Nos lo quedamos –le dijo contento a la dueña cuando esta regresó de hablar con su marido sobre los posibles inquilinos–. Si le parece bien a su marido.»

Puesto que al marido le pareció bien, se quedaron con el apartamento, no sin antes entregar a la dueña el importe en efectivo del primer mes, con cierta preocupación por cómo iban a conseguir el dinero para pagar el alquiler de ahí en adelante. Ella les deseó suerte y los dejó solos en su nuevo domicilio. Aunque ninguno de los dos podía saberlo en ese momento, sus vidas iban a estar profundamente unidas durante los cinco años siguientes. Nunca en toda su vida volvería a encontrar Jimmy una persona que le ofreciera tanta estabilidad, una persona a la que con tanta confianza pudiera recurrir cuando quisiera. Desde ese día de principios de 1951 en que alquilaron juntos su primer apartamento y hasta la muerte de Jimmy, iban a discutir, a separarse y a reconciliarse. Jimmy se alejaría y mantendría otras relaciones, pero Bill siempre estaría preparado cuando él le necesitara.

«Me sentí extrañamente contento por lo que acababa de hacer», dijo Bill más tarde, refiriéndose a la decisión que tomó con Jimmy de alquilar el ático. Este fue precisamente el nombre con el que Jimmy bautizó de inmediato el piso: «el ático». De todos modos, ninguno de los dos había previsto la variedad de emociones –felicidad y angustia, alegría y tristeza– que juntos experimentarían durante los años siguientes, durante su vida en común.

Se mudaron al apartamento un viernes, y de inmediato se esforzaron por habituarse cuanto antes a la nueva situación y por conocerse mejor. Por aquel entonces, Jimmy pasaba mucho tiempo a solas pintando al óleo. Durante el tiempo que había vivido con su padre, y mientras estuvo en la residencia Sigma Nu, no se había sentido lo suficientemente a gusto para dedicarse a sus actividades artísticas. Pero las cosas habían cambiado. Por la noche, cuando Jimmy y Bill estaban solos, acostumbraban a leer obras literarias en voz alta. Además de Henry Miller y Kenneth Patchen, dos de los autores preferidos de Bill, leían a Stanislavsky, el director y profesor de teatro ruso de cuyas teorías había surgido el célebre Método que empleaba el Actors Studio.

Naturalmente, Jimmy había estudiado el Método, aunque a nivel muy básico, tanto en el Santa Monica City College como en la UCLA, pero la oportunidad de poder discutir estas teorías sobre la interpretación con alguien como Bill, a quien estaba empezando a respetar por su capacidad intelectual, fue importantísima para él. Cuando leían juntos –normalmente era Bill quien leía, ya que Jimmy tenía, desde la infancia, muchos problemas para hacerlo–, Jimmy acostumbraba a pedirle a su compañero que le definiera las palabras que desconocía, así como que le explicara los conceptos que no entendía. Era una conducta típica de Jimmy, que había desarrollado toda su vida: dar con personas que supieran más que él y hacer todo lo posible para aprender de ellas. Parecía como si necesitara tener siempre cerca a una persona que hiciera de profesor, como había ocurrido con DeWeerd. Además, estas relaciones adquirían a veces unas características que no tenían nada que ver con los intereses intelectuales que hubiesen podido originarlas.

A la vez que, con esa nueva vida en común, Jimmy y Bill intentaban conocerse mejor, también procuraban que sus respectivas carreras siguieran avanzando. Poco después de haberse ido a vivir juntos, a Bill, que durante meses había tratado de conseguir un empleo en la CBS, le ofrecieron finalmente un puesto de acomodador. Se trataba de un trabajo a media jornada, pero que Bill consideró una suerte atribuible al nuevo apartamento. Jimmy, por su parte, también estaba buscando trabajo. A través de Draesemer, consiguió varias pruebas y algunas lecturas "en frío", a las que Jimmy acudió con el mismo entusiasmo y el mismo grado de expectación que había experimentado siempre que había pretendido conseguir un papel. Al ir de un lado para otro, de los encargados de casting a los directores y de estos a los productores, empezó a descubrir una de las características fundamentales de Hollywood. Las personas con poder eran totalmente conscientes de tenerlo, y no estaban demasiado dispuestas a ayudar a un joven actor, a menos que este se mostrara inclinado a dispensar ciertos favores.

El célebre mito hollywoodiense de la prueba del sofá no tiene nada de mito, y de ninguna manera son solo las mujeres las que acaban en el sofá. En los años cincuenta, dentro de la estructura de poder de Hollywood existía una red de homosexuales que ocupaban cargos influyentes en todos los estudios, así como en el resto de compañías relacionadas con el mundo del espectáculo. Los homosexuales de esta red trabajaban juntos durante el día y juntos se divertían por la noche. Si un joven actor conseguía acceder a este grupo, veía multiplicarse sus contactos profesionales, ya que lo usual era que estos hombres proporcionasen trabajo a sus amigos y a los amigos de sus amigos.

Se trataba de un grupo cerrado y en cierta forma encubierto –aunque conocido por toda la industria–, debido a que socialmente la homosexualidad era todavía observada con desprecio. La homosexualidad era anormal, según se puede leer en una biografía de Hart Crane publicada por aquel entonces, una aberración física o mental. Muchos médicos, incluidos los psiquiatras, la consideraban como un trastorno mental que podía ser convenientemente tratado. No se consideraba en absoluto una característica personal con la que se nacía, ni un estilo de vida que alguien podía escoger.

Cuando Jimmy, a principios de 1951, entró en la ronda de pruebas, empezaron a llegarle los mensajes implícitos –y a veces explícitos– que lanzaban los responsables de dichas pruebas. Pero él no desesperaba: triunfaría en ese mundo por su talento y por nada más.

Pronto descubrió Jimmy que en esta red de homosexuales figuraban bastantes actores, ninguno de los cuales hacía pública su condición. Tenían buenas razones para ello, ya que el público americano siempre había estado muy sensibilizado acerca de la vida privada de los actores y actrices de Hollywood, sobre todo en lo referente al sexo. Si el público llegaba a considerar que cualquier estrella tenía una conducta inapropiada, manifestaba su desaprobación dejando de asistir a las películas protagonizadas por la misma, lo cual significaba el fin de su carrera.

En los años veinte, por ejemplo, en cuanto aparecieron en los periódicos los primeros reportajes sobre la muerte de una *starlet* llamada Virginia Rappe, que murió de una perforación de la vejiga, tras haber sido brutalmente violada por Fatty Arbuckle durante una escandalosa orgía celebrada en la habitación de un hotel de San Francisco, el actor vio inmediatamente destrozada su carrera, a pesar de ser uno de los cómicos más populares del momento. En los años siguientes, Arbuckle llegó a dirigir algunas películas bajo el nombre de William B. Goodrich, pero el público jamás le perdonó, y nunca volvió a protagonizar una película. Posteriormente, en 1949, saltó a primera plana la relación extramarital entre Ingrid Bergman y Roberto Rossellini, de la que resultó el nacimiento de su hijo ilegítimo, Robertino. Desde el momento en que la noticia fue difundida, ningún estudio contrató a Ingrid Bergman, que no volvió a trabajar en ninguna otra producción norteamericana hasta 1956.

Cualquier insinuación sobre la posibilidad de que un actor fuera homosexual podía resultar tan desastrosa como los casos reseñados. Cuando un editorial del "Chicago Tribune" cuestionó la masculinidad de Rodolfo Valentino, sugiriendo que utilizaba una polvera color de rosa para maquillarse, Valentino se puso tan furioso –aterrorizado sin duda de que el público llegara a poner en duda su heterosexualidad– que desafió públicamente, a través del "Chicago Herald-Examiner", al articulista del "Tribune" a un combate de boxeo. El citado escritor nunca le respondió, pero Valentino había dejado bien claro cuál era su posición. Al parecer, no se consideró relevante el que las dos mujeres con las que se había casado Valentino fueran lesbianas y que por lo menos uno de los matrimonios –o quizás ambos– jamás se consumara.

A principios de los años cincuenta, Hollywood –una comunidad que pronto participaría en uno de los episodios más infortunados de la historia del país, cuando Joseph McCarthy empezase su caza de comunistas por Estados Unidos– no había variado su manera de tratar las vidas privadas de sus estrellas. Hollywood era una comunidad excepcionalmente consciente de lo que ocurría en su seno, una comunidad muy cerrada, muda para todo lo que le concernía y sensiblemente paranoica.

3

Cierto día, poco después de que ambos muchachos se hubieran mudado al ático, Bill fue muy excitado a contarle algo a Jimmy. Había tenido una idea tan buena que no se acababa de creer que se le hubiera ocurrido a él. Jimmy quiso saber de qué se trataba y el otro se la explicó.

No hizo falta recordarle a Jimmy cuanto tiempo hacía que deseaba tomar clases de interpretación más serias y profundas que las que había cursado en la Universidad de Wisconsin o en la UCLA. Tampoco tuvo que hacer memoria sobre las largas discusiones que ambos habían mantenido hablando del Método. En América, donde mejor se enseñaba el Método era en el Actors Studio de Nueva York, un lugar sobre el que Jimmy y Bill habían hablado muchas veces con respeto y admiración.

Fundado por Elia Kazan en 1947, y con profesores como Lee Strasberg, el Studio era el mejor taller de interpretación de Norteamérica. Ambos soñaban con estudiar en él. Por otra parte, Bill conocía casualmente a James Whitmore, un joven actor que había estudiado en el Actors Studio, había actuado en "Command Decision", obra que se montó en Broadway, y había sido nominado para un premio de la Academia como actor secundario por su papel en *Fuego en la nieve* ("Battleground"). Pues bien, Bill se había dirigido a él para proponerle que diera una clase de interpretación en Los Ángeles, en la tradición del Studio, y, para su sorpresa, Whitmore había accedido. Puso, no obstante, tres condiciones: la primera, que Bill encontrara diez buenos estudiantes; la segunda, que se hiciera con un local adecuado, y la tercera, que solo daría clase un día por semana, puesto que no iba a cobrar. (Whitmore, al tener que vivir en Los Ángeles para poder trabajar en el cine, echaba de menos el Actors Studio; pero, aún así, no estaba dispuesto a soportar la presión que supondría aceptar que le pagaran las clases.)

Entusiasmado por el proyecto, Bill no tardó en encontrar un local, una sala de juntas del Brentwood Country Mart, situada en Brentwood, en la esquina de San Vicente Boulevard con la calle Veintiséis. Le faltaba aún encontrar a los diez estudiantes, razón por la que se lo estaba contando todo a Jimmy. Quería que se apuntara. Entusiasmado ante la posibilidad de estudiar con un profesor tan avezado como Whitmore, y agradecido a Bill por habérselo propuesto, Jimmy aceptó enseguida. Ambos estaban impacientes por empezar las clases.

Alrededor de una semana más tarde, el primer día de clase, Jimmy estaba algo nervioso cuando entraron en la sórdida sala de juntas del Brentwood Country Mart. Nervioso, pero también ilusionado. Hasta entonces, la mayor parte de su aprendizaje en materia de interpretación había tenido lugar en una ambiente escolar en el que la mayoría de los estudiantes (y a veces incluso alguno de los profesores) no tenían su talento ni compartían su entusiasmo por la profesión. Estudiar con Whitmore sería diferente, o por lo menos eso esperaba Jimmy. El comentario inicial de Whitmore le confirmó que lo sería. Con todo sus conocimientos y su estrecha relación con la profesión, Whitmore iba a enseñar, según dijo, solo por amor a la interpretación.

A continuación, mientras los alumnos atendían, el actor hizo un discurso que marcó el tono de lo que iban a ser las clases, tanto aquella como las que vendrían en el futuro.

—Aprender a actuar no es un juego de niños –dijo Whitmore, de pie frente a los estudiantes–, así que olvidaos de todo romanticismo. Actuar es un oficio, una profesión seria. Y para aprender cualquier oficio, hay que esforzarse al máximo. Se necesita tiempo y paciencia; se precisa estudiar y ensayar. Por encima de todo, hay que trabajar duro. Y sudar mucho. Si lo que buscas es la gloria, no la encontrarás aprendiendo a actuar. Puede que ni siquiera la encuentres interpretando. Pero si lo que quieres es sentirte realizado, sentir una especial gratificación personal, no hay otra profesión en el mundo que te pueda dar más. Por lo menos, yo así lo creo.

»Si te dedicas plenamente a tu oficio, no dejas de trabajar hasta que estás a punto de desfallecer, y aún entonces sigues. Cuando estás preparado para considerarte actor, estás tan agotado que ni siquiera te importan los aplausos, pero te sientes tan bien como después de hacer ejercicio, cuando te duele todo y eres consciente de que todos los músculos de tu cuerpo están hinchados. Duele, pero el dolor es agradable. Aquí vamos a trabajar. Para eso estamos. Quizá yo no esté cualificado para enseñaros, pero puedo transmitiros lo que he aprendido. Intentaré explicarlo tal y como yo lo entiendo. Puede que tenga sentido, puede que no; es algo que en parte es mi responsabilidad y en parte la vuestra. Con un poco de suerte, quizá lo consigamos.

Inspirado por las palabras de Whitmore y entusiasmado ante la posibilidad de triunfar en el mundo del espectáculo, Jimmy fue desilusionándose cada vez más con las asignaturas que había escogido aquel semestre en la UCLA. Las clases, aburridas y académicas, palidecían en comparación a la experiencia que fue adquiriendo en las sesiones de prueba. El hecho de vivir fuera del campus, compartiendo piso con un compañero, no hacía sino aumentar la sensación de distanciamiento con respecto a la universidad.

El golpe final lo recibió cuando realizó la prueba para el papel principal de "Dark of the Moon", que iba a ser una de las producciones más importantes del campus, y fue rechazado de plano. La mejor manera de evitar que un actor que promete y que obviamente posee talento se lo acabe creyendo es hacerle bajar del pedestal, diciéndole que no es tan bueno como pensaba. Fuera esta o no la intención del profesorado de teatro, en el caso de Jimmy el resultado final fue que este, hundido y enojado por el rechazo, decidió que ya había visto lo suficiente no solo de la UCLA sino de la universidad en general.

Unas semanas después de iniciarse el segundo semestre dejó de asistir a las clases y abandonó definitivamente los estudios. Por el contrario, Bill, que ya cursaba su último año y estaba por lo tanto a punto de graduarse, continuó estudiando para obtener el título. Jimmy no veía ninguna razón para ello. Creía que le esperaba algo más importante: la industria del espectáculo.

Acababa Jimmy de tomar esta importante decisión cuando recibió una llamada de Isabelle Draesemer, que tenía importantes noticias para él. Era una especie de confirmación, la señal indiscutible de que había tomado la decisión correcta. Jerry Fairbanks, el productor del anuncio de Pepsi en el que había actuado Jimmy, estaba preparando una película para televisión. Se trataba de una obra de tema religioso, titulada *Hill Number One*, que se pretendía emitir el domingo de Pascua. Fairbanks había quedado tan impresionado por el atractivo de Jimmy y por su extraordinaria presencia ante la cámara, que quería que hiciera de san Juan Bautista en el proyecto. El telefilm, protagonizado por Roddy McDowall, se rodaría en febrero y se emitiría en Pascua –el 25 de marzo de 1951– en el programa "Father Peyton's Family Theater", que consistía en una serie de especiales filmados bajo la supervisión del padre Patrick Peyton, una figura de gran talla religiosa de Los Ángeles.

Jimmy se mostró encantado con la propuesta, por la que le pagarían ciento cincuenta dólares, y empezó a prepararse de inmediato. Esta preparación transcurrió perfectamente hasta poco antes de comenzar el rodaje. Varios días antes de la grabación, empezó a ponerse de malhumor y a mantenerse distante, como si la importancia del acontecimiento –era la primera vez que Jimmy actuaría de verdad en televisión– fuera una carga tan insoportable que ni siquiera pudiese hablar de ella. Aun así, el día del rodaje realizó una actuación excelente. Vestido con una especie de toga y sandalias, hizo una declamación precisa y segura, a pesar de que durante los ensayos había desarrollado un cierto deje británico con el que sus intervenciones sonaban un poco afectadas.

Tampoco importó demasiado que su interpretación fuera un tanto petulante, pues en lo que verdaderamente se fijaron los espectadores, cuando el programa fue emitido la noche del domingo de Pascua, fue en el actor que interpretaba el papel. Y Dean era algo digno de verse. Su apariencia juvenil era magnífica, y hacía que el espectador le mirara solo por su forma de moverse y de hablar. Las verdaderas estrellas de Hollywood no se hacen, sino que nacen, ya que poseen una virtud que no puede ser aprendida: la capacidad de aparecer mejor en la pantalla que en la vida real. Es algo que supera la fotogenia, algo que implica lo que Marilyn Monroe llamaba «hacer el amor con la cámara». Dean poseía esta cualidad, y se le notó incluso en un pequeño papel como el que interpretó en *Hill Number One.*

Hubo un grupo de telespectadores en particular a los que les costó controlar su entusiasmo. Tras la emisión del programa, varias chicas del Colegio Católico del Inmaculado Corazón de Los Ángeles estaban tan entusiasmadas con la actuación de Jimmy que formaron la Asociación de Admiradoras de James Dean Inmaculado Corazón. Las muchachas, que habían visto el programa como parte del trabajo de una asignatura, escribieron a Jimmy una carta para comunicarle que habían fundado el club –el primer club de fans que tuvo Dean–, para hablarle de sus reuniones y pedirle que asistiera a una de ellas. Jimmy no pudo resistir la tentación y, cuando llegó la fecha, acudió a la cita, pero llevándose a Bill como apoyo. En la reunión, las chicas se abalanzaron sobre Jimmy; este, abrumado por tanta adulación, dio una pequeña charla y firmó autógrafos.

El acto, a pesar de su modestia, le llenó de orgullo. Durante los últimos años había soñado en convertirse en un actor de éxito. La atención que había recibido tras "Macbeth" no hizo más que acrecentar este deseo que ahora se estaba cumpliendo hasta cierto punto. Su debut en la televisión, su primer club de fans, su primera firma de autógrafos, todo ello era muy capaz de aturdir a un joven actor. Además, fue mucho mejor aún: estas primeras muestras de éxito le permitieron darse cuenta de lo equivocado que había estado su padre al menospreciar sus posibilidades de triunfo en el mundo del espectáculo. Por desgracia, durante los meses siguientes y a pesar del optimismo que le confirió su impresionante interpretación en *Hill Number One,* fue sistemáticamente rechazado en todas la pruebas a las que se presentó.

En el mundo del espectáculo, la única constante es el rechazo, y acostumbrarse a él es lo más difícil del trabajo de actor. Jimmy, cuya ambición era casi obsesiva, no acababa de asumir del todo este rechazo. A medida que iba en aumento la lista de directores de reparto que no le contrataban, empezó a sufrir brotes depresivos. Así como la ambición satisfecha –el triunfo– estimula la psique del individuo, el rechazo la deprime.

Hubo muchos días en que Bill simplemente no podía tratar con él. Se pasaba las horas melancólico y enfurruñado en algún rincón del ático, esperando en su ofuscación a que Bill le hiciese el más mínimo comentario para estallar. Su depresión fue en aumento a raíz de su incapacidad para encontrar trabajo, y acabó por desesperarse. A nadie que le conociera bien, Bill entre ellos, le cabía ninguna duda de que era solo cuestión de tiempo el que Jimmy estuviera dispuesto a hacer lo que fuera para conseguir un papel.

En la primavera de 1951, Bill le presentó a una muchacha que por lo menos durante unos meses tendría una gran influencia en la vida de Jimmy. A través de sus contactos en Hollywood, Bill conocía a Beverly Wills. Beverly era hija de Joan Davis, una de las actrices cómicas más populares de la televisión, e intervenía regularmente en el programa "Junior Miss". Bill había organizado una cita a ciegas entre Jimmy y la muchacha, con ocasión de un picnic en la playa. Jimmy estaba arisco y reservado, como era habitual en esa época, y prácticamente no hablaba. Pero cuando Beverly llevó la conversación al tema de los actores, Jimmy se animó visiblemente. Y cuando se empezó a discutir sobre Stanislavsky, de quien Whitmore había estado hablando en clase, Jimmy hizo una demostración del Método, simulando que era una palmera en medio de una tormenta.

Había que verle en medio de la playa, mientras Beverly le contemplaba, con los brazos extendidos, la cabeza inclinada y dejando que todo su cuerpo se balancease a merced de un viento imaginario. Tras la exhibición, Jimmy se mostró mucho más sociable durante el resto de la noche. La verdad es que, en aquella playa, rodeado de tantos niños mimados de Hollywood y entre ellos la hija de una actriz famosa, debió de sentirse verdaderamente como una palmera en medio de una tormenta.

A medida que iban pasando las semanas, Jimmy continuaba presentándose a más pruebas, pero era rechazado una y otra vez. Su frustración iba en aumento. También se dio cuenta de que cuando una persona intenta introducirse en Hollywood tiene que adaptarse a las reglas del juego, al margen del talento y el atractivo que tenga. Muchos hombres en puestos importantes de Hollywood se encargaron de dejarle muy claro cuáles eran estas reglas. En ocasiones, el precio para conseguir un papel era acostarse con la persona que lo ofrecía. Había quienes utilizaban su poder con sutileza. Propiciaban situaciones en las que el actor se sentía obligado por las circunstancias a acostarse con ellos. Otros eran menos delicados. Productores, directores, agentes de casting o incluso actores influyentes en ese mundo ponían en conocimiento del actor, de una forma bien explícita, que a cambio de sus favores o de su influencia querían una relación sexual.

Jimmy acabó claudicando bajo la presión del fracaso. Si tuviera que acostarse con alguien para conseguir un trabajo, lo haría. De esta forma, a la vez que hacía la ronda de pruebas, empezó también a entrar en el circuito de fiestas de Hollywood, generalmente como pareja de alguno de esos influyentes hombres de la industria, a los que había conocido en las pruebas. Al mismo tiempo, tuvo una serie de relaciones esporádicas, ligues de una sola noche, con diferentes hombres. Con quien acabó entablando una relación más íntima fue con Clifton Webb, un actor famoso y muy bien relacionado socialmente, que ejercía además una significativa influencia, tanto entre el ambiente homosexual como en la comunidad de Hollywood en general. Por ejemplo, Webb era buen amigo de Hedda Hopper, la columnista de sociedad más temida de Hollywood. «Se había desencadenado el rumor de que era el protegido de Clifton Webb –dijo William Redfield, un actor que más tarde trabajó con Dean–, aunque yo nunca acabé de entenderlo, ya que, por su comportamiento ante mí, nunca habría supuesto que Jimmy fuera homosexual. Pero claro, eso siempre pasa... Lo que ocurrió entre Webb y él, no lo sé, aunque imagino que sí tuvo un tinte sexual.»

Mientras salía con Webb, Jimmy mantuvo también relaciones ocasionales con otros hombres que tenían contactos en Hollywood. Uno de ellos fue Alfredo de la Vega, el primogénito de una rica familia californiana. Otro era un director, conocido en todo Hollywood por sus películas comerciales, así como por su afición a los jovencitos bien parecidos. Era prácticamente inevitable que el joven y apuesto James Dean acabara haciendo una prueba para este director. El encuentro fue tan memorable para Jimmy que, meses después, se lo describía minuciosamente a un amigo.

Una noche de verano, con una brisa suave, el director en cuestión invitó a Jimmy a su casa de Malibú. Mientras éste permanecía sentado en la sala de estar, saboreando una bebida que le había traído el mayordomo, contemplaba a su alrededor los caprichos que uno se puede permitir tras una carrera triunfal como director de Hollywood: muebles caros, cuadros originales, piezas ornamentales de cristal. El ambiente del que se había rodeado ese hombre era buena muestra de elegancia y refinamiento. Le recordaba vagamente el estilo de vida que había conocido en Indiana a través del reverendo DeWeerd, aunque en este caso era aún más impresionante. Mientras tomaban unas copas, Jimmy y el director charlaron muy animadamente sobre música, arte, literatura, y en especial sobre el mundo del espectáculo. Más tarde ambos salieron a la terraza, donde el mayordomo vestido de esmoquin negro les sirvió la cena que había preparado el cocinero. Con las olas rompiendo abajo, en la playa, y la agradable brisa del océano Pacífico, Jimmy disfrutó de la cena, una cena infinitamente mejor de lo que él y Bill estaban acostumbrados. En realidad, la única ocasión en la que últimamente había probado algo tan delicioso había sido con Beverly, en casa de Joan Davis. Por fin, a los postres, el director desveló la razón por la cual Jimmy se encontraba allí.

—Tienes que saber -dijo- que, antes de que pueda hacerle una prueba a un joven actor, para un papel en alguna de mis películas -algo que Jimmy deseaba más que nada en el mundo-, tengo que conocerle realmente bien.

Se estaba acercando el momento que Jimmy sabía que era inevitable. La situación se había repetido recientemente con otros hombres. Jimmy podía escoger. Podía dejar bien claro que no estaba interesado en que le conocieran realmente bien -lo cual supondría el fin de la velada, así como de cualquier oportunidad que se presentara para conseguir un papel en la película que el otro estaba dirigiendo- o podía seguirle la corriente. A estas alturas, Jimmy conocía las reglas muy a fondo.

—Lo sé perfectamente -dijo Jimmy-. Y me gustaría.

—Me alegro.

A partir del momento en que entraron en el dormitorio y cerraron la puerta, Jimmy fingió que le gustaba todo cuanto ocurría. O tal vez ni siquiera tuvo que fingir. La verdad es que podía haber impedido que ocurriera y no lo hizo. Claro que, de haberlo hecho, sabía cuáles eran las consecuencias: menos oportunidades aún de abrirse camino en Hollywood.

4

Jimmy continuó viendo a Beverly Wills, aunque, desde luego, nunca le mencionó nada sobre las otras personas con las que salía. A estas alturas de su vida, Jimmy había decidido hablar de su sexualidad únicamente con contadísimas personas, entre las que, naturalmente, no se encontraba Beverly. Jimmy le explicaba tan poco de lo que ocurría en su vida personal que años más tarde Beverly manifestaría seriamente que, por aquel entonces, ella y Jimmy «hablaban de casarse».

Si bien Jimmy mantenía la boca cerrada respecto a su sexualidad, no por ello dejaba de discutir con Beverly otros problemas que le preocupaban, como, por ejemplo, las distintas razones por las que los agentes de casting manifestaban haberle rechazado: que era demasiado bajito o no lo suficientemente atractivo; por lo menos, según afirmaba, eso le decían los agentes. La primera razón podía ser comprensible (de adulto, Jimmy solo medía metro setenta y pesaba sesenta y un kilos), pero la segunda es difícil de creer. A los productores que le habían contratado hasta el momento no se les había pasado por alto su atractivo juvenil. A pesar de ello, Jimmy respondía de la misma manera siempre que le rechazaban: se indignaba y se ponía furioso.

Joan Davis se fijó desde el principio en esta faceta negativa de su personalidad, y por eso Jimmy nunca acabó de gustarle, cosa que no dudó en comunicarle a Beverly. Por su parte, a Jimmy tampoco le caía particularmente bien Joan Davis, y no tardó mucho en faltarle abiertamente al respeto. Beverly, preocupada por la situación, prefirió pensar que Jimmy estaba celoso del éxito financiero y profesional de su madre. Lo más probable, sin embargo, es que Jimmy la considerase pretenciosa y despectiva, precisamente el tipo de persona que le impedía conseguir sus objetivos. Así pues, la actriz pronto acabó representando para él todo lo que estaba mal en Hollywood.

Fuera cual fuera la razón de sus desavenencias, al poco tiempo Joan Davis ya no se molestaba en disimular que Jimmy no era de su agrado. Decía que era un grosero y un zarrapastroso que no se merecía a su hija. Además, había empezado a oír una serie de rumores que no le gustaban nada. Las relaciones secretas de Jimmy todavía no eran de dominio público, pero ya corría la voz. Era algo difícil de evitar, sobre todo teniendo en cuenta que, mientras salía con la hija de Joan Davis, también estaba dejando, como le confesaría a un amigo, que «cinco o seis de los grandes de Hollywood le chuparan la polla».

Por desgracia, los problemas de Jimmy no se reducían a los que tenía en su carrera o con Beverly, sino que también había que contar los que experimentaba con Bill. A pesar de que durante esa época Bill todavía era acomodador para la CBS, su salario no era suficiente para cubrir todos los gastos, de los que tenía que hacerse cargo, puesto que Jimmy no ganaba absolutamente nada. Por ello andaban siempre escasos de dinero y a menudo tenían que pedir prestado a los amigos, solo para ir tirando. Su situación económica se agravó tanto que, al final, Bill se movió para conseguirle un empleo de media jornada a Jimmy, también como acomodador. Con los dos sueldos habrían podido salir adelante, aunque de forma precaria, pero la actitud de Jimmy era tan negativa –no le gustaban sus superiores y le molestaba tener que llevar «un traje de chimpancé de circo» como lo llamaba él– que en la CBS acabaron despidiéndolo a pesar de que era algo que no hacían a la ligera. Naturalmente, Bill culpó a Jimmy del desastre. Se sentía humillado por el comportamiento de este, y estaba enfadado consigo mismo por haber comprometido su propia posición en la CBS al haber sido él quien le había recomendado. El problema, por supuesto, no hizo sino aumentar las tensiones que ya amenazaban su relación.

Continuó el verano y la vida de Jimmy no mejoró demasiado, ni tampoco sus relaciones con Bill. Al poco, sus dificultades ya no eran únicamente de índole económica. Años más tarde, el propio Bast describía uno de los motivos más frecuentes de conflicto entre ambos. «Lo que siempre me ha molestado –dice Bast– es que Jim nunca fue honesto consigo mismo. Se burlaba de las artimañas que era preciso utilizar para triunfar en Hollywood. Hacía ver que estaba por encima de tener que besar el culo de nadie para conseguir un papel, y cuando veía a sus amigos en estas situaciones, los criticaba y se burlaba de ellos. La realidad es que Dean besaba muchos culos y se detestaba por hacerlo. Por eso se desahogaba con los demás.» Bill recuerda comentarios concretos que hacía Jimmy. «¡Vaya un montón de estupideces! –le dijo en una ocasión, refiriéndose a lo que los actores jóvenes como él tenían que hacer para conseguir trabajo en Hollywood–. Se les ha metido en la cabeza que son dioses. La ciudad está llena de ellos. Han conseguido a estos chavales –a estos desgraciados como yo– y les manipulan. Ya sabes, les hacen ir de un lado para otro como si fueran perros extraviados, para camelar con sus encantos a los tipos importantes. Yo creía que podía valer la pena, pero está claro que no es. así. Si no puedo triunfar por mi propio talento, no quiero triunfar en absoluto.»

Es obvio que, aún sin poder encontrar trabajo, Jimmy estaba empezando a odiarse a sí mismo por tener que rendirse ante los deseos de los hombres con los que estaba saliendo. Pero en vez de guardarse la rabia para sí, la volcaba sobre los que le rodeaban, especialmente sobre Bill. Con el tiempo, Jimmy y Bill se vieron sometidos a demasiadas presiones: presiones económicas, presiones por el disgusto que sentía Jimmy (alguno lo llamaría así) al tener que prostituirse, presiones debidas a las características de su propia relación, que a estas alturas se había vuelto extremadamente difícil, etc. Durante años, Bill, que algún día sería bastante abierto respecto a su homosexualidad, no declaró públicamente que él y Jimmy hubiesen mantenido ninguna relación sexual. Pero entre sus amistades se especulaba sobre si ambos eran amantes, especialmente desde que se mudaron al ático.

Por lo que se sabe de las experiencias sexuales de Jimmy, sería difícil defender que ambos conservaron una relación estrictamente platónica mientras vivieron en el ático. Lo más seguro es que empezasen a mantener relaciones al poco tiempo de irse a vivir juntos. Al final ni el sexo ni ninguno de los vínculos emocionales, espirituales o intelectuales que habían establecido fueron lo suficientemente fuertes como para mantenerlos unidos. A finales del verano de 1951, la tensión entre los dos llegó a tal extremo que Jimmy se mudó, dejando a Bill con todas las responsabilidades económicas del apartamento.

Jimmy se instaló en el hotel Grower Plaza de Hollywood, no muy lejos de la CBS. Necesitaba conseguir dinero, aunque solo fuera para pagar la habitación. Tenía que encontrar un empleo enseguida, y para continuar en contacto con el mundo del espectáculo, decidió buscar trabajo cerca de la CBS (ya que, naturalmente, en la CBS nadie iba a contratarle). Con esta idea en mente, Jimmy consiguió un trabajo de estacionamiento de coches en un aparcamiento cercano a los estudios de radio de la CBS, en el número 6121 de Sunset Boulevard.

Un día, poco después de empezar a trabajar, Jimmy conoció por casualidad a un hombre mayor, guapo y distinguido, que inmediatamente le llamó la atención. «¿Cómo se llama?», le preguntó Jimmy. «Rogers Brackett», le contestó el hombre. Jimmy se enteró enseguida, si es que no lo sabía ya, de que Brackett era uno de los directores de radio en Foote, Cone and Belding, una agencia de publicidad cuyos programas emitía la CBS.

En la radio y la televisión de principios de los años cincuenta, las agencias de publicidad desempeñaban un papel clave en el proceso creativo. Muchos programas estaban íntegramente realizados por las agencias publicitarias, que se ocupaban de escribir el guión, escoger a los actores e incluso grabarlos. La cadena de radio simplemente emitía el programa. Por su posición en la compañía de publicidad, Rogers era un contacto potencialmente importante para Jimmy. De hecho, durante ese primer encuentro, mientras ambos charlaban brevemente en el aparcamiento, Jimmy se dio cuenta de que Rogers era exactamente lo que él necesitaba en ese momento: un hombre de éxito, bien relacionado en la profesión, que pudiera mantenerle económicamente y también presentarle a la gente que necesitaba conocer. Además, era atractivo, más que DeWeerd. Antes de que Rogers se fuera, Jimmy hizo lo posible para lograr una cita con él. Unos días después, tomando café, pudieron conocerse mejor.

Al poco tiempo, ya estaban saliendo –a cenar, a fiestas, a proyecciones privadas en los estudios–. Jimmy parecía muy dispuesto a permitir que su relación fuera a más. Esto podía al menos suponer que le sería posible dejar su trabajo en el aparcamiento, cosa que hizo, e irse a vivir con Rogers. Solo había un impedimento: aunque solo fuera de vez en cuando, Jimmy aún salía con Beverly Wills.

«Había que elegir entre casarse con la hija de Joan Davis o irse a vivir con un director de los estudios –recordaría más tarde Isabelle Draesemer–. De todos modos, no tardaron nada en irse a vivir juntos.» Se refería por supuesto a Jimmy y a Rogers Brackett. En definitiva, la situación de Jimmy con Beverly no fue tan difícil de resolver. Jimmy simplemente dejó de verla, a lo cual contribuyó el hecho de que ella acababa de graduarse en el instituto y había pasado la mayor parte del verano de 1951 con su padre en Paradise Cove, fuera de Los Ángeles (los padres de Beverly estaban divorciados).

Habiéndose alejado, pues, de Beverly y de Bill, Jimmy procedía a organizar su nueva vida con Rogers, en el apartamento que este tenía en Sunset Plaza Drive, cerca de Sunset Strip, en Hollywood. Bill Bast, que todavía iba a la universidad y se las veía y deseaba para llegar a fin de mes, no pudo contener la envidia que le produjo la nueva vida de Jimmy:

«Una nueva forma de aburrimiento para él –escribiría Bast con cierta mala intención–. A través de alguno de sus nuevos amigos –o sea, de Rogers– Jimmy se introdujo en la lujosa vida de Sunset Strip.» Parece como si Jimmy no hiciera otra cosa, se lamentaba Bast, que sentarse en la piscina del Sunset Plaza y «dar conversación a la camarilla del Strip».

En realidad, Jimmy no se aburría en absoluto. A través de sus contactos, Rogers le había conseguido trabajo. Se trataba de breves apariciones en tres programas de radio –“Alias Jane Doe”, “Hallmark Playhouse” y “Stars Over Hollywood”–, pero al menos era un trabajo. Al poco tiempo, también gracias a Rogers, Jimmy consiguió alguna ocupación en el cine, como extra y como figurante con texto. Fueron tres pequeños papeles: en la comedia de Jerry Lewis y Dean Martin *¡Vaya par de marinos!* (“Sailor Beware”), que supuso la primera aparición de Dean en la pantalla; en *Has Anybody Seen My Gal?* con Rock Hudson, y en *Bayonetas caladas* (“Fixed Bayonets”), una película de guerra.

Rogers también cuidaba de Jimmy en otros aspectos. Le recomendaba libros, especialmente de Camus y Colette. Le llevó de viaje a Mexicali y Tijuana. Le mimaba con cenas caras, generalmente en restaurantes de moda como LaRue. Jimmy estaba en cierta forma impresionado por todo ello. «Acabé “Moulin Rouge” ayer por la noche –le dijo un día Jimmy a Bill Bast, a quien todavía veía de vez en cuando, aunque su relación amistosa hubiera concluido–. ¡Qué final! Tienes que leerlo. Es la novela de la vida de Lautrec. A Rogers también le flipó. Hasta cogimos el teléfono y llamamos a La Mure, el tío que la escribió.»

En un plano más visceral, sin embargo, a Jimmy le repugnaba la falsedad del ambiente de Sunset Strip. «El otro día estábamos en la piscina –le dijo a Bill en otra ocasión–, y yo aposté con Rogers a que los nombres de LaRue o el Mocambo saldrían por lo menos quince veces durante la siguiente hora. Los contamos, y gané. ¡Cuánta gilipollez!» A medida que pasaban las semanas, Jimmy empezó a desencantarse de Rogers –quien más tarde le reveló a un periodista que la relación padre-hijo que supuestamente mantuvieron fue, de hecho, «incestuosa»– y del ambiente superficial de Hollywood que Rogers representaba.

Justo en el momento que estaba más confuso sobre qué hacer con su vida a Jimmy le dieron un papel de figurante sin texto en “The Alan Young Show”, un programa de variedades de media hora, para televisión. Ralph Levy, el director del programa, y Jimmy se compenetraron enseguida. Durante la semana que trabajaron juntos. se sintieron tan cómodos el uno con el otro que Levy incluso se atrevió a dar consejos sobre su carrera, sin que este se los hubiera pedido. «Le hice ver a Jimmy que Hollywood no era el lugar más adecuado para empezar –recuerda Levy–. Le dije que debería irse a Nueva York, al teatro, y dejar que fuera Hollywood quien dijera ‘este chico nos interesa’.»

Es cierto que Jimmy estaba por fin trabajando, pero las actuaciones de figurante, con o sin texto, no eran el tipo de papel que él andaba buscando. Al meditar sobre los consejos que le dio Levy, recordó un breve encuentro que tuvo con James Whitmore, una noche después de clase.

—Señor Whitmore, ¿cómo se llega a ser actor? –le había preguntado.

—Solo hay una manera, Jimmy. Deja de dispersar energías y talento, y vete a Nueva York. Allí sabrás con certeza si puedes aguantar las incertidumbres de la vida de actor. Conócete a ti mismo. Adquiere el odio que el actor tiene por los convencionalismos. Aprende a estudiar, aprende a actuar; sobre todo, actúa.

—¿Hay algún lugar adonde puedo ir a aprender? –preguntó Jimmy– ¿Cuál es el mejor lugar?

—Vete a ver a Elia Kazan, al Actors Studio. No sé si te admitirán, pero no hay nada mejor.

5

A partir de los consejos de Whitmore y Levy, Jimmy llegó a la conclusión de que ya era hora de irse de Los Ángeles a Nueva York. De hecho, le bastaba con seguir a Rogers Brackett, a quien la firma Foote, Cone and Belding había decidido mandar primero a Chicago, para cerrar un negocio de la compañía, y posteriormente sería trasladado de forma permanente a Nueva York. Jimmy podía ir con Rogers a Chicago, permanecer allá el tiempo que quisiera y luego trasladarse a Nueva York, en donde Rogers se reuniría con él al terminar su trabajo. Jimmy esperaba que, una vez en Nueva York, pudiera tener la oportunidad de acceder a Broadway. Quizá tuviera más suerte en el teatro que la que había tenido en Hollywood. Peor, desde luego, no podía irle. Así pues, en octubre de 1951, Jimmy se trasladó a Chicago para reunirse con Rogers, que se había ido justo antes que él. En Chicago, Jimmy se quedó con Rogers una semana; en el hotel Ambassador. Desde allí hizo un breve viaje a Fairmount, para explicar a la familia y amigos sus planes de mudarse a Nueva York y triunfar en Broadway. Incluso fue hasta Indianápolis para ver a James DeWeerd, que por aquel entonces era ministro de un gran tabernáculo de la ciudad. DeWeerd le sorprendió al ofrecerle doscientos dólares como ayuda para que pudiera abrirse camino en Nueva York. Rogers también le había dado dinero –y por supuesto, ambos vivirían juntos en Nueva York cuando este terminara su trabajo en Chicago–, pero como le iba a hacer falta todo el que pudiera reunir, Jimmy aceptó el regalo de DeWeerd.

Después de todas sus experiencias con hombres maduros en Hollywood, se encontraba más a gusto con la dinámica de su relación con DeWeerd. Puede incluso que, habiéndose convertido en un cierto mercenario por aquel entonces, Jimmy pensase que DeWeerd le debía ese dinero, ya que nunca le había compensado por los favores sexuales de otra forma que no fuera mediante amistad y consejos. Sintiéndose, pues, amparado por el dinero y el apoyo emocional, Jimmy pensó que se encontraba preparado para viajar a Nueva York.

Con el dinero de DeWeerd y de Brackett, más algunos ahorros obtenidos de sus trabajos como extra en Hollywood, así como cierta suma adicional que consiguió vendiendo su Chevy de 1939, no puede decirse que Jimmy se encontrara sin blanca, como en otras ocasiones, cuando llegó a Nueva York. Por tanto, pudo ahorrarse las pensiones de mala muerte y alquilar una habitación en el Iroquois, situado en la calle 43 Oeste, a poca distancia del Algonquin, uno de los hoteles más famosos de la ciudad.

Las habitaciones del Iroquois podían considerarse funcionales e incluso elegantes, y tenían un precio razonable. De hecho, había sido idea de Rogers que Jimmy se instalara en el Iroquois. Uno de sus mejores amigos, Alec Wilder, el conocido compositor de canciones, vivía en el Algonquin y cuando Brackett le pidió que le recomendara un hotel para Jimmy, Wilder sugirió el Iroquois. Jimmy tenía realmente la necesidad de una habitación de hotel decente durante sus primeros días en Nueva York. «Los primeros quince días, no me alejé más de un par de manzanas de Times Square –escribió Jimmy en cierta ocasión–. Llegaba a ver hasta tres películas diarias para no tener que enfrentarme a la soledad y la depresión. Me gasté como ciento cincuenta dólares solo en cines.» Aunque esta suma pueda parecer exagerada, no cabe duda de que, durante esas primeras semanas, Jimmy vio realmente muchas películas.

Pasado un tiempo, Jimmy se animó a aventurarse lejos de la seguridad de su habitación del hotel y de la sala de cine. Cuando por fin comenzó a explorar Nueva York se enamoró de la ciudad. Por el centro, se paseaba por las pequeñas y serpenteantes calles de Greenwich Village, donde descubrió lugares pintorescos como la recóndita Minetta Tavern, un bar en el que se encontró a sus anchas desde la primera vez que entró en él.

De la parte alta le gustaba especialmente el oeste de la ciudad, la zona comprendida entre las calles Sesenta y Setenta, con los característicos cafés, las tiendas de Broadway y las casas de ladrillo rojizo que se alineaban calle tras calle. Muchos días acababa en Central Park, donde el verdor del paisaje le recordaba los campos de Indiana. Sin embargo, durante esas primeras jornadas se sentía más cómodo por los alrededores del centro, donde frecuentaba Cromwell's Pharmacy, en la planta baja del número 30 de Rockefeller Plaza, el lugar donde se encontraba la NBC. A menudo almorzaba en Hector's, junto a Times Square, y en Jerry's Bar and Restaurant, en la Sexta Avenida, cerca de la calle Cincuenta y cuatro. No obstante, lo que realmente adoraba era la zona de los teatros. Recorriendo las calles, podía ver local tras local y contemplar cantidad de carteles que anunciaban las obras que se estaban representando: "South Pacific", "Lazos humanos" ("A Tree Grows in Brooklyn"), "El Rey y yo" ("The King and I").

¡Cómo le hubiera gustado tener dinero suficiente para verlas todas! En esta parte de la ciudad también se encontraba el Actors Studio, entonces situado cerca de la calle Cincuenta y tres, concretamente en el número 1697 de Broadway. Fue, naturalmente, uno de los primeros lugares que Jimmy había buscado. Tenía pensado solicitar la admisión en el Actors Studio tan pronto como se considerase preparado.

Lo que Dean no podía ver mientras recorría los diversos barrios, lo que no podía aprender hasta haber vivido suficiente tiempo en Nueva York, era el clima político que se respiraba en la ciudad durante esa época. Mientras un ruidoso grupo de artistas de izquierdas se unía para organizar un programa sociocultural de corte progresista, dirigido a todo el país, el gobierno se empleaba con dureza sobre cualquier posible sospechoso, especialmente si esa persona parecía, siquiera por asomo, apoyar al partido comunista.

En los años cincuenta existía una verdadera lista –escrita, fácil de consultar– de actores, escritores y directores vetados tanto en televisión y en cine como en los teatros de Broadway, porque se consideraba que eran comunistas. La lista era impresionante: Lee Grant, Arthur Miller, Zero Mostel, Dashiel Hammett, Lillian Hellman, Ring Lardner, Jr., Edward Dymtryk, por citar solo unos pocos. Si el nombre de un artista figuraba en ella, su carrera se veía seriamente dañada, por no decir que estaba acabada. Muchos artistas, especialmente los jóvenes que empezaban, se sentían atrapados en un dilema: ¿hasta qué punto podía uno rebelarse, teniendo en cuenta que la rebeldía es consustancial a cualquier artista creativo, sin llegar al extremo de ser censurado? En la superficie, el clima social norteamericano de los años cincuenta parecía tranquilo y asentado, pero por debajo bullía el descontento. En ningún lugar era esto tan evidente como en Nueva York, sobre todo si uno llevaba viviendo en la ciudad el tiempo suficiente para darse cuenta.

No pasó mucho tiempo antes de que Jimmy tuviera que empezar a preocuparse por el dinero. Durante las primeras semanas en Nueva York se había gastado casi la mitad de su capital, la mayor parte yendo al cine. Al darse cuenta de que no tenía, de momento, ninguna posibilidad de conseguir trabajo como actor, decidió aceptar un puesto de lavaplatos en un bar en la calle Cuarenta y cinco. Además, para reducir los gastos de alquiler dejó el Iroquois y se trasladó a una habitación de un centro de la YMCA, situado cerca de Central Park, en la calle Sesenta y tres.

A pesar de todo, Jimmy no había perdido todas sus esperanzas con respecto a lo que Nueva York podía depararle. Estaba convencido de que la comunidad del espectáculo en Nueva York era muy distinta de la de Los Ángeles. El contacto superficial que hasta entonces había podido tener con la gente de la ciudad, ya fueran otros actores que luchaban por salir adelante, en Cromwell's, o tipos de la industria, en Hector's, o bien personas que había encontrado en el vestíbulo del Algonquin cuando fue a conocer a Alec Wilder, se lo confirmaba. «Aquí he descubierto un nuevo mundo, una nueva manera de pensar –le dijo Jimmy a Bill Bast más tarde–. Esta ciudad es el no va más. Lo que cuenta aquí es el talento. O te metes de lleno o te largas. Me gusta.»

Jimmy pronto empezó a probar suerte con los pocos contactos que tenía en Nueva York. Ralph Levy, para quien había trabajado en "The Alan Young Show", había hablado de él a James Sheldon, un director de televisión amigo suyo. Cuando Jimmy le llamó, Sheldon le citó inmediatamente. Se trataba de un auténtico caballero, inteligente y culto (era un caballero en el sentido más estricto de la palabra, algo que sorprendió a Jimmy, que estaba acostumbrado a los "caballeros" de Hollywood), que quedó prendado de Jimmy nada más verle en su despacho.

Por entonces, Sheldon había dejado de dirigir para trabajar en una agencia de publicidad, pero sabía que los productores de uno de los programas de la agencia, *Mama,* la tragicomedia de la CBS basada en la obra de Broadway "I Remember Mama", estaban a punto de empezar a hacer pruebas a jóvenes de la edad de Jimmy, con el fin de encontrarle sustituto a Dick van Patten, que se iba al servicio militar. El personaje que interpretaba Van Patten, Nels, el hermano menor, parecía perfecto para Jimmy, así que Sheldon concertó una prueba con los productores. En ella, Jimmy estuvo impresionante; tanto, que le ofrecieron el papel de inmediato.

Jimmy, como era natural, se puso loco de alegría. Hacía poquísimo que estaba en Nueva York y ya había conseguido su primer trabajo. Y no cualquier trabajo, sino un papel importante en un popular programa, inspirado en una obra de Broadway que había sido un gran éxito. ¡Qué dirían de él en Fairmount! Entonces sobrevino el desastre, o por lo menos lo que fue un desastre para Jimmy. Inesperadamente, el ejército le otorgó a Van Patten una prórroga del tipo 4-F, lo cual supuso que no tendría que ir al servicio militar. En consecuencia, el actor no dejaba el programa y no era necesario que nadie lo sustituyera. El desánimo se apoderó de Jimmy. Había estado a punto de lograrlo y se había quedado en nada. De todos modos, de una forma un tanto hiperbólica, se sentía reconfortado, ya que por lo menos había podido conseguir un papel sin acostarse con nadie. En Hollywood es probablemente lo único que hubiese tenido que hacer. Puede que Nueva York fuera realmente diferente.

Jimmy consiguió un trabajo en noviembre de 1951. Era un tanto decepcionante si se comparaba con uno de los papeles principales de una serie de televisión de la CBS, pero al fin y al cabo era un trabajo... y lo necesitaba. Había oído que en el programa concurso *Beat the Clock* buscaban a alguien que realizase las pruebas peligrosas antes que los concursantes, y que animase al público, así que se dirigió al estudio, solicitó el empleo y lo consiguió. Empezó a trabajar enseguida. Por supuesto que en este caso no se trataba de ningún avance en su carrera –algunos días la experiencia le resultaba incluso humillante–, pero significaba dinero, aunque no demasiado, a cinco dólares la hora. Jimmy estaba desesperado por obtener trabajo, ya que, básicamente, no tenía otra fuente de ingresos que lo que el tío Marcus y la tía Ortense le enviaban con cierta regularidad. «Le mandábamos algún dinero –diría Marcus Winslow–. Yo fumo y cuando me compraba un cartón de cigarrillos, le compraba también uno a él y se lo enviaba.» Un cheque por aquí, un cartón de cigarrillos por allá... Jimmy aceptaba lo que fuera.

Sheldon había estado tan a punto de conseguirle un buen trabajo que Jimmy volvió a verle, por si podía seguir ayudándole. Sheldon le hizo de nuevo una sugerencia acertada. Lo que Jimmy necesitaba, dijo, era un agente. Para ello, le envió a ver al suyo, Jane Deacy, de la agencia Louis Shurr. Jimmy y Deacy congeniaron en cuanto se sentaron a charlar en la oficina de esta última. Deacy, una persona dulce y maternal por naturaleza, supo desde un principio tratar a Jimmy de la forma que él mejor respondía: lo protegió como una madre, por lo que Jimmy se sintió atraído hacia ella casi instintivamente.

Al mismo tiempo, Deacy supo reconocer el talento potencial de Jimmy, que había permanecido hasta entonces sin explotar. Puesto que parecían llevarse tan bien, decidieron empezar a trabajar juntos. Jimmy se sintió tan comprometido con esta asociación profesional que cuando Deacy dejó la agencia para establecerse por su cuenta, en el número 60 de la calle 42 Este, se mudó con ella y empezó a llamarla mamá. El nombre de Jimmy sería tan solo uno de los que formaban la impresionante lista de clientes de Deacy, que llegó a contar con artistas tan diversos como Marge y Gower Champion, Martin Landau y George C. Scott.

Con un futuro profesional algo más esperanzador, Jimmy se hizo amigo de una joven llamada Elizabeth Sheridan (todo el mundo la llamaba Dizzy), a quien conoció una noche en el Rehearsal Club, una residencia privada de mujeres. Dizzy, hija de Frank Sheridan, el pianista de música clásica, descubrió que tenía muchas afinidades con Jimmy. Pasaban muchas horas juntos, frecuentando los bares del barrio. Pero a medida que pasaban las semanas a Jimmy le interesaba cada vez menos su vida privada y más su carrera, que aún se desarrollaba demasiado lentamente para su gusto.

El 8 de febrero de 1952 Jimmy cumplió veintiún años. Su lucha por entrar en el mundo de la interpretación seguía siendo formidable, aunque desde que se había asociado con Jane Deacy estaba convencido que tenía muchas más posibilidades de lograrlo. Antes de que Deacy dejara la agencia Shurr, otro agente de la compañía le había conseguido a Jimmy un pequeño papel en *The Web,* una serie de misterio de la televisión. Después de este, Jimmy no logró otro contrato (le despidieron de *Martin Kane,* una serie de televisión sobre un detective privado, porque era demasiado conflictivo) hasta que le dieron un trabajo de extra en un programa de ciencia-ficción llamado *Tales of Tomorrow,* así como un insignificante papel del botones en un episodio de *Studio One* llamado "Ten Thousand Horses Singing" *(Diez mil caballos cantando).*

En ese programa, basado en un cuento de Robert Carson, titulado "You Gotta Stay Happy", tenía que disfrazarse de botones y aparecer con John Forsythe en una escena rápida, sin decir absolutamente nada. Para Jimmy, esto parecía resumir lo absurdo de su carrera hasta entonces. Un absurdo comparable a diez mil caballos cantando. No obstante, aún no había perdido la esperanza; con ella y con Jane Deacy, estaba dispuesto a triunfar en el mundo del espectáculo al precio que fuese, sin que importaran el dolor o el sacrificio.

CAPÍTULO 4
BROADWAY Y LA MOTOROLA

1

El año era 1952. Una década antes, Estados Unidos se preparaba para entrar en la Segunda Guerra Mundial, una guerra que en principio iba a acabar con todas las demás. No fue así. Solo habían transcurrido siete años desde el final de la guerra y Norteamérica ya estaba de nuevo implicada en un conflicto político y militar con un país tan alejado como Corea. Los comunistas intentaban apoderarse de ese país, en una acción que muchos americanos consideraban crucial dentro de los planes del comunismo para dominar el mundo. Pero cuando se supo que los soldados americanos tendrían que arriesgar sus vidas en Corea –es decir, cuando fue evidente que la guerra que iba a acabar con todas las guerras, igual que la Primera Guerra Mundial, había fracasado en su objetivo–, empezó a emerger un cierto cinismo en Norteamérica, especialmente entre la juventud.

Como en ningún otro momento en la historia del país, los adolescentes americanos estaban preparados para rebelarse contra la generación de sus mayores. Si la Segunda Guerra Mundial no había traído la paz permanente, ¿qué posibilidades de hacerlo tendría otra guerra más? Se podía incluso sostener que si de algo había servido la Segunda Guerra Mundial fue para convertir el mundo en un lugar menos seguro que antes. Al fin y al cabo, había proporcionado al mundo el juguete de Albert Einstein, la bomba atómica, y en consecuencia había aparecido una nueva preocupación con la que obsesionarse, el holocausto nuclear. Al mismo tiempo, un sector significativo de la juventud americana estaba adoptando una actitud diferente –y, como dirían sus padres, alarmante– hacia el sexo. Debido al gran incremento de la población, por primera vez fue posible dejar de considerar el sexo como un método para perpetuar la sociedad (ya había demasiados habitantes) y pasar a entenderlo como un fin en sí mismo. Para tener una relación sexual no hacían falta más razones que desearlo. A medida que la juventud se iba alejando cada vez más de la generación de sus padres, tendían a ignorar de forma creciente sus leyes y creencias. Los jóvenes harían el amor, follarían cuando o como quisieran, se expresarían o no abiertamente al respecto. No importaba. Aunque la influencia de la revolución sexual no se haría evidente hasta los años sesenta, la juventud de principios de los cincuenta fue la primera en follar en el asiento trasero del coche aparcado en un autocine, sin más motivos que experimentar el placer de hacerlo.

Este nuevo clima de desafío hizo también que ciertos grupos sociales marginados, como la comunidad homosexual, fueran más audaces a la hora de defender sus intereses. Para los americanos más reaccionarios, los homosexuales eran tan nefastos como los comunistas, ya que ambos parecían tener como propósito destruir lo que los conservadores llamaban con orgullo el "American way of life". Aun así, a principios de los años cincuenta la comunidad homosexual hizo lo posible para forzar algunos cambios. Por ejemplo, en Los Ángeles, un grupo de homosexuales fundó una revista llamada "One The Homosexual Magazine". En una carta de presentación dirigida a una serie de potenciales patrocinadores, los miembros del equipo editorial aseguraban tener la esperanza de que "One" «pueda ayudar... a disipar la ignorancia del público y la hostilidad hacia el tema (de la homosexualidad)». Aunque la intención era buena, no parecía muy probable que con la fundación de una sola revista sobre el tema pudiera alcanzarse una meta tan alta. Sin embargo, la mera existencia de tal publicación acentuaba el hecho de que el paisaje social norteamericano estaba a punto de padecer cambios fundamentales.

Para Jimmy, explorar su sexualidad iba a significar una ruptura, quizá solo temporal, con el tipo de compañeros que había tenido hasta el momento, es decir, los varones maduros y dominantes o los jóvenes sumisos. En Nueva York y a principios de los años cincuenta Jimmy ampliaría los límites de su sexualidad como jamás lo había hecho antes. Por ejemplo, mantuvo con un joven bailarín una relación sexual apasionada y absolutamente descontrolada. Este nuevo amigo, bello, rubio y de ojos azules, tenía, no hace falta decirlo, el cuerpo esbelto pero delicadamente musculoso de un bailarín.

A Jimmy le gustaba que le follara despacio pero con fuerza. Además, según fuera su estado de ánimo, le gustaba permanecer desnudo en la entrada del apartamento –con la puerta abierta de par en par y mirando hacia las escaleras, para que pudiera ser sorprendido si alguien subía a uno de los pisos– y que su amigo le follara allí, de pie. Mientras follaban, Jimmy se apoyaba en el marco de la puerta con los brazos extendidos. Luego soltaba una mano para juguetear con su propia polla; según había descubierto después de estar con tantos hombres, era bastante larga y gruesa para alguien con un cuerpo tan pequeño como el suyo. Cuando se masturbaba mientras le follaba su amigo, se corría violentamente y su esperma salía disparado hacia el rellano.

Jimmy y el bailarín nunca tuvieron una relación romántica durante los meses que estuvieron saliendo, a pesar de que se acostaban con bastante frecuencia. El propósito de estar juntos, lo que iba a buscar Jimmy cada vez que se acercaba por casa de su amigo, era practicar el sexo. Y no fue solo con el bailarín con quien Jimmy mantuvo relaciones esa época; no en vano la actividad sexual de su etapa neoyorquina sería la más activa que había tenido hasta entonces.

Jimmy estaba dispuesto a intentar cualquier acto sexual que pudiera realizarse (casi siempre de índole homosexual). Era tan promiscuo por aquel entonces que un periodista lo describió como «Un ligue asegurado entre los que gustan de follar con el puño», ya que, según se decía, era capaz de probar cualquier cosa en materia de sexo. Kenneth Anger diría de él, en la segunda parte de "Hollywood Babilonia", que «[le gustaba] el sexo combinado con palizas, botas, cinturones y *bondage*, e incluso con sabias quemaduras de cigarrillo (lo que hizo que en el ambiente *underground* fuera conocido como "el cenicero humano")». A pesar de que la promiscuidad de Jimmy durante su estancia en Nueva York parece fuera de duda, también es posible que él mismo exagerase ante sus amigos y conocidos su participación en actos sexuales violentos. De todos modos, los rumores no dejan de atestiguar el hecho de que estaba más que dispuesto a experimentar con el sexo. Durante estos mismos años, Jimmy también maduró como artista. Seguramente no era consciente de ello entonces –y quizá no lo fue nunca–, pero parece ser algo más que una coincidencia que el amplio desarrollo de sus actividades sexuales coincidiera con una significativa expansión de su inagotable reserva de talento creativo.

A principios de 1952, Rogers Brackett se reunió por fin con Jimmy en Nueva York. Al terminar su trabajo en Chicago, la compañía Foote, Cone and Belding le trasladó, como estaba previsto, a su oficina de Nueva York, que entonces se encontraba en Madison Avenue. En cuanto Brackett llegó a la ciudad, alquiló un piso espacioso y muy atractivo, en la calle 38 Oeste, en la confluencia con la Quinta Avenida. Aunque se trataba de una zona menos de moda que la de la parte alta de esta avenida, era de todas formas un lugar elegante. No cabe duda de que este piso constituyó una indudable mejora con respecto al lugar donde había estado viviendo Jimmy hasta entonces. Así pues, en marzo de 1952, tuvo lugar el que sería su último episodio con un amante maduro, antes de volver para siempre a los jóvenes que, como el bailarín, follaban en la puerta de su casa. Jimmy se mudó con Rogers y ambos reanudaron la relación que habían mantenido en Los Ángeles.

Para Jimmy, no fue una decisión fácil de tomar. En un momento en que trataba de tener relaciones con chicos de su edad, la vuelta con Rogers parecía ser un paso atrás. Sin embargo, el tipo de vida que Rogers ofrecía era difícil de rechazar, y en poco tiempo ya estaban ambos viviendo como en California. Comían en restaurantes caros, iban al ballet o al teatro y, cuando Jimmy conseguía convencer a Rogers, se dejaban caer por los locales nocturnos de moda. A Rogers le encantaba acercarse al Algonquin y conversar con sus amigos. Él y Alec Wilder podían pasarse más de una hora sentados en el vestíbulo del hotel, sin hacer otra cosa que tomarse unas copas y charlar con todo el que apareciera por allí con ánimo de matar el tiempo. A Jimmy no le entusiasmaba demasiado este tipo de diversión, pero no tenía más remedio que amoldarse a ella, puesto que Rogers así lo deseaba.

La verdad es que Jimmy no acababa de estar satisfecho con la forma de vida de Rogers, lo cual no dejaba de ser un reflejo de las dudas que le habían asaltado antes de volver a vivir con él. No es que Jimmy desdeñara el estilo de vida que llevaban –las cenas, el teatro, la vida nocturna–, pero al mismo tiempo no se sentía del todo bien, ya que, al fin y al cabo, Rogers le estaba manteniendo. No había otra forma de describir su relación. Una cosa es hacer experimentos con tu sexualidad y otra muy distinta sentir que te están utilizando. En consecuencia, Jimmy se volvió más distante y malhumorado. Su comportamiento era a veces tan desagradable que los amigos de Rogers trataban de mantenerse alejados de él. Wilder, por ejemplo, llegó a un punto en que no podía soportar encontrarse en la misma habitación que Jimmy. No pasó mucho tiempo antes que de fuera Rogers la única persona que parecía capaz de llevarse bien con él, hecho que dejaba perplejos a los amigos de Rogers, así como a los demás conocidos de la pareja. «James Dean era el tipo de tío que no cae bien –dice Tony Cichiello, un empleado del Algonquin que le conocía–. Caminaba siempre detrás de Brackett, no con él. Y si Wilder y Brackett estaban en una mesa del vestíbulo, él se quedaba sentado en un rincón. Se sentaba en una esquina completamente solo. Y siempre como refunfuñando, como despreciando a todo el mundo. No es que actuara, es que James Dean era así. Si no le caías bien, podía pasarse toda la noche maldiciéndote. Murmuraba insultos desde su asiento, te decía cosas como "hijoputa"... Tanto malhumor y tanto aislamiento... ese chico se encontraba terriblemente solo. Nunca le vi sonreír. Nunca se reía. No parecía querer otra cosa más que le dejaran tranquilo. Solamente Brackett se llevaba bien con él, pero lo hacía de maravilla. Brackett le mantenía. No querría dar a entender que fueran amantes, podría decirse que estaban muy unidos.»

La relaciones de Jimmy con Brackett en Nueva York no duraron demasiado y fueron seguramente más cortas de lo que este último hubiera querido. Sin embargo, puede que hubieran durado más si en mayo de 1952 Bill Bast, tras graduarse en la UCLA, no se hubiera trasladado a Nueva York. Al encontrarse de nuevo juntos en la misma ciudad, Jimmy no pudo resistir la tentación de irse a vivir con Bill. Pero antes de tomar una decisión, Jimmy quiso sopesar cuidadosamente sus opciones. Si se quedaba con Rogers, este continuaría encargándose de la parte económica, además de seguir presentándole a gente influyente del mundo del espectáculo.

Jimmy conocía constantemente a gente que le interesaba, bien a través de Rogers o de alguno de sus amigos, y esto era muy importante para él, que solo pensaba en actuar. Pero también era consciente de que, para evolucionar como actor, antes tenía que madurar como persona, y Rogers no podía seguir siendo el catalizador de esa evolución. Así que, en cuanto Bast llegó a Nueva York, Jimmy dejó el piso de Rogers y los dos amigos alquilaron habitación juntos en el hotel Iroquois. Jimmy escogió el Iroquois por sentimentalismo, ya que este era el hotel adonde había ido a vivir al llegar a Nueva York. Por una habitación individual con baño y dos camas –la número 82–, pagaban noventa dólares a la semana, mucho más de lo que les había costado el ático de Santa Monica. Pero aquello era en Santa Monica, y ahora estaban en Manhattan.

Bill se dio cuenta inmediatamente de que Jimmy había experimentado profundos cambios. En el pasado había sido una persona indecisa y llena de carencias, mientras que ahora parecía resuelto, seguro de sí mismo e independiente. Se hacía cargo de las situaciones y le decía a la gente lo que quería, algo que nunca hubiera hecho antes. «En el transcurso de nuestra primera semana juntos –escribió Bast más tarde–, una cosa me pareció cada vez más clara: nuestra relación había dado un giro radical de ciento ochenta grados. Ya no era yo el que tenía los pies firmemente plantados en el suelo, aunque fuese un suelo engañosamente sólido. Ni tampoco era Jimmy el que acudía a mí en busca de respuestas, como al principio. Ahora yo tenía que hacerle caso, y eso no me gustaba nada.» Bast incluso podía precisar qué aspectos particulares de Jimmy habían cambiado. Anteriormente, puede que Jimmy «supiese más de lo que aparentaba». En cambio, en aquel momento «mostraba claramente que estaba en posesión de ciertas verdades, aunque quizá no todas». Desprendía «un aura de entusiasmo contenido», como si fuera «un niño que guardara un secreto».

Pasado el primer par de semanas de vida juntos en el Iroquois, Jimmy empezó poco a poco a sincerarse con Bill. «Parecía querer decirme –escribió Bast– que entre las personas puede existir un vínculo muy fuerte, una unión compuesta de amor y compasión que solo es posible cuando se ha abandonado todo ese intrincado e inservible conjunto de trivialidades, la montaña de pensamientos mezquinos e innecesarios que les separa. Quizá trataba de expresar el concepto de estar en armonía con un solo poder unificador.» Con el tiempo, Jimmy le reveló a Bill la fuente principal de su recién adquirida sabiduría.

Un día, conversando solos en la habitación, Jimmy se acercó a la cómoda, cogió un pequeño libro y se lo entregó a Bill, que estaba estirado en la cama, como si se tratase de un antiguo y raro tesoro. Era "El principito", de Antoine de Saint-Exupéry. No le confesó que había sido Rogers quien se lo había recomendado. Jimmy siempre había hecho lo posible para evitar que sus amigos se conociesen entre sí. De esta manera podía atribuirse el mérito de saber ciertas cosas, sin tener que desvelar la procedencia. En esa ocasión, tan solo le dijo a Bill que debería echarle un vistazo a "El principito". Le dijo que, con un poco de suerte, podría aprender algo del libro la primera vez que lo leyera. Si no, debería leer el libro una y otra vez, tal y como él había hecho.

A medida que fue leyendo, Bill descubrió que "El principito" trataba de un hombre que, perdido en el Sáhara después de estrellarse con el avión que pilotaba, conoce a un niño extraordinario, el principito. Originario de un planeta del tamaño de una casa, en el que era propietario de tres volcanes, el principito emprendió un viaje interplanetario que le había llevado a la Tierra, donde aprendió, tras una búsqueda ardua y una larga conversación con un zorro, el secreto de lo que es más importante en la vida. Al despedirse del principito, el zorro le había dicho: «He aquí mi secreto, un secreto muy simple: solo se puede ver bien con el corazón; lo esencial es invisible a nuestros ojos.» El hombre perdido en el desierto cambia su forma de ver el mundo, cuando el principito le comunica este secreto. Se da cuenta, en ese momento, de que las apariencias y los objetos materiales palidecen comparados con el amor, la amistad y la espiritualidad. Al final del libro, el principito regresa a su planeta y el hombre logra salir del desierto. Durante años, al hombre le asaltarían los recuerdos del principito. En la penúltima página del libro, el narrador, que es este mismo hombre, ha dibujado un desierto vacío con una única estrella en el cielo.

«Este es, para mí, el paisaje más bonito y más triste del mundo –dice–. Es aquí donde el principito apareció en la Tierra, y donde desapareció... Obsérvalo atentamente para estar seguro de reconocerlo en el caso de que algún día viajes al desierto africano. Y si tropiezas con este lugar, por favor, no te des prisa. Espera un tiempo, directamente debajo de la estrella. Si entonces aparece un niño sonriente que tiene el pelo dorado y se niega a contestar a tus preguntas, ya sabrás quién es. En el caso de que esto suceda, apiádate de mí y comunícame que ha vuelto.»

La primera vez que leyó el libro, Bill se sintió profundamente conmovido por la historia. También a él le obsesionaba el secreto revelado por el zorro –«lo esencial es invisible a nuestros ojos»– y por el bello principito de pelo dorado que aparece brevemente en la Tierra y se marcha sin demora.

Al tiempo que Jimmy y Bill se esforzaban por profundizar en su vida espiritual, es probable que también estuvieran profundizando entre ellos a otro nivel. Durante los meses que pasaron en Nueva York, ambos se consideraron cada vez más una pareja. Lo más probable es que fuese Jimmy, ahora que estaba mucho más seguro de sí mismo y era más agresivo, quien propusiera una relación sexual entre ellos en cuanto se mudaron al Iroquois. Al fin y al cabo, no por haber iniciado una exploración de su universo interior a través de la repetida lectura de "El principito", había abandonado Jimmy su interés por ampliar horizontes sexuales.

Naturalmente, cuanto más tiempo pasaba desde el día en que Jimmy y Bill se habían ido a vivir juntos al lroquois, más se convencía Rogers de que había perdido a su antiguo amante. A pesar de ello, siguió poniéndose en contacto con él para ofrecerle información sobre trabajos o para mandarle a conocer a gente de la industria del espectáculo. Jimmy estaba encantando con los esfuerzos de Rogers, sin darse cuenta de que este parecía obrar bajo los términos de un contrato implícito, por el que si lograba conseguirle a Jimmy lo que deseaba –un trabajo como actor– el muchacho volvería con él. En realidad, los favores que Rogers le hizo fueron considerables. El 21 de mayo, Jimmy apareció en *Prologue to Glory,* un episodio del programa *Kraft Television Theatre.* Cinco días más tarde, tuvo un pequeño pero importante papel en un episodio de *Studio One*, una obra sobre Abraham Lincoln. Aunque en general no está claro qué hilos movía Rogers para proporcionarle a Jimmy todos estos trabajos, en una de las ocasiones sí salió a la luz. Fue cuando la participación de Jimmy en el episodio del programa *Hallmark Hall of Fame* correspondiente al 2 de junio y titulado *Forgotten Children.* En este caso, a través de su agencia de publicidad, Rogers estaba en contacto directo con los productores del programa.

Además de estos trabajos esporádicos como actor, Jimmy necesitaba ingresos fijos. Rogers le volvió a ayudar consiguiéndole trabajo como asistente de producción en la NBC para los meses de julio y agosto. Poco a poco, Jimmy iba acumulando una lista de actuaciones televisivas bastante considerable. Se trataba de papeles poco importantes que indicaban, sin embargo, que estaba preparado para enfrentarse con otros de mayor trascendencia. Por fin, en el verano de 1952 se consideró preparado para algo más sustancial que los pequeños encargos de televisión. Recordando el consejo que James Whitmore le había dado antes de que saliera de Los Ángeles, para que solicitara su admisión en el Actors Studio, Jimmy sintió que había aprendido lo suficiente de sí mismo –y del arte y el oficio de la interpretación– como para arriesgarse a hacer una prueba de admisión en el Studio.

«Éramos grandes amigos y nos lo decíamos todo el uno al otro. Nos sentíamos identificados y éramos conscientes de ello. Deseábamos fervientemente sentir que formábamos parte de algo. Lo único que nos importaba era el arte, pero no teníamos experiencia. Éramos como dos cachorros chapoteando en un charco de la calle. Simplemente decidimos lo que íbamos a hacer y lo hicimos. A un nivel más personal, Jimmy iba con mucho cuidado para no irritarme, para que no sucediera como con muchos de sus amigos. No quería que yo modificase la buena opinión que tenía de él. Si alguien le gustaba, se comportaba fenomenalmente. Pero si no le caías bien... Había en él esa especie de resorte que a veces se disparaba sobre ti, como diciendo: 'No me ves, no me entiendes, no sabes lo que pasa dentro de mí, lo que es verdaderamente importante para mí.'»

Así es como Christine White recuerda a James Dean, una opinión que ella se formó tras años de reflexión sobre un período de su vida que fue tan desafiante como creativo. Tanto ella como Jimmy eran jóvenes y arrogantes, y tenían talento. No se conformaban con nada que estuviera por debajo de sus posibilidades, ya fuera en su vida privada o en su carrera. Al final, uno de ellos alcanzaría la cumbre (por lo menos de su carrera) y su incidencia en el arte de la interpretación no solo ha sobrevivido a los que le rodeaban, sino también a él mismo. Pero eso llegaría más tarde. En el verano de 1952, Jimmy y Chris, como él la iba a llamar, no podían permitirse el lujo de pensar en el futuro, ya que tenían demasiados problemas acuciantes en el presente. Conocían sus sueños y esperanzas. Sabían lo que querían: querían ser actores, y para conseguirlo, querían entrar en el Actors Studio. Poco después de conocerse, descubrieron que sus vidas seguían una lógica muy parecida, pero su primer encuentro fue, de todas formas, puramente circunstancial, producto del azar.

Se conocieron un día a la hora de almorzar, en la oficina de Jane Deacy. Jimmy había ido allí a pasar el rato, cuando se fijó en una joven sentada en el escritorio donde normalmente trabajaba la secretaria. Llevaba una chaqueta roja de punto y una gorra de béisbol del mismo color. Era guapa y menuda, con un aire suave y melancólico. Mientras Jimmy la contemplaba parecía totalmente absorta en lo que estaba haciendo, que era pasar a máquina un manuscrito. Jimmy estaba cada vez más intrigado; al fin y al cabo, ¿cuánta gente con una gorra de béisbol roja puede uno encontrarse en una oficina de Nueva York? Lentamente, con cierta indecisión, se acercó a ella. «Hola –le dijo en un tono de lo más inocente–, ¿quién eres?» La joven alzó la vista de su máquina de escribir. «¿No ves que estoy ocupada?», dijo con sequedad. Su grosería sorprendió a Jimmy, que solo había querido ser amable. Dando media vuelta, se dirigió al sofá y tomó asiento. Al cabo de un rato, la chica debió de darse cuenta de que había herido sus sentimientos y se acercó a él. Le dijo cómo se llamaba y se disculpó. Para arreglarlo, le sugirió que fueran a tomar un café.

En el Blue Ribbon Cafe, un lugar frecuentado por actores, no muy lejos de la oficina de Jane Deacy, simpatizaron lo suficiente el uno con el otro como para charlar con cierta animación. Mientras tomaban café, Chris, que era una actriz representada por Deacy, le dijo a Jimmy que lo que estaba pasando a máquina era una escena dramática que había escrito y que llevaba por título "Ripping Off Layers to Find Roots". Si había sido tan grosera con él era porque tenía muchísima prisa por terminar de mecanografiar el manuscrito, antes de que la secretaria, cuyo escritorio había tomado prestado, volviera del almuerzo. Tenía la intención, añadió, de utilizar la mencionada escena para hacer la prueba del Actors Studio.

Curiosamente, la interpretación de la escena requería una pareja joven. Cuando Jimmy le preguntó si él podía servirle de compañero para llevarla a cabo, puesto que también era actor y había venido a Nueva York para intentar entrar en el Studio. Chris se entusiasmó tanto con la idea que quiso empezar a ensayar de inmediato. Ensayaban en cualquier parte, desde el Central Park a los asientos traseros de los taxis, así como en la habitación del Iroquois. Se empleaban a fondo con la escena, que trataba de los diferentes encuentros que una chica del Sur, de familia rica, tenía con un brillante y joven vagabundo en la playa, una noche por semana. Durante los ensayos diarios, hicieron innumerables retoques en el original, hasta que por fin llegó el día de la prueba. Se encontraron en el Actors Studio, junto con otros ciento cincuenta aspirantes a actores y actrices, de los que solo quince serían admitidos.

Pero momentos antes de salir al escenario para enfrentarse con los jueces, uno de los cuales era Lee Strasberg, a Jimmy le entró el pánico y le dijo a Chris que no estaba dispuesto a seguir adelante. Tampoco contribuyó a tranquilizarle el hecho de que el papel no le permitiera llevar gafas, sin las cuales no veía más allá de sus narices. «Yo no salgo –dijo Jimmy–. Todavía no estamos preparados.» Chris no se anduvo por las ramas y le plantó cara. «Escúchame bien, desgraciado –le dijo–. No voy a dejar que me estropees la prueba. Hemos llegado hasta aquí y vamos a seguir adelante. ¡Así que ya estás saliendo a escena ahora mismo!» Jimmy salió, aunque de mala gana. Pero los jueces quedaron tan impresionados con la interpretación de ambos que no los detuvieron cuando terminó el tiempo reglamentario (aun entonces, cuando ya casi era un profesional, Jimmy continuaba teniendo los mismos problemas para ajustarse al reglamento de las pruebas que había experimentado en sus tiempo del instituto). La respuesta favorable de los jueces fue aún más inusual, si se tiene en cuenta que en el Studio se aconsejaba seriamente a los estudiantes que para las pruebas no empleasen textos originales, ya que su calidad solía ser muy inferior a la de los ya conocidos. El propósito de la prueba, señalaba el personal del Studio, no era evaluar las posibilidades de un escritor, sino las de un actor. El Studio era un centro para actores, no un taller de escritores, algo que Jimmy y Chris parecían ignorar. Lo cierto es que cuando terminaron su interpretación, habían dejado una profunda impresión en los jueces. «Parecía sencillo, fácil, creíble –dijo Strasberg más tarde, hablando de ese trabajo–. Tenía una gran calidad. Se parecía mucho a lo que nos gustaría encantar más a menudo en la gente que viene por aquí.»

En cuanto dejaron el escenario, Jimmy se sintió más relajado. Pero aún se sintió mucho mejor unos días más tarde, cuando se enteró de que ambos habían sido invitados a unirse al Studio. Con veintiún años, Jimmy era probablemente el miembro más joven de toda la historia del Studio. Estaba tan contento consigo mismo que apenas podía dominar su alegría. «He progresado mucho en el oficio –les escribió a sus tíos Ortense y Marcus–. Tras meses de pruebas, estoy orgulloso de anunciaros que soy miembro del Actors Studio, la más grande escuela de teatro. En ella se encuentra gente tan importante como Marlon Brando, Julie Harris, Arthur Kennedy, Elia Kazan, Mildred Dunnock, Kevin McCarthy, Monty Clift, June Havoc, etc., etc., etc. Entra muy poca gente y es totalmente gratis. Es el sueño de todo actor. Además, soy uno de los más jovenes. Si todo continúa de esta manera y nada se interpone en mi camino, puede que uno de estos días haga una contribución importante a este mundo.»

Ingresar en el Actors Studio fue en la carrera de Jimmy un paso muy significativo, que le llevó a pensar que finalmente iba por el buen camino. En cierta manera, durante los últimos meses había estado arrancando capas de su propia personalidad para encontrar sus raíces. El principito, como se llamaba a sí mismo, estaba a punto alcanzar un conocimiento más profundo de sí mismo. Esto era exactamente lo que había tenido que hacer para que su capacidad artística mejorara.

Mientras asistía a sus primeras clases en el Studio, Jimmy casi podía notar cómo aumentaba su amor por la interpretación. Durante las primeras semanas, aprendió observando cómo interpretaban sus escenas los demás actores. También entabló amistad con varios miembros del Studio, entre ellos Roddy McDowall, Lonny Chapman, Vivian Nathan y David Stewart. Solo con encontrarse simplemente en la misma habitación con figuras legendarias del teatro como Strasberg o Elia Kazan, ya se sentía inspirado. Con toda seguridad, había avanzado mucho desde sus tiempos en aquel pequeño y modesto teatro del instituto Fairmount, donde se había disfrazado de Frankenstein para "Goon with the Wind".

De todas maneras, Jimmy no se contentaba tan solo con observar el trabajo de escena. Quería actuar. No es que no le inquietara tener que interpretar su primera pieza frente al Studio en pleno, pero con el tiempo reunió el valor necesario para ello. En un primer momento, había pensado presentarse con una pieza original que habían escrito él mismo y Christine. Se titulaba "Abroad" y era un diálogo corto entre dos jóvenes que planean un viaje por Europa. Pero poco antes del día previsto para la actuación, un actor del Studio les desaconsejó que utilizaran ese texto. Les recordó que se encontraban en un estudio de actores, no en un taller de escritores. Así que Jimmy decidió adaptar un monólogo de la novela "Matador", de Barnaby Conrad, un texto sobre las reflexiones de un torero que prepara su última corrida. La misma mañana del día en que estaba prevista la presentación, Jimmy rehizo completamente todo el monólogo, que pocas horas después interpretaba ante el público del Studio, entre el que se encontraba Strasberg. Nada más empezar el monólogo, empezó a sentirse inseguro acerca del texto, hasta el punto de que ni siquiera lo acabó, deteniéndose a la mitad. Algo le dijo que la escena no estaba funcionando. Y tenía razón. A Strasberg le disgustó profundamente, igual que la propia actuación de Jimmy. En cuanto este se sentó entre el público, Strasberg inició una virulenta crítica que no dejaba en pie prácticamente nada del trabajo de Jimmy, desde su motivación a su entrega, pasando por su caracterización. El ataque de Strasberg fue tan duro que Kazan diría más tarde que «Dean estaba sentado en la primera fila, muy turbado, con el ceño fruncido y a punto de llorar».

Algunos miembros del Studio que estuvieron presentes recuerdan que, al final, Jimmy se echó la capa de torero al hombro (la llevaba para su caracterización) y salió de escena enfurruñado. Otros se acuerdan más del dolor de Jimmy. «No recuerdo la crítica, pero sí que fue realmente dura –dice Vivian Nathan, uno de los miembros fundadores del Studio–.

A veces Lee era demasiado severo, especialmente con los que tenían talento. Podía tolerar la mediocridad. Incluso podía alabarla porque no le importaba en absoluto. Pero si tenías un poco de talento, era terrible. Quería arrancarte lo que estaba convencido que había en tu interior y, por lo tanto, no soportaba las tonterías. Fue verdaderamente desagradable con Jimmy. David Stewart –otro miembro fundador–se dio cuenta de que Jimmy estaba sufriendo de verdad. Era como si le estuvieran quitando la piel a tiras. Se iba marchitando poco a poco. David le invitó a comer a su casa y también fuimos mi marido y yo. En la casa, David y Jimmy se comportaron como dos niños pequeños, jugando con un cubo de Rubik. Fue divertido observar la increíble concentración que Jimmy podía dedicar a algo que le interesase. Lo que más me impresionó fue que poseía la clase de concentración que es realmente necesaria para ser un buen actor. Una vez que resolvieron el juego, Jimmy le dijo a la mujer de David: "Vámonos al cine." Ni siquiera esperaron a comer. Simplemente se fueron al cine. Parece como si el hecho de que hubiera conseguido solucionar algo (fuera lo que fuese, con sus manos o no) le había liberado de alguna manera. Eso no lo podía hacer en un escenario. Pero, como se vio más tarde, en el cine sí.»

Pero el trabajo de Jimmy en el cine quedaba todavía un poco lejos. Primero tendría que aprender su oficio, algo que no podía hacer en Hollywood. Ya lo había intentado, pero la gente de la industria cinematográfica parecía estar más interesada en llevárselo a la cama que en ayudarle en su aprendizaje de actor. Y por lo visto, daba la impresión de que tampoco iba a llegar muy lejos en el Actors Studio. Parecía que Jimmy no tendría más remedio que aprender a base de trabajar en el teatro y en la televisión, es decir, en Broadway y en la Motorola, como si dijéramos.

Podría decirse que Dean fue el primer actor posmoderno. Es decir, el primero que conscientemente intentó hacer añicos el estilo clásico de actuar, ese que tan popular era en su tiempo y que pusieron en práctica actores tan dispares como John Wayne y Lawrence Olivier. Para apartarse de la forma clásica, que exigía al actor ser más consciente de la totalidad de su interpretación que de los momentos aislados, Dean se centraba precisamente en esos momentos. Según decía, un actor debía intentar alcanzar lo sublime durante todo el tiempo que estuviera en un escenario o ante una cámara. Marlon Brando y, especialmente, Montgomery Clift lo conseguían, pero no parecían ser conscientes de ello. Dean, sin embargo, sí quería ser consciente de lo que estaba haciendo, aunque el público nunca lo notase. El Método le abrió las puertas para desarrollar su nuevo estilo de interpretación.

No obstante, debido a su énfasis en la memoria sensitiva y en la motivación, el Método nunca se centró realmente en la tarea de construir una interpretación a través del perfeccionamiento de los momentos aislados. Si Dean y Strasberg, a cierto nivel, chocaban tan frontalmente, era porque el Método no contemplaba esta técnica. Como devoto discípulo de Stanislavsky que era, Strasberg no entendía lo que Dean estaba intentado hacer, y si lo entendía, no lo daba por bueno. Por aquel entonces, es posible que el propio Dean no fuera capaz de describir claramente lo que pretendía con su interpretación, pero había algo que sí sabía: que no tenía más remedio que luchar vehementemente contra cualquier análisis destructivo de su labor interpretativa, aunque ese análisis procediera de alguien tan famoso y tan respetado en el mundo del teatro como Strasberg. «No sé lo que hay dentro de mí –le dijo a Bill Bast, explicando sus objeciones al ataque de Strasberg–. No sé lo que ocurre cuando actúo... Pero si dejo que me diseccionen como a un conejo de laboratorio, corro el peligro de no volver a ser capaz de crear nada. Pueden llegar a esterilizarme. Ese hombre [Strasberg] no tenía ningún derecho a hundirme de esa manera. Si a un tío lo derrumbas continuamente, le acabas quitando las agallas. Y ¿qué es un actor sin agallas?»

Tras el ataque de Strasberg, Dean nunca volvió a recuperar su entusiasmo inicial por el Actors Studio. Durante un tiempo, dejó de ir por allí completamente. Finalmente, en 1953, mientras estaba trabajando en una producción de “The Scarecrow”, en el teatro De Lys, Frank Corsaro, director de la obra y miembro del Studio, le convenció para que volviera. A continuación, Jimmy trabajó en algunas improvisaciones, dirigido por Corsaro. Durante el mismo año, también interpretó en “End as a Man” un pequeño papel que había preparado en el Studio. Actuó en “La gaviota”, con una interpretación que Strasberg calificó de «adorable». Pero cuando Jimmy actuó en la obra de Edna St. Vincent “Aria Da Capo” –en el papel de Pierrot–, Strasberg le sugirió que interpretase papeles más cercanos a él mismo. Al final, Dean tuvo con Strasberg una relación muy complicada. Admiraba a Strasberg por la posición que había alcanzado dentro del mundo del espectáculo, pero al mismo tiempo estaba disgustado por lo que percibía como ataques a su forma de actuar. No sería extraño que Strasberg, aunque era excepcionalmente bueno para reconocer el talento, hubiera analizado erróneamente a Dean, ya que éste trabajaba de forma distinta a la del resto de actores del momento.

Desde su llegada a Nueva York, Jimmy había procurado diversificar su talento artístico dedicándose a la música, la danza y la literatura. Tomaba clases de baile con Eartha Kitt y Katherine Dunham. Le fascinaban los bongos, y a menudo se pasaba horas tocando en su habitación. Se interesó por el piano y empezó a tomar lecciones de Leonard Rosenman, un músico y compositor que conoció a través de un amigo. «Me di cuenta de que era una persona sensible y con talento –diría Rosenman–, pero no tenía ni la paciencia ni el rigor necesarios para las prácticas. Nunca llegó a entender por qué no era posible sentarse simplemente al piano y tocar las sonatas de Beethoven, sin necesidad de aprender música.» Superficialmente, tal vez Dean pareciera una *prima donna* jugueteando con diferentes formas artísticas, pero en realidad estaba profundizando en su nuevo estilo de interpretación. Todo lo que aprendía de cualquier medio artístico contribuía directamente a enriquecer su proyecto como actor. En otras palabras, su interpretación era el producto no solo de lo que aprendía en su vida cotidiana, sino de los conocimientos que adquiría estudiando literatura, arte, música y danza. La meta definitiva de Dean era conseguir el nivel más profundo de interpretación en cada momento, un concepto puramente posmoderno. El conjunto de su actuación solo podía ser tan bueno como la suma de los momentos individuales. Esos momentos se verían potenciados por todo lo que había aprendido en su búsqueda personal, intelectual y artística.

Durante 1952, mientras Jimmy seguía haciendo pruebas de actor en Nueva York, conoció a bastante gente que estaba en la misma situación que él. Cierta tarde, en una convocatoria del Mansfield Theatre, Tommy Tompkins, un conocido suyo, le presentó a otro joven actor que también se presentaba a toda clase de pruebas. Alto, de pelo oscuro y extraordinariamente guapo, Martin Landau se había criado al otro lado del East River, en Queens, donde aún vivía con su familia. Casi de inmediato, Jimmy y Marty, como le llamaban sus amigos, se pusieron a charlar y la conversación continuó, después de la convocatoria, en un café. Ya que ninguno de los dos había conseguido el papel por el que se habían presentado a la prueba, ambos se lamentaron de que su talento tuviera que permanecer ignorado un día más. Aparte de esto, Jimmy y Marty también intercambiaron opiniones sobre otros muchos temas, como la interpretación, las artes, Nueva York...

En esa misma época, Jimmy y Dizzy Sheridan empezaron a intimar, sobre todo después que Dizzy se hubiera hecho también amiga de Bill. Dizzy trabajaba como acomodadora en el París Theatre, un cine situado junto al hotel Plaza. Este trabajo, sin embargo, no le daba más que para pagar el alquiler; lo que ella realmente quería era ser actriz o bailarina. Aunque la relación de Dizzy y Jimmy fue muy intensa, nunca traspasó los límites de la amistad. De hecho, Dizzy, en relación a la pareja, parecía contentarse con hacer el papel de confidente de Bill, la persona con quien mejor podía hablar sobre su relación con Jimmy. Aguda y simpática, Dizzy ocuparía un lugar importante en la vida de Jimmy durante el tiempo que se conocieron, a pesar de que su relación nunca tuvo las características de un romance.

En el otoño de 1952, la relación con Rogers, que nunca había sido demasiado platónica, se había enfriado y convertido en una simple amistad. A pesar de ello, fue precisamente Rogers quien le consiguió a Jimmy la oportunidad que desde hacía tanto tiempo deseaba. No era la primera vez que Rogers le ayudaba a conseguir trabajo, y por lo visto lo iba a continuar haciendo. Es probable que continuara con la idea de que esta era una forma de separar a Jimmy de Bill y de atraerlo de nuevo a su lado. A Jimmy no le importaban las motivaciones de Rogers, con tal de que siguiera haciéndole favores. Desde el verano, había estado preparando Rogers un contacto profesional que lanzaría a Jimmy a la fama. Un fin de semana, llevó a Jimmy a casa de unos amigos suyos, Lemuel y Shirley Ayers, propietarios de una gran finca situada al norte de Nueva York, a orillas del río Hudson, para presentárselos. Jimmy pasó un rato agradable con los Ayers, en especial con Lemuel. Naturalmente, no ignoraba que este era un productor de Broadway de mucho éxito, alguien que podía impulsar definitivamente la carrera de Jimmy como actor de teatro.

Ese fin de semana de principios de verano fue el primero de los muchos que pasó Jimmy en casa de los Ayers, a la que, al poco tiempo, empezó a acudir por sí solo sin necesidad de que le llevara Rogers. Hacia finales de agosto, Lemuel le invitó a pasar unos días con él y su mujer en el yate de su propiedad. Harían un viaje de diez días, entre Nueva York y Cape Cod. Jimmy aceptó encantado.

La versión que contó a sus amigos es que iba al crucero para trabajar en el yate y poder ganar así algún dinero extra. Al parecer, ninguno de ellos le preguntó cómo era que le contrataban para un trabajo del que no tenía ninguna experiencia, puesto que ni siquiera había pisado un barco en su vida. En realidad, no fueron pocos los que luego sospecharon que, durante el viaje, Jimmy había tenido alguna breve aventura con Ayers. Él nunca se había avergonzado de intercambiar favores sexuales por oportunidades profesionales, aunque le repugnaba la idea de que fuera necesario hacerlo para alcanzar alguna meta importante. Puede que en Hollywood no estuviera de acuerdo con este tipo de intercambios, pero si era eso lo que había que hacer, lo hacía y en paz. Claro que quizás en este caso se trató simplemente de sexo, sin ningún tipo de compromiso. Al margen de lo que pasara en el yate, y por la razón que fuera, Lemuel Ayers sabía perfectamente que Jimmy era un joven actor desesperado por conseguir trabajo en Broadway. Y este era a su vez consciente de que

Ayers estaba en mejor posición que nadie de darle esa oportunidad. Mientras Jimmy estaba en el crucero con Ayers, Bill se encargó de hacer la mudanza a un apartamento que realquiló a una pareja de antiguos conocidos de la UCLA. Pero poco después de que Jimmy regresara de su viaje, la pareja se presentó inesperadamente en Nueva York, antes de lo previsto, por lo que Bill y Jimmy se vieron forzados a mudarse de nuevo. Esta vez fueron a dar a un apartamento diminuto.

Aún no se habían familiarizado del todo con el nuevo domicilio, cuando cierta noche en que estaban cenando con Dizzy en un restaurante barato; a Jimmy se le ocurrió una de sus brillantes ideas: ir de visita a la granja de Indiana, y hacerlo inmediatamente.

—Os encantará a los dos -les dijo Jimmy-. Es alegre y luminosa, con muchos árboles y el campo abierto. Pensad en las cantidades de buena comida que tendremos, pollo, filete de buey y todo lo que se os ocurra. Hay vacas y cerdos, no falta nada.

—¿Y caballos? -preguntó Dizzy, a la que le gustaban mucho los caballos.

—¡Por supuesto! -dijo Jimmy.

—¿Y a qué estamos esperando? -dijo ella.

Pusieron manos a la obra. Decidieron que el problema del empleo que Bill tenía en la CBS se resolvería encargando a algún amigo de Nueva York que llamara diariamente a la compañía para decir que aquel estaba enfermo. En cuanto a la financiación del viaje de mil quinientos kilómetros que los separaba de Fairmount, se arreglaría haciendo autostop. «¿Vamos a hacer, los tres, mil quinientos kilómetros de ida y mil quinientos de vuelta, en autostop? -dijo Bill con incredulidad-. Estáis de guasa, no nos cogerá nadie. Todo lo que tenemos entre los tres son unos diez dólares. ¿Qué pasa si nos quedamos en la estacada?»

Era una pregunta razonable que, de todas formas, no impidió que a la mañana siguiente Jimmy, Bill y Dizzy se subieran a un autobús que les llevaría hasta la autopista de Nueva Jersey. Una vez allí, no tuvieron que esperar mucho antes de que les recogiera alguien que iba hacia el oeste. A las diez de la noche del mismo día, después de haber cambiado de coche un par de veces, solo habían conseguido llegar al final de la autopista de Pensilvania, con lo que se encontraban todavía muy lejos de Fairmount.

Por suerte, un hombre que conducía un Nash Rambler se detuvo para llevarles. Les explicó que era Clyde McCullough, que jugaba de *catcher* de los Pirates de Pittsburgh y que se dirigía a Iowa a jugar un partido de exhibición. Dijo que podía llevarles hasta Des Moines, lo que les dejaría a una distancia relativamente corta de Indiana. Incluso les invitó a cenar en un restaurante de carretera. Cuando por fin Clyde McCullough se despidió de ellos emotivamente, tras haber conducido durante horas, Jimmy, Bill y Dizzy supieron que habían hecho un nuevo amigo.

A Jimmy y sus amigos no les resultó difícil trasladarse en autostop de Des Moines a Fairmount. En cuanto bajaron del último coche frente a la granja de los Winslow, Jimmy pareció estar totalmente en su elemento. Encontrarse de nuevo en Fairmount le llenó de satisfacción.

Durante los días que siguieron, Jimmy disfrutó de su vuelta a casa. Montado en su vieja moto recorría las carreteras locales o se iba campo a través, impresionando a Bill y a Dizzy con sus habilidades de piloto. Después de cenar mantenía largas conversaciones de sobremesa con la tía Ortense y el tío Marcus. Procuraba tambien jugar con Markie, que ya era lo suficientemente mayor –tenía nueve años– para interesarse por el dibujo y las acuarelas, lo que satisfacía mucho a Jimmy.

Una mañana, fue al Instituto de Fairmount para visitar a la señora Brookshire, que estuvo tan contenta de verle que interrumpió su clase de teatro. Pero más que nada, lo que realmente hicieron Jimmy y sus amigos mientras estuvieron en Fairmount, fue disfrutar de los placeres de la vida en el campo. Probaron la comida casera, durmieron a pierna suelta y se pasaron horas y horas al aire libre, disfrutando del otoño, la estación más agradable en Indiana. Probablemente se hubieran quedado más tiempo, de no haber mediado una llamada telefónica de Nueva York. Se trataba de Jane Deacy. Al parecer había llegado la tan esperada oportunidad para Jimmy. Lemuel Ayers estaba confeccionando el reparto para un espectáculo de Broadway llamado "See the jaguar" y quería que Jimmy se presentase a la prueba para uno de los papeles. Fuera lo que fuese lo ocurrido en el yate a finales de agosto, estaba empezando a dar sus frutos a principios de octubre. Jimmy no podía rechazar esa oportunidad, así que, descansado y bien alimentado, se dispuso a recorrer de nuevo, con sus amigos, los mil quinientos kilómetros que le separaban de Nueva York.

En cuanto llegó a la ciudad, Jimmy empezó a estudiar el papel que le ofrecían en "See the jaguar". Se trataba de una obra de teatro escrita por N. Richard Nash, una historia exótica, ambientada en el Sur y centrada en Wally Wilkins, un muchacho de diecisiete años dominado por su madre. Es tanto lo que ella sufre pensando en cómo puede la sociedad hacer daño a su hijo que le impide a este salir de la granja donde viven. En un momento de la obra, incluso lo encierra dentro de una cámara frigorífica para impedir que él la abandone. Cuando la madre muere, Wally no tiene la menor idea de qué hacer con su vida. Llega andando hasta un pueblo cercano y allí es recogido por una joven pareja, Janna y Dave. El padre de Janna es dueño de uno de esos zoológicos de carretera donde pueden verse animales tan diversos como una comadreja o un jaguar. La obra acaba cuando Wally mata sin querer al jaguar y el padre de Janna lo encierra en su jaula. «VEA EL JAGUAR», se lee en el cartel que cuelga junto a la jaula que encierra a Wally.

El día en que Jimmy hizo la prueba para el papel de Wally, uno de los personajes más tarados emocionalmente que un actor pueda interpretar, se sintió como si hubiera conseguido penetrar en la esencia del personaje. Era inquietante la forma tan persuasiva que tenía de interpretar el papel de ese muchacho lastimado. Tanto Ayers como Michael Gordon, el director de la obra, quedaron convencidos, y un par de días después llamaron a Jane Deacy para decirle que Jimmy había obtenido el papel. El 13 de noviembre, tras un corto período de ensayos, se hizo un preestreno de "See the Jaguar" fuera de Nueva York, en el Parsons Theatre de New Haven, Connecticut.

Aparte de dominar el difícil papel de ingenuo chico de la granja, Jimmy también tenía que cantar "Green Briar, Blue Pire", una canción escrita para la obra por Alec Wilder, amigo íntimo de Ayers. Después de tres sesiones en New Haven, "See the jaguar" se estrenó en el Cort Theatre de Broadway, el 3 de diciembre de 1952. Las críticas fueron demoledoras. El "Times" de New York tildó la obra de «pura verborrea que no dice nada». El "Post" neoyorquino la describió como «llena de sonido y furia, que nada significa». El "Journal American" de Nueva York se permitió bromear a su costa: «Si quieren ver "See the jaguar", más vale que se den prisa.» Si bien se ensañaron con la obra en sí, los críticos trataron a Dean mucho más favorablemente. El "Post" dijo: «Consigue la proeza de hacer que el joven e infantil fugitivo sea creíble y no produzca vergüenza ajena.» El "Herald Tribune" de Nueva York, por su parte, calificó su interpretación de «extraordinaria... en un papel casi imposible». Con críticas tan negativas, "See the jaguar" se terminó el 6 de diciembre, después haber hecho tan solo cuatro representaciones oficiales.

Por aquel entonces, Jimmy sufrió otras decepciones profesionales. Durante los pre-estrenos de "See the jaguar" en New Haven le había pedido a John Stix, un amigo suyo graduado del departamento de teatro de Yale y miembro del Actors Studio desde 1950, que fuera a ver el espectáculo. «No llegué a saber lo que estaba haciendo en el escenario –recuerda Stix–, pero vi lo suficiente para pedirle que hiciera una prueba para una obra que yo estaba dirigiendo, "In the Summer House" de Jane Bowles. Bowles se había pasado diez años escribiendo esta obra, que tenía fallos pero era brillante. En ella, había dos personajes jóvenes y atormentados, Molly y Lionel. Jimmy parecía perfecto para hacer de Lionel. Jane estaba en el auditorio conmigo durante la prueba que hizo Jimmy, y a los dos nos volvió locos. El personaje estaba hecho a su medida, pero Oliver Smith, el productor, dijo que no quería "saber nada de la mierda esa del Actors Studio". Como se trataba de mi primera obra en Broadway, no supe qué hacer y, de esta manera, perdimos la oportunidad de revelar por primera vez el talento de Dean a un público numeroso.»

De todos modos, aunque "See the jaguar" terminara prematuramente y Jimmy perdiera algunos de los papeles que solicitaba, daba la impresión de que gradualmente se iba acercando a la meta con la que había soñado durante tanto tiempo. Estaba a punto de ser tomado en serio como actor.

Otros actores también se dieron cuenta de ello. «Me encontraba un día en Cromwell's –dice Sylvia Miles, que también a mediados de los cincuenta estaba introduciéndose en el mundo del espectáculo–, hablando con una amiga, cuando noté un olor muy raro. Me di la vuelta y descubrí a Jimmy Dean detrás de mí, fumando. Hablaba con alguien y, sin darse cuenta, estaba haciendo con el cigarrillo un agujero en el cuello de mi abrigo Borgano, recién comprado. Yo le dije 'Acabas de estropear mi abrigo nuevo. ¿Y ahora qué?' Y él respondió: 'Bueno, yo no te voy a comprar uno nuevo, así que quítale el cuello a este.' Y así lo hice. Esto sucedió mientras estaba representando "See the jaguar". Me di cuenta enseguida de que iba a ser un gran actor. Lo supe al verlo tan ensimismado. Cualquier actor tan metido en sí mismo tiene que acabar siendo grande.»

En la primavera de 1953, mientras luchaba por triunfar en el mundo del espectáculo, Jimmy conocería a un joven con quien podría haber mantenido una relación apasionada y satisfactoria si las circunstancias de sus vidas hubieran sido diferentes de lo que finalmente fueron. Tenía diecinueve años y era rubio y esbelto, con un rostro que reflejaba una rara inocencia de adolescente por la que Jimmy se sintió atraído desde el primer momento. Había pocos chicos tan atractivos como Jimmy, pero uno de ellos era Jonathan Gilmore.

2

Era un día de primavera típico en Nueva York: gris, frío y con viento. Un joven llamado Ray había telefoneado a Jimmy para ver si pasaban la tarde juntos. Jimmy y Ray eran amigos, aunque no íntimos. Se habían conocido en Los Ángeles durante el rodaje de una película en la que ambos habían trabajado de figurantes. Recientemente, Jimmy se había encontrado con Ray en Nueva York, donde este se dedicaba al tráfico de drogas en sus ratos libres. Ray cobraba quince dólares por una lata de tabaco Prince Albert llena de marihuana, lo cual en Nueva York era una verdadera ganga.

Uno de los lugares a los que Ray quería ir aquella tarde era a un *drugstore* situado a la altura de la calle 40 Oeste. Tenía que ir allí porque en ese lugar en concreto había un teléfono público que podía ser manipulado fácilmente con una horquilla del pelo para hacer llamadas gratuitas. En el Museo de Arte Moderno había otro teléfono público que podía amañarse de igual manera, pero Ray no quería ir hasta la confluencia de la Quinta Avenida con la calle Cincuenta y tres. En cuanto entraron por la puerta principal del *drusgtore,* Jimmy descubrió a un joven sentado solo en la barra de la pequeña sección de restaurante. No podía habérsele pasado por alto de ninguna manera. Con esa cara y ese cuerpo, tenía que ser actor o modelo, o quizá bailarín. Tenía incluso el mismo tipo que Jimmy: era joven, atractivo, casi bello.

Resultó por pura casualidad que Ray conocía al chico, así que se acercaron a la barra y se sentaron a su lado. Jimmy procuró dejar un taburete entre el muchacho y él, para no parecer demasiado atrevido. Ray hizo las presentaciones –el chico se llamaba Jonathan– e inmediatamente Jonathan y Ray empezaron a hablar, intercambiando sobre todo chismes de Hollywood.

Tal como Jimmy había supuesto, Jonathan era actor, y había trabajado bastante para el cine y la televisión. Ray también lo había conocido en Los Ángeles durante un rodaje. Mientras los dos muchachos charlaban, Jimmy permanecía sentado en silencio. No abrió la boca más que para pedir a la camarera una magdalena y un café. Observó que Jonathan llevaba consigo un libro sobre las corridas de toros. Por fin, Ray se fue a llamar por teléfono y Jonathan y Jimmy se quedaron solos. Al principio, este no supo qué decir, por lo que decidió hacer un comentario sobre las gafas que Jonathan llevaba puestas.

—¿Eres miope o hipermétrope?

—Hipermétrope –dijo Jonathan–. Solo las necesito para leer.

—Tienes suerte –continuó Jimmy–. Yo no veo nada sin gafas. Me gustaría mucho ser hipermétrope, en lugar de ser tan miope...

Jonathan no dijo nada.

—¿Hablas español? –Jimmy preguntó, señalando el libro sobre los toros–. ¿Me dejas verlo?

Jonathan le pasó el libro, deslizándolo sobre la barra. Jimmy lo cogió y empezó a hojearlo y a mirar las fotografías. Se detuvo para tomar un sorbo de café y partir por la mitad la magdalena que le había traído la camarera. Antes de comerse una de las mitades, la untó con mantequilla y, luego, sin pedirle permiso a Jonathan, alargó la mano para coger su ración de mantequilla, con la que untó la otra parte de la magdalena. Cuando levantó la vista y descubrió la sorpresa de Jonathan, se limitó a sonreír.

Cuando Ray regresó, ambos se fueron del local. Durante los días que siguieron, Jimmy pensó muchas veces en Jonathan, ese chico tan guapo a quien le interesaban las corridas de toros tanto como a él.

En las semanas siguientes, Jimmy coincidió en varias ocasiones con Jonathan, casi siempre en el *drugstore* o en la calle Cuarenta y cinco, cerca del estudio donde estaba tomando clases privadas de baile con Eartha Kitt. Kitt, una cantante y bailarina de cabaret, comenzaba a disfrutar de cierta fama. «Jamie, como llamaba Kitt a Jimmy– y yo éramos como hermanos –escribió más tarde Kitt–. Él mismo me lo dijo, que pensaba en mí como una hermana. Nuestra relación fue estrictamente platónica y espiritual; juntos compartimos momentos maravillosos. Jamie era un artista consumado, siempre intentaba superarse a sí mismo... No le satisfacía arrastrarse por el escenario; quería moverse, aprender el lenguaje corporal, para que incluso con sus movimientos pudiera comunicar algo.»

Un día que Jimmy salía de la clase de baile –todavía llevaba puesta su camiseta escotada de cuello ancho debajo de la chaqueta– se encontró con Jonathan. Jimmy mencionó que se acababa de estrenar *Un lugar en el sol* ("A Place in the Sun") en una sala de la calle Cuarenta y dos. Había oído que Montgomery Clift estaba maravilloso. «¿No querrías ir a verla?», le preguntó Jimmy a Jonathan. Y este le respondió que sí.

En el cine, mientras comía chocolatinas y palomitas, a Jimmy le resultaba imposible apartar la vista de Montgomery Clift, cuyo rostro luminoso ocupaba a veces toda la pantalla. De los actores que más respetaba, era Clift quien, según Jimmy, se había acercado en mayor a medida a lo que él pretendía hacer. Al final de la película Jimmy rebosaba de entusiasmo. La interpretación de Clift le había calado muy hondo. Antes había amado a Monty Clift; ahora le adoraba. La película le había impresionado tanto que insistió en verla otra vez. A la mitad del tercer pase, Jonathan consiguió sacarle del cine. Al parecer, no compartía su obsesión por Montgomery Clift. Jimmy incluso notó que su amigo se quedaba dormido por lo menos un par de veces a lo largo de las tres proyecciones de la película.

Más tarde, ambos fueron a tomar un café a una cafetería cercana. En la mesa, Jimmy no pudo dejar de hablar de la interpretación de Clift. Le contó a Jonathan que ya hacía algún tiempo que venía manteniendo la teoría de que, para que un actor pudiera lograr un momento de interpretación inspirada, era necesario que fuera capaz de aunar todo lo que había aprendido en su vida personal con un buen conocimiento de las diferentes formas de expresión artística (danza, literatura, música, pintura), y canalizar luego toda esta información a través del instrumento que es su cuerpo. Sobre el escenario o ante las cámaras, el actor tenía que ser capaz de utilizar todo lo que había experimentado en la vida en un momento brillante y apasionado. Una actuación extraordinaria no era más que la suma de una serie de momentos inspirados. Jimmy creía que Clift había conseguido producir esos momentos en *Un lugar en el sol.* También creía que George Stevens, el director de la película, había conseguido un impacto semejante.

Mientras hablaban, Jimmy empezó a sentir que con Jonathan se establecía una comunicación muy especial. A diferencia de muchos amigos de Jimmy –Eartha Kitt, sin ir más lejos–, que pensaban que Jimmy estaba loco cuando empezaba a divagar sobre esos "momentos de interpretación", Jonathan parecía entenderle perfectamente. Había algo más en el caso Jonathan. Aunque no habían pasado mucho tiempo juntos, Jimmy intuía que el interés era recíproco. Tenía la suficiente experiencia con los hombres para saber cuándo es uno abordable.

Pasaron algunos días antes de que volvieran a verse. Jonatahn le había hablado a Jimmy de su moto –una Norton que había comprado en el barrio de Queens–, y este expresó su deseo de verla. Hacía ya varios meses que Jimmy tenía una moto que utilizaba para moverse por Nueva York. Así pues, una noche pasó por el edificio en que vivía Jonathan, situado en la esquina de la calle 47 con la Octava Avenida, y buscó la Norton por los alrededores. La encontró encadenada a una tubería de desagüe. Mientras la observaba, sintió la tentación de hurgar un poco en el motor. Luego, con las manos llenas de grasa, decidió subir a ver a Jonathan, a pesar de que eran más de las doce y probablemente este estuviera durmiendo (Jimmy había tenido siempre la costumbre de importunar a sus amigos, ya fuera presentándose en su casa en mitad de la noche o llamándoles por teléfono a horas intempestivas). Cuando Jimmy llamó a la puerta del apartamento, Jonathan tardó un poco en abrir. Seguramente estaba durmiendo.

—¿Puedo entrar y lavarme las manos? –le preguntó Jimmy–He estado intentando poner a punto tu carburador.

—Por supuesto –dijo Jonathan–. Pasa.

Después de haberse lavado las manos, Jimmy entró en la sala y se sentó. Para entonces, Jonathan ya estaba totalmente despejado. Empezaron a hablar sobre un cuadro que Jonathan estaba pintando y que representaba una escena callejera. El cuadro, aún sin terminar, no tenía ninguna figura. Cuando Jonathan le preguntó a Jimmy si creía que debía añadir alguna, este le contestó contundentemente que no. Jimmy le dijo entonces que había ido a verle por otra razón. Quería hablar sobre las corridas de toros. Como le entusiasmaba el tema, Jonathan le enseñó algunas fotos. Jimmy, por su parte, contó que una vez estuvo en el rodaje de una película que trataba de corridas de toros. Estaba protagonizada por Anthony Quinn y José Ferrer. Allí conoció a Sidney Franklin, el famoso torero, que había sido contratado como asesor técnico de la película. Franklin le había regalado una capa manchada de sangre (precisamente la capa que había utilizado en la representación del monólogo de "Matador" en el Actors Studio).

De la capa, Jimmy pasó a hablar de otro tema que también parecía fascinarle: las cornadas. «¿Has pensado alguna vez qué sentirías si te corneara un toro? –le preguntó a su amigo, el cual, según Jimmy ya había constatado, era lo suficientemente raro para seguirle la corriente en una conversación de este tipo–. ¿Con qué profundidad penetraría el cuerno? ¿Por qué lugar del cuerpo entraría? ¿Por qué entraba siempre por la entrepierna? ¿Cómo sería el dolor? ¿Se desmayaría uno por la pérdida de sangre?» A partir de estas preguntas, Jimmy mencionó otros actos que le interesaban: la horca, la ejecución y aspectos específicos de la muerte, como lo que debe sentirse cuando una bala penetra en el cuerpo. Finalmente, empezó a recitarle poesía en español, traduciéndosela al inglés al mismo tiempo. La velada iba adquiriendo, poco a poco, un aire romántico, que era lo que Jimmy andaba buscando. Su comportamiento, aunque parecía espontáneo, no lo era en absoluto. Trataba de situar a Jonathan bajo su influencia a través de una sutil e intencionada seducción.

En esa fase de su vida, tras haberse visto incapaz de controlar gran cosa de lo que le había ocurrido hasta entonces, tras haber sido dominado por hombres mayores, como James DeWeerd y Rogers Brackett, Jimmy estaba deseoso de tomar finalmente las riendas. Si no podía controlar su vida profesional, por lo menos controlaría su vida privada. O, en todo caso, lo intentaría.

Pasó casi una semana antes de que Jimmy volviera al apartamento de Jonathan. Había tenido un día horrible y quería salir a cenar con él, pero ninguno de los dos tenía suficiente dinero. Entonces, se le ocurrió llamar a James Sheldon, para el cual había trabajado recientemente en un programa de televisión, y preguntarle si le apetecía cenar con ellos en un restaurante francés cercano al apartamento de Jonathan. Jimmy sabía que Sheldon pagaría la cena. Este estuvo de acuerdo, y se encontraron los tres en el restaurante.

Durante la cena, en la que se habló sobre todo de arte dramático, así como de las respectivas carreras de cada uno, Jimmy se emborrachó. No era raro, ya que toleraba mal el alcohol. Estaba tan alegre que, en un momento determinado, cogió una *crépe suzette* y la estrujó de tal manera que la mermelada se desbordó por uno de los lados. El acto no dejó de ser infantil, por muy sugerente que fuera; pero Jimmy lo consideró hilarante. Sin dejar de reír, empezó a flirtear con Jonathan. Después de cenar, cuando los tres estaban tomando unas copas, Jimmy se metió la mano dentro de los pantalones y se agarró los genitales. Un gesto no demasiado sutil, destinado a que Jonathan se fijara en él. Al poco rato, Jimmy dijo que quería marcharse. Sheldon pagó la cena y se despidió de los muchachos antes de subir a un taxi. Ellos dos fueran caminando hasta el apartamento de Jonathan.

En el apartamento, Jimmy y Jonathan iniciaron una larga discusión sobre la atracción sexual entre hombres. Jimmy quería saber lo que opinaba Jonathan al respecto, pues sospechaba que este había tenido experiencias homosexuales en el pasado, y acertó. Jonathan le contó que salía con un pariente suyo que se la chupaba y al que él daba por el culo.

—¿Se la chupaste tú a él alguna vez? –preguntó Jimmy.

—Sí –respondió Jonathan–, pero sin que se corriera en mi boca. En cambio, él sí que lo hacía.

Entonces Jonathan se refirió a un tal Bill, un joven actor amigo suyo. Jonathan y Bill compartían una habitación en el Ojay Country Club, cuando una noche, justo antes de meterse en cama, Bill entró en la habitación y se bajó los pantalones del pijama para mostrarle a Jonathan su miembro en erección. Le preguntó si le gustaban esas cosas, a lo que Jonathan contestó que no. Así que Bill se metió en su cama y se hizo una paja.

—¿Por qué no hicisteis nada? –le preguntó Jimmy.

—Es que tenía miedo.

—¿Por qué? –insistió Jimmy–. ¿Porque su polla era muy grande?

—No, no fue por eso –dijo Jonathan–. Es que me asustaba la situación.

—Sé sincero conmigo, Jonathan; sé tan sincero como has sido siempre. Dime qué sentías realmente al ver la polla de Bill. Es obvio que su recuerdo tiene mucha importancia para ti.

—No puedo decir más de lo que ya he dicho.

Jimmy hizo una pequeña pausa, luego continuó:

—¿Has probado alguna vez la leche? ¿Conoces su sabor?

—He probado la mía con el dedo –dijo Jonathan–. Claro que sé como sabe.

—Y bien, ¿te gusta su sabor? –preguntó Jimmy.

Los dos se echaron a reír.

—No –dijo Jonathan–, la tuve que escupir.

—¿Es por eso que te da miedo la polla de Bill? ¿Porque no quieres tener leche en tu boca?

—No lo sé. –Jonathan se calló un momento antes de desviar la conversación hacia Jimmy–. ¿Y tú qué? –le preguntó, refiriéndose a si Jimmy había probado la leche.

Jimmy guardó silencio unos instantes. Luego empezó a reírse tontamente.

—Yo no soy activo –dijo–. Soy pasivo.

Cuando Jonathan le pidió que explicara qué era ser activo o pasivo, Jimmy le dijo que si follabas a alguien eras activo, mientras que la otra persona era pasiva. En cambio, si te chupaban la polla, tú eras pasivo y el otro el activo.

—Todo depende de cómo vayan las cosas –dijo Jimmy, como si estuvieran cerrando una serie de delicadas negociaciones.

Días más tarde, durante otra noche en el apartamento de Jonathan, Jimmy efectuó la primera maniobra seria sobre él. Se encontraba estirado en la cama, con Jonathan sentado en el suelo, cerca de él. La banda sonora de *Un tranvía llamado deseo* ("A Streetcar Named Desire") sonaba en el tocadiscos. La música, suave y sensual, llenaba la habitación iluminada por una sola vela, tan usada que había cubierto de cera la botella que servía de candelero. Cerca de la cama colgaba del techo un gran pez japonés de papel. Cualquier movimiento que se produjese en la habitación hacía que el pez oscilara suavemente. Después de hablar un rato, Jimmy se armó de valor para pedirle a Jonathan que le acariciara el rostro. Este se acercó y apoyó la palma de su mano sobre la cálida mejilla de Jimmy. Entonces, Jimmy se dio la vuelta en la cama para poder extender una mano y deslizar sus dedos por los labios de Jonathan. Luego, le separó los labios con un dedo y con la punta de este le acarició los dientes.

—Tienes unos dientes bonitos –dijo Jimmy–, aunque un poco pequeños.

Jonathan no contestó. Jimmy podía percibir que tenía un poco de miedo, aunque estaba dispuesto a ver en qué terminaba todo aquello.

—¿Por qué no me besas? –dijo Jimmy.

Jonathan se lo pensó durante unos segundos.

—De acuerdo –respondió al fin.

Sin levantarse del suelo, se acercó al lado de la cama, se inclinó hacía Jimmy, y le besó en los labios, aunque no sin reservas.

—No –dijo Jimmy, apartándose–. Bésame como si besaras a una chica.

Jonathan le besó con más apasionamiento, abriendo la boca para dejar que entrara la lengua de Jimmy.

Aunque estaba excitado, se sentía inquieto, extraño. Dejaron de besarse.

—¿Puedo follarte? –dijo Jimmy de repente.

—¡Dios! –exclamó Jonathan–. No lo sé.

—¿Podemos intentarlo? –preguntó Jimmy–. Vamos a probarlo.

—Bueno, supongo que sí.

Se desnudaron en la penumbra de la habitación. Jimmy no podía dejar de mirar el esbelto y suave cuerpo de su amigo. Tenía una gran erección y deseaba con intensidad a Jonathan.

Le dijo a Jonathan que se echara en la cama, boca abajo. Su pálida piel parecía aún más blanca en la semioscuridad de la habitación. Jimmy se colocó cuidadosamente encima de su amigo. Luego escupió en la palma de su mano y se frotó el pene con la saliva. Con mucho cuidado, lo colocó a continuación entre los glúteos de Jonathan, hasta que su punta quedó sobre el pequeño agujero. Cuando solo había metido el capullo, notó que el cuerpo de su amigo se tensaba por el dolor. Daba la impresión de que si Jonathan no era virgen, por lo menos no había hecho aquello muy a menudo. Jimmy intentó empujar su pene al interior, pero fue inútil. Le estaba haciendo demasiado daño. Finalmente, decidió retirarse y se sentó en la cama. Estaba evidentemente decepcionado.

—¿Por qué no me la comes tú? –le dijo a Jonathan, al cabo de unos segundos.

Tras pensárselo un momento, Jonathan decidió hacer lo que Jimmy le pedía y se metió en la boca, tanto como pudo, el pene de su compañero. Era evidente que Jonathan se sentía incómodo, como si estuvieran haciendo algo prohibido. A él ya se la habían chupado en el pasado, incluso lo había hecho alguno de los mismos directivos de Hollywood con los que Jimmy había salido. Aquello, sin embargo, no parecía ser lo mismo. En este caso, se encontraba en igualdad de condiciones con su pareja. No era un juego en el que hubiera que someterse a los designios de un hombre maduro, ni manipular a un amigo más joven y sumiso. Jonathan se sentía de alguna manera amenazado por lo que Jimmy le estaba haciendo o por lo que le estaba haciendo hacer. Finalmente, Jimmy le apartó la cara de su pene y los dos se estiraron en la cama, uno junto al otro, y se abrazaron. A continuación, Jimmy cogió el pene de Jonathan con la mano y obligó a Jonathan a hacer lo mismo. Se masturbaron mutuamente, y cuando Jimmy se corrió notó que todo su cuerpo se relajaba. Entonces se volvió hacia Jonathan para que éste pudiera rodearle con sus brazos. Jonathan lo estuvo abrazando así durante mucho rato, como si tuviera entre sus brazos a un niño pequeño. El tocadiscos ya no sonaba. La habitación estaba tan silenciosa que solo se oía la respiración de ambos.

—Y ahora, ¿qué hacemos? –preguntó Jonathan al cabo de un rato, interrumpiendo el silencio.

Jimmy permaneció callado unos instantes.

—¿Quieres que volvamos a intentarlo?

Jonathan aún tenía miedo, pero para complacer a Jimmy lo intentaría otra vez. Volvió a tenderse en la cama y Jimmy se colocó de nuevo encima de él. Luego intentó penetrarle, pero el resultado fue exactamente igual que antes: el dolor que sentía Jonathan era tan intenso que tuvieron que dejarlo. Jimmy se estiró tranquilamente sobre la cama y permaneció un rato en silencio. Luego se levantó, se puso la ropa, le dijo adiós a Jonathan y se fue.

Si Jonathan hubiese respondido mejor, la relación entre él y Jimmy habría sido seguramente la más completa de todas las que este tendría en su vida. Jimmy había intentado forzar la situación no solo porque sentía una gran atracción sexual por Jonathan, sino porque estaba convencido de que este quería realmente hacer lo que estaban haciendo. Sin embargo, era evidente que Jimmy se encontraba mucho más cómodo con la homosexualidad que Jonathan. Si Jonathan le hubiese dejado, Jimmy le habría hecho el amor. Lo triste del caso es que probablemente Jonathan estaba deseando que Jimmy lo hiciera. Pero este no tenía experiencia en iniciar a otros jóvenes en el acto homosexual, tal como DeWeerd le había iniciado a él.

Después de esa última noche en el apartamento de Jonathan solo volvieron a verse algunas veces más. Aunque en estas ocasiones no ocurrió nada de índole sexual, Jimmy aún podía notar cierta tensión entre ellos. Una de las noches fueron juntos a una fiesta que resultó divertida para ambos. En otra ocasión, Jimmy invitó a su amigo a Jerry's Tavern para presentarle a Barbara Glenn, una amiga que había conocido mientras actuaba en "See the jaguar". Generalmente, Jimmy no permitía que sus amigos se conocieran entre sí –y solía tomar muchas precauciones para evitarlo–, pero en esta ocasión era distinto. Parecía casi un intento premeditado de provocar los celos de Jonathan. En cualquier caso, Jimmy consiguió que se produjeran una serie de fricciones entre Barbara y Jonathan. Sentada entre los dos, Barbara no dejó de mirar a Jonathan en toda la noche, intentando deducir qué tipo de relación tenía con Jimmy. Nunca se resolvió nada, si es que realmente hubo algo que resolver.

El acontecimiento que mejor recordarían los dos muchachos iba a ser, sin embargo, la noche en que Jimmy invitó a Jonathan a su apartamento para enseñarle las fotografías que tenía de Marlon Brando.

En el pequeñísimo estudio del número 19 de la calle 78 Oeste, al cual se había mudado recientemente al decidir separarse de Bill, Jimmy le dijo a Jonathan que el mismo Brando había sido inquilino de esa habitación tiempo atrás. Para probarlo, le enseñó una foto de Brando en la que este se encontraba de pie en una habitación que tenía una ventana de ojo de buey idéntica a la del estudio, aunque también exactamente igual a las muchas ventanas de ojo de buey que había diseminadas por los apartamentos de Manhattan. De todos modos, Jimmy estaba convencido de que Brando había vivido en ese apartamento. Estaba seguro, dijo, porque un amigo suyo le había hablado, en el gimnasio de Terry Hunt Gym, de la época en que Brando vivía en aquel lugar. Ese amigo afirmaba estar en posición de saberlo, puesto que, según presumía, había intimado con Brando. El mensaje que Jimmy parecía deseoso de transmitir a Jonathan era que hasta Brando había estado liado con hombres. De todos modos, los detalles de la vida sexual de Brando, verdaderos o inventados, tuvieron poco efecto en Jonathan, y aquella noche tampoco ocurrió nada entre ellos.

En lo que más pensaba Jonathan era en la fotografía de Brando que colgaba en el escaparate de Mario's, uno de los restaurantes italianos preferidos de Jimmy. Muchas veces, Jimmy le había llevado a ver esa fotografía. En ella, Brando había garabateado una frase que se quedó grabada en la memoria de Jonathan. «Con infinito gusto», decía el garabato de Brando.

En noviembre de 1953, Bill Bast, que ya no vivía con Jimmy, pero que lo veía de tanto en tanto, llamó a Jonathan para ver si se podían encontrar en Jerry's Tavern para tomar una copa. La única vez que Bill y Jonathan se habían visto había sido en una fiesta organizada por un director de reparto en una nave industrial de la calle Cuarenta y pico.

La fiesta no hubiera pasado a la historia de no ser porque, casi de madrugada, Jimmy se había acercado a un joven negro que estaba escuchando tranquilamente a la orquesta y, delante de todo el mundo, le había preguntado si le podía chupar la polla. El joven dijo que sí, de manera que mientras este se bajaba la cremallera de los pantalones, Jimmy se arrodilló en el suelo, frente a él, se metió la polla del joven en la boca y la empezó a chupar. Aquello fue un momento realmente extraño, surrealista, algo que ninguno de los presentes en la fiesta olvidaría.

Bill Bast no lo había olvidado, ni tampoco Jonathan. Cuando se encontraron en el restaurante, tan pronto tomaron asiento, según recordaría Jonathan Gilmore, Bill fue directo al grano.

—Me voy de Nueva York –dijo–, pero antes quiero saber qué es lo que hay entre tú y Jimmy.

—¿A qué te refieres? –preguntó Jonathan–. Y además, ¿a ti qué te importa?

Por sus palabras y su forma de actuar, Jonathan se convenció, si es que no estaba seguro antes, de que Bill y Jimmy habían sido amantes.

—Jimmy me las ha hecho pasar canutas –dijo Bill–. Es simplemente una persona insoportable. No he visto a nadie que sea tan destructivo como él con sus amigos. Y conmigo. Estamos convencido de que eres tú quien le incita a tratar así a la gente. Y quiero saber por qué.

Jonathan le dijo que no sabía de qué le hablaba.

—Jimmy no tiene en cuenta para nada los sentimientos de los demás. Haces malabarismos para ser su amigo, y él, o pasa de ti olímpicamente o te deja tirado por siempre jamás. Cuanto más sincero intentas ser con él, más destructivo se vuelve.

Jonathan continuaba sin decir nada.

Finalmente, Bill perdió la paciencia.

—Tienes mi consentimiento para quedarte con ese desecho –recuerda Jonathan Gilmore que dijo. Y luego hizo una pausa que interrumpió para espetarle–: Bueno, pero ¿estáis juntos o qué?

Esta vez Jonathan le contestó inmediatamente:

—¿Quién eres tú para preguntármelo?

—Si lo estáis –añadió Bill–, al menos todo se entiende. Se entiende que otros se sientan heridos. –Hizo otra pausa–. Bueno –dijo finalmente–. ¡Ya os arregláreis, yo no quiero saber nada!

Cuando Bill estaba a punto de marcharse, Jonathan se dio cuenta de lo trastornado que estaba el otro y de la rabia que sentía hacia él. También era evidente que a Jimmy todo eso le importaba un bledo.

Cada cual siguió bien pronto a lo suyo. Bill regresó a Los Ángeles y Jimmy y Jonathan se alejaron el uno del otro. Jimmy, con el paso del tiempo, volvería a ver a Jonathan a menudo, una vez que ambos (cada cual por su lado) hubieran vuelto a California.

Para entonces, Jimmy estaría muy ocupado con su trabajo y enfrascado en una aventura con otro hombre, por lo que su relación no llegaría más lejos que en Nueva York. Con el correr de los años, Jonathan Gilmore recordaría su «intensa y esporádica amistad» con James Dean con una mezcla de cariño y de pesar. Al recordar esos momentos de su vida, Gilmore reflexiona sobre lo que les unió, lo que les mantuvo unidos por un tiempo y lo que finalmente les separó. «Hablábamos mucho sobre el tema de la madre –dice Gilmore–. No se cansaba de preguntarme por mis sentimientos hacia mi propia madre, ya que ella y yo no tuvimos una relación muy estrecha. A mi madre, que era actriz, le gustaba la marcha. Prefería irse de juerga y disfrutar de la vida, en vez de dedicarse a ser madre. Le dije que solo recordaba de ella el olor de su abrigo de piel, sus ojos borrosos, la peste a alcohol y a ella misma diciéndome lo mucho que me quería e insistiendo en que íbamos a estar juntos. Y sin embargo, nunca estábamos juntos. Cuando haces tantas promesas es que no piensas cumplirlas. Se fue a vivir a un par de manzanas de donde yo estaba con mi abuela. Mi padre se había vuelto a casar y vivía en un piso justo detrás del nuestro. Nunca supe muy bien lo que estaba pasando.

»Pienso que Jimmy se sentía de alguna forma relacionado conmigo. Me pedía que le explicara mis sentimientos para saber cuáles eran los suyos. Quería saber si yo estaba resentido por el hecho de que mi madre no me lo hubiera dado todo, cómo afectaba mi resentimiento a lo que ella sentía por mí. Es curioso, pero Jimmy nunca mencionaba a su padre. Claro que nunca supe que era de Indiana, puesto que lo único que me contaba de su pasado era lo relacionado con Santa Monica. Me hablaba de sus juegos de niño, pero no de Indiana, hasta el punto de que yo estaba convencido de que había nacido en California. Jugaba con su madre, pero eran juegos imaginarios. Caminaban por la casa y de pronto su madre decía: 'Ahora estamos en una estación de tren: escucha, se acerca un tren enorme.'

»Al final, comprendí que Jimmy no era otra cosa que un chico trastornado y confundido. Le atrajo en parte mi belleza –era algo que realmente le gustaba–, pero yo no era tan solo un niño bonito, sino también una persona muy problemática, y eso le intrigaba. En mi caso, la atracción que yo sentía por él no se concentraba en nada físico. Yo era más heterosexual. Había sido utilizado por mucha gente en Hollywood, y él también. De todas formas, Jimmy tuvo un poderoso efecto en mi vida. Aún recuerdo aquella noche en el restaurante, con Barbara Glenn. Yo a ella no la conocía, en cambio ella me conocía a mí. Se produjo una cierta tensión entre nosotros y recuerdo muy bien que Jimmy y yo intercambiamos una mirada, una simple mirada, que significaba 'si uno de nosotros dos hubiera sido una chica, habríamos podido tener una aventura'.»

3

Puede que "See the jaguar" hubiera sido suspendida tras cuatro representaciones, pero sirvió para lanzar la carrera de Dean más que cualquier otro proyecto en el que hubiese trabajado hasta la fecha. Gracias en gran parte a la influencia de las críticas favorables que Dean recibió, dentro de lo adversas que fueron con la obra, Jane Deacy pudo ofrecerle unos cuantos papeles clave en programas de televisión. Ya que una oferta conducía a otra, acabó por tener tanto trabajo que permaneció ocupado durante casi todo el año de 1953. El 8 de febrero, consiguió un papel de coprotagonista en *The Capture of Jesse James*, un episodio de "You Are There". En el programa, dirigido por Sidney Lumet, Dean hizo el papel de Bob Ford, el hombre que mató a Jesse James. En marzo no trabajó, pero en abril, el día 14, actuó en *No Room*, un episodio de "Danger", y el 16, en *The Case of the Sawed-off Shotgun*, un episodio de "Treasury Men in Action". En mayo y junio, intervino en la puesta en escena que el Actors Studio hizo de "End as a Man", dirigida por Jack Garfein. La obra solo se representó en el Studio tres veces, pero los promotores quedaron lo suficientemente convencidos de su potencial para estrenarla en un teatro off-Broadway, si bien Dean no iba a aparecer en ella. De todas maneras no hubiese tenido tiempo, ya que Deacy continuaba ofreciéndole trabajos para la televisión. El primero de mayo, obtuvo uno de los papeles principales de *The Evil Within*, un episodio de "Tales of Tomorrow"; el 17 de julio, intervino en *Something for an Empty Briefcase*, un episodio de "Campbell Soundstage"; a continuación vino *Death Is My Neighbor*, un episodio de "Studio One Summer Theatre" de la CBS; el 11 de septiembre, *The Big Story* en la NBC; el 4 de octubre, *Glory in the Flower*, un episodio de "Omnibus"; el 14 del mismo mes, *Keep Our Honor Bright*, un episodio de "Kraft Television Theatre"; y el 16, *Life Sentence*, un episodio de "Campbell Soundstage". En noviembre Dean realizó una de sus más importantes actuaciones en televisión hasta el momento. Fue el día 11, en un episodio de "Kraft Television Theatre" titulado *A Long Time Till Dawn* y escrito por Rod Serling. Fue su primer papel de protagonista. A continuación, obtuvo un papel importante en el episodio de "Robert Montgomery Presents" emitido el lunes anterior al día de Acción de Gracias y titulado *Harvest*. Fue un programa dirigido por James Sheldon en el que tomaron parte Ed Begley, Dorothy Gish y Vaughn Taylor.

A medida que actuaba en más programas de televisión, Dean iba adquiriendo más seguridad en sí mismo como actor. Cuando, por ejemplo, se echa a llorar en *A Long Time Till Dawn*, un episodio en el que hacía el papel de un delincuente que intenta rehacer su vida, no hay rastro alguno de falsedad en su estilo. Parecía estar llorando realmente; las lágrimas y las emociones eran reales. En cada una de las representaciones que hizo en 1953, Dean procuró ser realista como actor, particularmente en lo que se refiere a su técnica.

Muchos de sus colegas de profesión no se daban cuenta de lo comprometido que estaba con su arte y su oficio. Debido a su estilo poco convencional lo tenían por un novato o por uno de esos que quieren chupar cámara a toda costa. En realidad estaba perfeccionando su técnica personal, basada en la actuación momento a momento. Durante ese año tan tremendamente ajetreado, a Dean también lo rechazaron para algún papel. Hizo una prueba ante las cámaras para *Más allá de las lágrimas* ("Battle Cry"), pero le dieron el papel a Tab Hunter. También se presentó a una prueba para intervenir en *Life with Father*, una serie de la cadena de televisión CBS basada en los artículos escritos por Clarence Day, Jr., que aparecían regularmente en "The New Yorker". De hecho, fue una suerte que no obtuviera este papel, ya que si lo hubiera hecho no habría estado disponible para intervenir en una obra en la que deseaba muchísimo actuar. Billy Rose y Herman Sheulan habían contratado a Ruth y Augustus Goetz para adaptar al teatro la novela autobiográfica de André Gide "El inmoralista".

El drama, que iba a ser dirigido por Herman Shumlin trataba abiertamente sobre la homosexualidad, lo cual era garantía de un estreno controvertido cuando este se montase a principios de 1954. Jimmy podía identificarse a muchos niveles con la historia. Situada en Francia a comienzos de siglo, trataba de un joven arqueólogo, Michel, que intenta luchar contra su homosexualidad casándose con una mujer, Marceline. En su luna de miel en Biskra, en el norte de África, Michel es seducido por Bachir, el sirviente de la villa donde se hospedan los recién casados. Cuando Bachir se burla de la incapacidad de Michel para tener relaciones sexuales con su mujer (dos meses después de la boda, la pareja aún no ha consumado el matrimonio), Michel se emborracha y se acuesta con Marceline, que queda embarazada. La obra termina en Francia con la resolución que toma la pareja de permanecer unida, a pesar de que ello les acarrea la infelicidad y la desesperación para el resto de sus vidas.

En el despacho de Billy Rose, situado encima del teatro Ziegfeld, Dean demostró, al efectuar la prueba para el papel del sirviente árabe, tanto talento y tanta confianza, así como una comprensión tan profunda del personaje, que Rose y los Goetz estuvieron dispuestos a darle el papel en el acto. En cierta forma, Dean había estado preparándose para ese personaje desde sus primeros intentos, en Hollywood, por entrar en el mundo del espectáculo. Al fin y al cabo, ¿no es la motivación del sirviente el seducir a un hombre mayor para llevar a cabo sus deseos? Inmediatamente después de la prueba, Dean empezó a prepararse para los ensayos, que debían iniciarse el 18 de diciembre, en el mismo Ziegfeld. Bajo la dirección de Shumlin, los actores –Louis Jourdan hacía de marido y Geraldine Page de mujer– se emplearon a fondo. Sin embargo, hubo problemas desde el primer momento. Los estilos de interpretación de Dean y Jourdan no podían haber sido más diferentes. Jourdan, que tenía una preparación clásica y cuya elocución era un tanto rígida, actuaba con estudiada reserva. Era un miembro de la vieja escuela, que exigía que un actor captase el personaje de forma global y recitase su parte siempre de la misma forma. Entendía que la interpretación consistía en poco más que una leve variación en la forma de pronunciar las frases. Por otro lado, Dean estaba firmemente convencido de su teoría, según la cual un actor debe procurar crear momentos impredecibles y espontáneos al interpretar. Conforme a esta manera de pensar, dos representaciones de un mismo papel nunca pueden ser iguales.

Naturalmente, Dean y Jourdan chocaron tan pronto empezaron los ensayos. A pesar de que las tensiones que producían sus desacuerdos no dejaban de ser apropiadas para los dos personajes de la obra, el conflicto real que se creó entre ellos acabó convirtiéndose en una molesta fuente de distracciones. Por desgracia, Shumlin no supo manejar la situación con el tacto y la diplomacia con que debiera, y el problema se agravó seriamente.

La compañía interrumpió los ensayos el tiempo suficiente para celebrar la Navidad, período que Jimmy aprovechó para hacer un rápido viaje a Fairmount. A primeros de enero de 1954 se trasladaron a Filadelfia; el día 9 iniciaron una semana de representaciones públicas, anteriores al estreno oficial. Actuaban en el Teatro Forrest, situado en la calle Walnut, cerca del hotel St. James, donde se alojaba la compañía, y del Hickory House, un restaurante donde Jimmy comía a menudo.

Si los ensayos ya habían sido difíciles en Nueva York (el antagonismo entre Jimmy y Jourdan había aumentado hasta el punto de que empezaba a afectar la calidad de la obra), en Filadelfia la situación se tornó incluso más tensa. Finalmente, con el estreno en puertas y ante la perspectiva de una representación caótica, Rose despidió a Shumlin y lo sustituyó por Daniel Mann. Así como Jourdan se llevaba mucho mejor con el nuevo director, Jimmy apenas podía tolerarlo. Al ver que Mann tendía a ponerse del lado de Jourdan en los ensayos, Jimmy se sintió traicionado. Y lo que fue aún más perjudicial para sus relaciones es que ambos se hallaban en completo desacuerdo sobre cómo tenía que interpretase el papel de Bachir.

Mann quería que este fuese un individuo alicaído y convencional, mientras que Jimmy lo veía como una persona luchadora, excéntrica y un poco pasada de rosca. A medida que sus desavenencias con Mann se intensificaban, Jimmy estaba cada vez más confuso. A veces se sentía paralizado al tener que desarrollar el personaje y lidiar a la vez con el director. La relaciones se deterioraron hasta tal punto que Rose incluso pensó en reemplazar a Jimmy, pero ya era demasiado tarde. Rose no tuvo más remedio que aguantarse y contemplar cómo se las arreglaba Jimmy torpemente en los pre-estrenos. En todo este tiempo, la única aliada que tuvo Jimmy fue Geraldine Page, que se convirtió de este modo en una persona extremadamente importante para él durante ese período, así como en otra de las figuras maternales que poblarían su vida.

El 1 de febrero, la compañía se trasladó otra vez a Nueva York para las últimas pruebas. Las actuaciones de Jimmy continuaron siendo irregulares, pero Rose decidió que no quedaba más remedio que tolerar su deficiente interpretación, a pesar de la importancia que el papel tenía en la obra. Pero la noche del estreno en el teatro Royal –el 8 de febrero, justo el día de su cumpleaños–, Dean hizo una actuación tan impresionante, tan absolutamente brillante y original, que tanto el público como sus compañeros se quedaron sin habla. Al final resultó que era un profesional consumado.

La noche en que los críticos se dejaron ver por el teatro, Jimmy también procuró hacerse notar. Una escena en particular, que llegó a conocerse como la "danza de las tijeras", pronto fue legendaria. Con una especie de chilaba y unas babuchas, Dean revoloteaba por el escenario como si fuera el bailarín más afeminado y seductor que el personaje de Jourdan hubiera visto jamás. Durante toda su danza, Dean cortaba al aire con un par de brillantes tijeras plateadas. El efecto visual fue asombroso, inolvidable. Dean le explicó el significado del baile a Jonathan Gilmore, que vio el espectáculo dos veces. «Jimmy dijo –según Gilmore– que lo que hacía con las tijeras era seducir al personaje que representaba Jourdan. Y que cada vez que daba un corte con las tijeras, estaba cortando una de las cuerdas que lo ataban, al tiempo que lo envolvía con su red. Los cortes iban alejando a Louis Jourdan de su vida heterosexual y lo llevaba paulatinamente al mundo homosexual.»

En febrero, mientras trabajaba en "El inmoralista", Jimmy se hizo amigo de Arlene Lorca, una joven actriz que intentaba triunfar en Nueva York. Tras conocerse en una fiesta se hicieron amigos. Un día, por pura corazonada, Arlene llevó a Jimmy al apartamento de su amigo Roy Schatt, un pequeño pero acogedor estudio en Murray Hill. Roy era un fotógrafo de talento, que acostumbraba a fotografiar actores y actrices jóvenes, tanto para sus *books* como para las revistas. Jimmy y Roy simpatizaron mutuamente y aquel incluso representó la "danza de las tijeras". A Jimmy le cayó tan bien Roy que unos días después le consiguió entradas para "El inmoralista". En los camerinos, después de la representación, Roy le confesó a Jimmy que estaba entusiasmado con su trabajo. Jimmy apreciaba estos comentarios, así como el afecto que Roy parecía dispensarle. Esta mutua inclinación hizo que, durante los siguientes días, Jimmy visitase con cierta frecuencia el apartamento de Roy, para lo que ambos denominaban lecciones de fotografía, aunque la verdad es que Jimmy nunca le pagó nada a Roy por ellas. En más de una ocasión, Jimmy se trajo consigo a un par de amigos para que le sirvieran de modelos en sus fotos. Uno de ellos era Marty Landau, con el cual había reanudado la amistad, y el otro Billy Gunn, su suplente en "El inmoralista".

En ocasiones la conducta de Jimmy rozaba lo insólito. En cierta ocasión se presentó completamente desnudo en la puerta del apartamento de Roy. Cuando este lo hizo entrar de un tirón, para que no le viera ninguno de los vecinos, especialmente las dos ancianas que vivían arriba, Jimmy, como escribiría después Roy, «se puso muy tieso, como en uno de aquellos cuadros del Oeste que colgaban en los bares, una mano sobre la entrepierna, otra cruzando su pecho,... riéndose como una virgen, con los labios fruncidos y parpadeando intensamente». Este tipo de exhibiciones hicieron que Roy se empezara a cuestionar la sexualidad de Jimmy. «¿Era gay? ¿Era bisexual? –escribió Schatt más adelante–. Bueno, quizá. Su chifladura y su lucha constante contra la monotonía le podían haber conducido a ello.»

Sobre este tema Jimmy también reveló algo de sí mismo a Arlene, aunque cuando esta se lo refería años más tarde a un reportero, ya había un matiz ligeramente distinto en la información. «El gran problema de Jimmy durante sus primeros tiempos en Nueva York fue aprender a adaptarse a la imagen que se iba formando de sí mismo, sin perder su autoestima –escribió el periodista–. Como era un muchacho atractivo, incluso bello, era perseguido por los homosexuales. Le mandaban regalos y le ofrecían trabajos... "¿Qué es lo que les atrae de mí? –le preguntó Jimmy a Arlene–. Soy un hombre, pero si no me dejan en paz, ¡voy a empezar a dudar de ello!"» Si ésta es una versión fiable de lo que Dean realmente le dijo a Arlene, la única conclusión que se puede extraer es que no estaba siendo muy sincero con sus amigos acerca de su sexualidad. Aunque puede que no todos estuvieran preparados para que lo fuera.

Sobre el tema de su vida sexual Jimmy era, en efecto, bastante evasivo con sus amigos. Una tarde, por aquella época, Jimmy estaba tomando café en un bar del West Side con Geraldine Page y William Fox, un amigo suyo que era artista figurativo y escultor. Jimmy había escrito en principio a Fox, en septiembre de 1952, con la esperanza de que hiciese una escultura tomándole a él por modelo. Por raro que fuera, la escultura había de tener utilidad como cenicero. Jimmy aparecería en posición sedente, fumando él un cigarrillo, con las piernas cruzadas en torno al cuenco del cenicero. Es sumamente interesante que en su carta a Fox le dijera que «enviaré todas las fotografías que necesites, inclusive desnudos». Jimmy había subrayado dos veces la palabra desnudos. No cabe duda de que hacía referencia a una serie de fotografías que se había hecho, efectivamente desnudo, entre su llegada a Nueva York en el otoño de 1951 y septiembre de 1952, mes en el transcurso del cual escribió a Fox.

Años después, una de estas fotografías se iba a hacer famosa, o infame más bien. Subido entre las ramas de un árbol, Jimmy, totalmente desnudo, se toca la polla, en estado de total erección. Fox nunca llegó a hacer uso de las fotografías en las que Jimmy aparecía desnudo, ni tampoco llegó a esculpir el cenicero. Por el contrario, una noche fue al estudio que tenía Dean en la calle 68 Oeste e hizo una serie de diez apuntes a lápiz en los que aparece Jimmy en calzoncillos. Después de aquella noche, Jimmy y Bill se hicieron amigos, aun cuando Fox nunca encontró el tiempo necesario para esculpir el cenicero que le había pedido Jimmy.

Bill descubrió que a veces tampoco eran tan fácil ser amigo de Jimmy: por ejemplo, el día en que estuvo con él y con Geraldine Page en un café. En determinado momento Jimmy miró a Geraldine y a William y les dijo: «Voy a que me quemen.» Cuando Geraldine hizo ver que no le entendía, Jimmy explicó que en ciertos bares del West Side la gente apagaba los cigarrillos en el cuerpo del que lo deseara. A Geraldine se le subieron los colores a la cara, y Bill no estaba menos avergonzado. «Él no iba nunca a los bares de cuero del West Side –afirma Fox–. Esto es ridículo, Jimmy simplemente estaba bromeando. Le gustaba escandalizar a la gente. No vi ninguna quemadura en su cuerpo cuando le hice algunos esbozos, y estaba completamente desnudo, si exceptuamos los calzoncillos.»

La noche del estreno de "El inmoralista", después de llevar a cabo aquella memorable actuación de la que Billy Rose le sabía muy capaz, Dean buscó a Rose entre bastidores y le comunicó que dejaba la compañía, tras las dos semanas de aviso que se consideraban de rigor en estos casos. La noticia causó una sorpresa general. Jimmy abandonaba justo cuando había conseguido superarse y ofrecer su mejor actuación desde la prueba en el despacho de Rose.

Lo que nadie sabía en ese momento, lo que no se haría público hasta más tarde, es que Jimmy no se retiró de la obra por desavenencias con alguien de la compañía, sino porque Elia Kazan le había ofrecido el papel de actor principal en la adaptación de la novela de John Steinbeck "Al este del Edén" que preparaba para la Warner Bros. Kazan no había recibido aún el visto bueno del estudio, pero se sentía tan seguro de su influencia en el mismo que no dudó en comprometerse con Jimmy. Ambos emprenderían pronto el camino de California para empezar el rodaje. Para Jimmy iba a ser su primer papel estelar en una película. Así que cuando se despidió de "El inmoralista" –la escena entre bastidores con Rose le debió producir, seguro, cierto placer– sabía perfectamente que su retirada de la obra significaba un gran paso adelante en su carrera.

Tras cumplir con una última obligación –actuar junto con Anne Jackson y Eli Wallach en una lectura escénica de "Las traquinias" de Sófocles, según la traducción de Ezra Pound, que tuvo lugar la noche del 17 de febrero en la Nueva Escuela de Investigación Social de Manhattan–, y efectuar el 23 de febrero su última intervención en "El inmoralista", Jimmy estaba listo para regresar a California. El 8 de marzo, a primera hora de la mañana, Kazan fue a recogerle a su apartamento. Cuando salió de él, Jimmy llevaba todas sus pertenencias en dos bolsas de la compra atadas con un cordón. Lleno de entusiasmo, aunque algo nervioso, se sentó junto a Kazan en el asiento trasero de una limusina. En el aeropuerto, Jimmy subió a un avión por primera vez en su vida y, antes de que pudiera darse cuenta, el avión se deslizaba por la pista de despegue, aumentaba súbitamente de velocidad y despegaba rumbo a California.

CAPÍTULO 5
JAMES DEAN

1

Mientras el avión descendía sobre Los Ángeles, Jimmy contemplaba por la ventanilla los kilómetros y kilómetros de casas que se extendían a sus pies. Se sentía como una persona totalmente distinta a la que había dejado el lugar dos años y medio antes. Y lo era. En la época en que había dejado Los Ángeles para ir a Nueva York, aún estaba involucrado con Rogers Brackett, alguien que en esencia no hacía sino restringir sus posibilidades. Ahora Jimmy estaba volando de regreso a la ciudad (en un asiento de primera clase, pagado nada menos que por Warner Bros.) en compañía de Elia Kazan.

En cierto modo, todo había ocurrido muy rápido. A principios de 1954, Kazan estaba en Nueva York dirigiendo "Té y simpatía" en Broadway, aparte de trabajar en el montaje de *La ley del silencio* ("On the Waterfront"), su última película, cuando empezó a pensar en la adaptación de "Al este del Edén". En aquel momento de su carrera, Kazan era el director más cotizado del mundo del espectáculo. En los últimos años había dirigido a Montgomery Clift en "The Skin of Our Teeth" y a Marlon Brando en "Un tranvía llamado deseo" en Broadway, había ganado el premio Tony por "All My Sons" en 1947 y por "La muerte de un viajante" en 1949, así como un Oscar por *La barrera invisible* ("Gentleman's agreement") en 1947. Estaba tan altamente considerado como director, que cuando le dijo a Jack Warner que quería adaptar la novela de Steinbeck, Warner le concedió un presupuesto sin límites, libertad total para el reparto, así como para el montaje final de la película. A principios de 1954, Paul Osborn, el escritor que trabajaba en el guión para *Al este del Edén,* convenció a Kazan para que fuera a ver la actuación de Dean en "El inmoralista", y Kazan, que ya conocía a Dean del Actors Studio, quedó tan impresionado que lo llamó inmediatamente para una reunión en el despacho de la Warner Bros.

en Nueva York. «Se parecía al personaje de *Al este del Edén* y hablaba igual que él –recordaría Kazan–. Cuando entró en el despacho, supe inmediatamente que era perfecto para el papel. Era cauteloso, huraño y suspicaz, y parecía tener una enorme cantidad de sentimientos escondidos.»

Después de aquel encuentro, que acabó cuando Jimmy se llevó a Kazan a dar un paseo en moto, el director le mandó a que le conociera Steinbeck. «Es Cal», le dijo Steinbeck a Kazan por teléfono, en cuanto Jimmy dejó su apartamento. Y así fue como Warner Bros. anunció la adjudicación del papel a Dean el 6 de marzo, dos días antes de que Dean y Kazan tomaran el avión que había de llevarles a Los Angeles, aquel avión en el que, en ese momento, estaba Jimmy regresando a la ciudad donde había muerto su madre, donde aún vivía su padre y donde él esperaba convertirse finalmente en la estrella que siempre había deseado ser.

Kazan poseía un hábito que no tenían muchos directores. Como parte de la preparación para el rodaje, le gustaba averiguar todo lo que pudiera sobre las vidas privadas de las estrellas. En el plató, cuando necesitaba provocar una emoción en un actor, acostumbraba a mencionar algún episodio de la vida privada de este, para hacerle responder como quería. Había utilizado esta técnica eficientemente con Brando, mientras trabajaron juntos tanto en Broadway como en el cine. Cuanto mejor conocía los pensamientos y emociones del actor, más podía provocar el tipo de respuestas que quería obtener para un personaje en una escena determinada.

En el poco tiempo que lo había conocido, Kazan había hecho lo imposible para aprender todo lo que pudiese sobre la vida de Jimmy. Así que se alegró cuando en el aeropuerto, al entrar en la limusina, este quiso saber si podían parar un momento en el hospital para ver a su padre. En el hospital, Jimmy fue a buscar a su padre y lo llevó a que conociera a Kazan, quien, cuando los vio a los dos juntos, quedó pasmado por la manera en que Winton trataba a su hijo. Era obvio que Jimmy estaba presumiendo de acompañar a un famoso director, para que su padre supiera que realmente había triunfado como actor. Pero Winton no parecía estar impresionado. Frío y distante, parecía casi molesto de que Jimmy lo hubiera ido a visitar. Según escribiría Kazan, «había mucha tensión entre los dos, y no era nada positiva. Me percaté de inmediato que al padre no le gustaba su hijo».

Desde su punto de vista de director, Kazan no podía sentirse más satisfecho. Una de las principales líneas argumentales de *Al este del Edén* tiene que ver con Cal, el hijo que intenta desesperadamente ganarse el amor de su padre, un hombre severo y puritano, de firmes convicciones morales. Mientras esperaba frente al hospital que Jimmy regresara de acompañar al padre, Kazan llegó a la conclusión de que rara vez había visto una relación padre-hijo tan tensa como la de Winton y Jimmy. De repente, Kazan supo que, aunque solo fuera por los problemas con su padre,

Jimmy iba a interpretar el papel de Cal con asombrosa autenticidad. Por desgracia, Jimmy no era tan consciente de ello como Kazan. Había visto a su padre tan reservado como de costumbre, a pesar de que regresaba a California para protagonizar una importante película que iba a ser distribuida por la Warner Bros. y dirigida por el director más admirado de la industria del espectáculo. Estaba claro que su indiscutible éxito profesional no iba a granjearle el afecto de su padre. Jimmy estaba a punto de llegar a la conclusión –y por buenas razones– de que nunca conseguiría la aprobación de Winton. «Yo creía que Jimmy era un chico extremadamente grotesco, un chico desquiciado –dijo Kazan acerca de esta relación entre padre e hijo–, pero a medida que fui conociendo a su padre, a medida que fui aprendiendo cosas sobre su familia, me di cuenta de que [a Jimmy] lo que le había desquiciado había sido, precisamente, la carencia de amor.»

Finalmente Jimmy solo pasó una noche en Los Ángeles. Puesto que se suponía que Cal era un chico de campo de sana apariencia y no un pálido y urbano neoyorquino, Kazan le envió al desierto para que se broncease. También le dijo que debía engordar unos cinco kilos. Así que a la mañana siguiente de llegar a Los Ángeles se levantó temprano y se dispuso a conducir hasta el desierto. Antes de irse de la ciudad, hizo sin embargo una visita a alguien que probablemente no esperaba verlo nunca: Bill Bast.

Tras la escena que tuvieron Bill y Jonathan en Jerry's Tavern de Nueva York, aquél parecía haberse conformado con el hecho de que su relación con Jimmy hubiese terminado para siempre. Cuando Bill se mudó a Los Ángeles, pensó que con ello ponía punto final a lo que aún quedase de la relación. Pero allí estaba él, la última persona que Bill esperaba encontrar en la puerta de su casa cuando fue a abrir aquella mañana. Bill le invitó a entrar para charlar un rato. Lo primero que hizo Jimmy fue contarle que había conseguido el papel de protagonista en *Al este del Edén* y que para ello necesitaba un buen bronceado. Le propuso a Bill que fuera con él al desierto. Bill, tras reflexionar un poco, accedió a acompañarle. Daba la impresión de que si Jimmy se introducía en la vida de alguien, se quedaba en ella mientras le diese la gana, hasta que él decidía salir. Al parecer, Bill no tenía ni voz ni voto en la cuestión. Así pues, hizo la maleta y ambos fueron a una agencia para alquilar un coche. Poco después se dirigían al este, hacia Palm Springs.

Jimmy y Bill permanecieron en el desierto una semana, durante la cual Jimmy se ocupó diariamente de su bronceado. Después regresaron a Los Ángeles para que Jimmy pudiese entrevistarse con Dick Clayton, el agente de Famous Artists que, a instancias de Jean Deacy, se iba a encargar de representarlo en la costa Oeste.

En su primer encuentro, Clayton y Jimmy trataron diversos asuntos, desde dónde iba a residir hasta los términos del contrato con Warner Bros. Para empezar,

Jimmy ganaría mil dólares a la semana. Los estudios, puesto que Jimmy se encontraba prácticamente sin blanca, consintieron adelantarle setecientos dólares que devolvería a razón de cien dólares a la semana. De hecho a Jimmy le ofrecieron un contrato habitual para alguien en su situación, es decir, la de un actor protagonista que aún no estaba del todo establecido en la profesión. Era un contrato significativamente mejor que el de los actores secundarios o que el de los que solo intervenían en una parte, pero también más sustancialmente inferior al de las estrellas ya consagradas, como Rock Hudson o Elizabeth Taylor. Estos se encontraban en la cúspide de la escala de salarios de Hollywood, y ganaban cien mil dólares por película. El 7 de abril, Jimmy firmó su contrato con la Warner Bros.

A principios de mayo utilizó sus recientes ingresos para comprar algo que siempre había deseado poseer, un coche deportivo. Concretamente seleccionó un MG rojo de 1953. Sería el primer coche deportivo de los cuatro que iba a comprar en los dieciocho meses siguientes, cada uno más veloz que el anterior.

El 17 de mayo, Paul Osborn terminó el guión definitivo de *Al este del Edén* y la película estuvo lista para el rodaje. El proyecto había recorrido un largo camino para llegar a este punto. Warner Bros. había comprado los derechos de la novela de Steinbeck en noviembre de 1952. Steinbeck había recibido 125.000 dólares por los derechos de libro y por escribir la adaptación cinematográfica, además de cerrar un acuerdo para cobrar el 25% de los beneficios si se hacía la película. La adaptación efectuada por Steinbeck, y que se basaba en la totalidad de su libro, no terminaba de funcionar a pedir de boca en términos dramáticos, por lo que se suspendió la producción de la película. Hasta que Kazan entró en ella y contrató a Osborn para escribir un argumento, basado solo en la última cuarta parte de la novela, el proyecto no empezó a parecer factible. La decisión de Kazan de utilizar solo la última parte del libro era un tanto arriesgada, pero también era evidente que, de esta forma, la historia se concentraba en el que era indiscutiblemente el conflicto más importante de la novela, la pugna entre los dos hermanos –Aaron y Cal– cuando rivalizan por conseguir el aprecio de su padre.

Mientras Osborn daba los últimos toques al guión, Kazan había tomado sus decisiones respecto al reparto. No había duda con respecto al papel de Cal, que era para Dean, aunque durante un tiempo Kazan había pensado en utilizarle como Aaron. Para este papel, Kazan escogió finalmente a un joven y atractivo actor que, a pesar de sus facciones oscuras, se asemejaba lo suficiente a Dean para que los dos pudieran pasar por hermanos. Se trataba de Richard Davalos, un recién llegado, que le arrebató el papel a otro desconocido, Paul Newman.La decisión no fue fácil. Kazan incluso llegó a disponer que Newman y Dean hiciesen una prueba de cámara juntos, pero finalmente Paul Newman perdió ante Davalos porque Kazan creía que la combinación de este y Dean funcionaba mejor.

Quedaban dos grandes papeles, el del padre y el de la mujer joven, Abra, que se convierte en objeto de afecto para los dos hermanos. Aunque los resultados de la prueba que Dean y Joanne Woodward realizaron juntos fueron espléndidos, Kazan prefirió dar el papel a Julie Harris, un miembro del Actors Studio cuyo talento admiraba profundamente. En general, Kazan prefería a las actrices concentradas e introvertidas en vez de las que, según él, eran extrovertidas con sus emociones. Ya se había peleado con Tennessee Williams, por ejemplo, sobre si debía escogerse a Barbara Bel Geddes (su favorita) o a Tallulah Bankhead (la de Williams) para la puesta en escena de "La gata sobre el tejado de zinc" ("Cat on a Hot Tin Roof"), una disputa que ganó Kazan.

Julie Harris era mucho más del estilo de Kazan que Woodward. De todos modos, da qué pensar lo distinta que habría sido la película, si Kazan hubiera dado estos papeles a los jóvenes actores Paul Newman y Joanne Woodward, que por aquel entonces aún no estaban casados.

En cierta forma, el papel clave del guión era el del padre. Después de haber considerado seriamente a un grupo de actores mayores, entre ellos Gary Cooper, Kazan seleccionó a Raymond Massey, un actor veterano de Hollywood, conocido por su conservadurismo social y político, así como por sus profundas creencias religiosas. En una comunidad como la de Hollywood, que no destacaba por su religiosidad, Massey era un tipo raro. Sin embargo, al tomar esta decisión con respecto al reparto, Kazan demostraba saber lo que hacía. Estaba claro que Dean, rebelde y bohemio, chocaría con Massey, íntegro y patriarcal, justamente como se suponía que el hijo y el padre de la historia debían hacerlo.

Con la última copia del guión acabada y el reparto decidido, Kazan empezó a rodar *Al este del Edén* el 27 de mayo en Mendocino, el pueblo que debía pasar por Monterrey en la película. Él, los actores y todo el equipo vivían en el Little River Inn, cinco kilómetros al norte de Mendocino, en un pueblo llamado Little River. Jimmy ocupaba la habitación número 8. Durante su estancia padeció un grave acceso de urticaria, y tuvo que ser atendido por la propietaria, una tal señora Reynolds. De hecho, la afección fue tan severa que Jimmy tuvo que guardar cama durante varios días, y hubo que suspender el rodaje.

Jimmy hizo uso asimismo de otras tretas más sutiles para retrasar el rodaje, porque quería ganar tiempo para estar en las mejores condiciones de poder ofrecer la actuación que Kazan requería para la película. Puesto que trabajaba guiado por puro instinto, Jimmy necesitaba tiempo para organizar cada escena, por corta que fuera. Además, como esta era su primera película, no estaba acostumbrado a un trabajo tan exigente, y a veces necesitaba más tiempo del habitual para prepararse. Kazan era paciente. No tenía otra alternativa. Era consciente de que la película solo tendría éxito si Dean ofrecía una actuación digna de pasar a la historia. Así pues, tanto él como el resto del equipo esperarían el tiempo que fuera necesario. Se vieron también obligados a acostumbrarse a otra de las idiosincrasias de Dean, su incapacidad –tal vez fuera simple renuncia– de interpretar una escena dos veces de la misma manera. Aunque Massey se quejaba amargamente –«Que lea el texto como está escrito», exigía–, Kazan prefería dar a Dean la libertad que éste necesitaba para desarrollar su personaje de esa manera que únicamente él sabía hacer.

El 4 de junio la compañía se trasladó a Salinas, un pueblo del norte de California, no muy lejos de la península de Monterrey. En Salinas, Kazan rodó la mayoría de las escenas al aire libre, especialmente aquellas que se desarrollaban en los campos de legumbres. En la película, Cal se dedica a invertir en diferentes productos, especialmente en las legumbres, que acaban viendo incrementado su valor debido a la Primera Guerra Mundial. En una escena terriblemente trágica, Cal utiliza el dinero que gana con la venta de las legumbres para comprar el amor de su padre. El padre rechaza el dinero... y a él. Quizás una de las secuencias más memorables de la película en su montaje definitivo sea la que muestra a Cal echado en tierra, rodeado de campos de alubias, preguntándose si estas crecerán lo suficiente para poder venderlas y ganar así el dinero que él sigue considerando imprescindible para comprar el amor de su padre (los acontecimientos demostrarán que está equivocado con respecto al dinero).

En alguno de estos planos, podemos ver a Jimmy contemplar ansioso los diminutos brotes. Si algo sabía Jimmy, era lo difícil que resultaba ganarse el amor de un padre.

El 12 de junio la compañía volvió a trasladarse, esta vez a los estudios que la Warner Bros. tenía en Burbank, donde se había instalado un completo parque de atracciones. Aunque allí la mayoría de escenas se rodaba durante la noche, Dean corría a encontrarse con sus amigos en cuanto podía escaparse del plató el tiempo suficiente. Tan pronto como Kazan se enteró de lo que sucedía, puso fin inmediatamente a estas andanzas; de ninguna manera iba tolerar que Jimmy perdiese, ni siquiera en lo más mínimo, su concentración en la película. Le obligó, pues, a dejar el pequeño apartamento que él y Davalos habían alquilado cerca del estudio, en el 3908 de la avenida Olive, y le hizo mudarse a otro apartamento dentro de las instalaciones de la Warner Bros. Para asegurarse de que todo iba bien, Kazan incluso se aseguró de que este apartamento estuviera directamente frente al suyo. De esta manera, siempre podía vigilarle.

Durante el rodaje de *Al este del Edén,* el departamento de publicidad de Warner Bros. y los representantes de Jimmy, especialmente Dick Clayton, empezaron a pensar en cómo generar la publicidad necesaria tanto para el lanzamiento de su carrera como para convertir la película en un éxito financiero. En Hollywood, la mejor manera de que la foto o el nombre de un actor apareciese en una revista era que tuviera un romance. Warner Bros. quería presentar a Jimmy ante el público precisamente como todo un galán romántico. Tenía que poseer un aire inquietante, eso sí, pero sobre todo era necesario que se convirtiera en el novio soñado, con el que todas las chicas de América pudiesen fantasear. Clayton estaba empeñado en que el público considerase a Jimmy viril, macho y heterosexual. Para conseguirlo, se decidió que Jimmy tenía que empezar a salir con actrices jóvenes y atractivas.

Cuando empezaron a barajarse nombres de parejas potenciales, el de Pier Angeli surgió repetidamente. Era una hermosa y prometedora actriz que estaba rodando una película titulada *El cáliz de plata* ("The Silver Chalice") –Paul Newman consiguió un papel en ella después de ser rechazado en *Al este del Edén*–, que iba a estrenarse al mismo tiempo que la película de Jimmy. La combinación de Dean y Angeli parecía adecuada, especialmente cuando empezaron a ser fotografiados juntos. Sobre el celuloide, eran una pareja perfecta.

Su verdadero nombre era Anna Maria Pierangeli, y se la consideraba una de las nuevas revelaciones de Hollywood. Tenía una hermana gemela que también era actriz, pero la persona de su familia que más influencia tenía en su vida era su madre. De origen italiano y católicos devotos, los Pierangeli eran una familia tradicional. La señora Pierangeli era la consumada madre de artista que controlaba muy de cerca las vidas privadas de sus hijas, así como sus carreras artísticas. Al principio, pareció que la relación planeada entre Jimmy y Pier Angeli surtía el efecto deseado. «James Dean acaba de obtener el papel principal de *Al este del Edén* y no tardaremos en saber de él. Pier Angeli, que no aparece en la película, ya lo ha descubierto», se decía en una nota de sociedad.

En otra revista se citaban unas curiosas declaraciones de Pier Angeli: «Jimmy es diferente. Le encanta la música. Le gusta escucharla con el corazón, como a mí. Tenemos mucho en común. Es maravilloso contar con alguien que te comprenda tan intensamente.» Pier Angeli nunca llegó a explicar qué quiso decir exactamente al tachar a Dean de «diferente», aunque la referencia a que Jimmy escuchaba la música «con el corazón» implica una sensibilidad que no era fácil de encontrar entre los principales galanes de Hollywood de aquella época.

Entre los conocedores del mundo del espectáculo, se sabía perfectamente la razón principal por la que el romance Dean-Angeli se pintaba de esa manera. «Las relaciones amorosas tan divulgadas de Jimmy con Pier Angeli son puramente platónicas –manifestaba un actor teatral del momento–, una simple tapadera para su homosexualidad.» Pero eso no impidió que la prensa contribuyese a crear un romance que pudo haber existido o no. «¿Cree que a la larga se casarán ustedes dos?», le preguntó en cierta ocasión un periodista a Jimmy. «Quién sabe», fue su respuesta. En otro momento, Jimmy le contó lo siguiente a un periodista respecto a su relación con Pier Angeli: «Sin complicaciones, es simplemente una buena chica, para variar. Quiero decir que, bueno, puedo hablar con ella y ella me entiende. No hay nada turbio, es sencillamente una amistad. Yo la respeto. Es intocable. Venimos de dos mundos muy diferentes. ¿Sabes?, es el tipo de chica que pones en una vitrina para mirarla. De todas maneras, a su vieja no le caigo bien. La verdad es que no la culpo.»

El verdadero nivel al que llegaron las relaciones entre Jimmy y Pier Angeli no está claro. Ninguno de los dos habló del asunto con sinceridad antes de morir (Pier Angeli murió en 1971), así que todo lo que queda son pruebas circunstanciales. Tal como salían en las fotografías, parecían sentirse realmente atraídos el uno al otro. Puede que incluso estuviesen enamorados. Si lo estaban, el romance se desarrolló con tanta rapidez que es difícil imaginar que su amor pudiera ser duradero o sustancial. De todos modos, sí que pasaban mucho tiempo juntos cuando no trabajaban. Jimmy incluso la presentó a varios de sus amigos, incluida Gene Owen. «Trajo a Pier Angeli a nuestra casa y pasaron con nosotros la mayor parte de un domingo –dice Owen–. Mi marido y yo íbamos a viajar pronto a Europa, y Pier Angeli hablaba de lo importante que era visitar Italia. Quería llevar a Jimmy allí. Ella parecía estar profundamente enamorada de él y él de ella. Pensé que era una relación sólida.» Puede que Jimmy se enamorase realmente de Pier Angeli e incluso puede que, una vez que hubieron intimado, pensara casarse con ella. A lo largo de los años, Jimmy había tenido algún ocasional encuentro sexual con mujeres. Con Barbara Glenn, la mujer a la que quiso que Jonathan Gilmore conociera aquella noche en Nueva York, incluso pudo haber tenido una relación completa. «Su atractivo sexual era tan poderoso –explicó Glenn tiempo después a un periodista– que había mucha gente persiguiendo a Jimmy, tanto hombres como mujeres. Pero nuestra relación física se mantuvo.» De hecho, Glenn pudo haber sido la única mujer con la que Jimmy tuvo una relación sexual prolongada, ya que normalmente sus contactos sexuales con mujeres se resumían a un encuentro de una sola noche o a un simple devaneo.

Un hombre joven, en período de adaptación a su sexualidad, no es infrecuente que experimente las relaciones sexuales con hombres y con mujeres. Lo que Jimmy decidió hacer una vez rotas sus relaciones con Pier Angeli –después de todo, esta fue la primera ocasión en que se suponía que había estado enamorado–, le tendría que haber indicado ya la verdadera naturaleza de su sexualidad. Si fuese heterosexual, y su relación con la actriz se lo tendría que haber demostrado sin lugar a dudas, habría intentado relacionarse con otra mujer. En cambio, unos meses después, se le vinculaba ya con uno de los homosexuales más notorios de todo Hollywood. Para ser justos con Jimmy, hay que decir de todas maneras que fue este joven el que tras ver unas fotos del actor en la prensa, se obsesionó con él. «Quiero pasar el resto de mi vida con James Dean», diría a uno de sus amigos, antes de dedicar todas sus energías a convertirse en el amante de Dean.

Mientras Jimmy y Pier Angeli salían juntos, el plan de rodaje de *Al este del Edén* seguía en pie. Para Jimmy, el acontecimiento más importante de este rodaje ocurrió el día en que Kazan invitó a su amigo Marlon Brando, que estaba rodando una película por los alrededores, a que visitara su plató. Naturalmente, Jimmy admiraba a Brando. «Marlon... fue muy amable con Jimmy –escribiría Kazan–. Era tanta la adoración que este sentía por él que en su presencia parecía penosamente encogido y torturado.» En una fotografía casual del encuentro, Kazan parece ausente, Brando sonríe con coquetería a la cámara y Julie Harris observa a Brando con admiración. En cambio, Dean tiene el cuerpo rígido por la tensión, la boca apretada por el nerviosismo y mantiene su mirada lejos de los tres, con los ojos fijos en la distancia.

Finalmente, el 9 de agosto de 1954 concluyó el rodaje de *Al este del Edén,* tras diez semanas de trabajo. Dean había hecho una inspirada y conmovedora actuación. La película le había dejado exhausto aunque lleno de entusiasmo. Sabía que había conseguido alcanzar un nivel de interpretación que le consolidaría como una importante y joven estrella.

No es de extrañar que, mientras estuvo inmerso en esa interpretación, los miembros del reparto y del equipo tuvieran impresiones contradictorias acerca de la misma. «Jimmy solo tenía que representarse a sí mismo –escribió Massey más tarde–. Pero era un papel difícil, incluso para un actor con experiencia. Dean, que en el fondo era un rebelde, abordaba cada escena con una propensión a buscar camorra, como si fuera un reto. El Método le había fomentado su espíritu truculento. Jimmy no se sabía nunca los diálogos antes de llegar al plató, no los dominaba cuando estaba ante la cámara y si alguna vez llegaba a dominarlos, entonces resultaba inaudible. Los tecnicismos más simples, como empezar cuando le daban la señal o encontrar su marca, le resultaban completamente ajenos.» Kazan recuerda similares fallos profesionales por parte de Dean. «Un par de semanas antes de finalizar el rodaje –escribe Kazan–, se empezó a correr la voz de que el muchacho de *Al este del Edén* iba triunfar por todo lo alto. Jimmy también había oído las noticias, y lo primero que noté fue que empezaba a tratar muy rudamente al viejecito encargado de los vestuarios. Le paré inmediatamente los pies.» Sin embargo, Julie Harris recuerda un aspecto más agradable de Dean. «Yo le tenía mucho cariño –dice–. Esperaba con interés nuestras escenas juntos, le admiraba y apreciaba su talento. En el contexto diario me sorprendía con su inteligencia, aunque no me sorprendía en absoluto que fuera brillante: esto era algo que yo ya sabía. Era una persona muy carismática, con la misma mezcla de atractivo sexual y gran inocencia que poseía Marilyn Monroe. Creo que este era el encanto de ambos, el hecho de que, curiosamente, no les afectaba su sexualidad y permanecían en la inocencia»

2

En agosto, una vez concluido *Al este del Edén*, Jimmy fue a Nueva York para aparecer en un episodio del *Philco Television Playhouse*. Aunque solo se quedó en la ciudad dos semanas, su vida personal se había visto alterada drásticamente cuando regresó a Los Ángeles. Si él y Pier Angeli habían tenido un idilio o estaban a punto de tenerlo, todo ello cambió cuando Jimmy volvió a Los Ángeles y Pier Angeli le dio la noticia de que iba a empezar a salir con otros hombres. Según los cotilleos de Hollywood de la época, a la madre de la actriz no le gustaba Jimmy porque lo consideraba descortés y desaliñado, una opinión que no difería mucho de la que Joan Davis se formó de él cuando Jimmy salía con Beverly Wills.

La señora Pierangeli tenía además otra objeción: Jimmy no era católico. No es improbable que, al igual que Joan Davis, la señora Pierangeli también hubiera oído alguno de los rumores que corrían acerca de la historia sexual de Jimmy. De ninguna forma hubiera permitido la señora Pierangeli que su hija se viera implicada, o quizá incluso casada, con un joven que se había acostado con tantos hombres como lo había hecho Jimmy. Sin importar las razones específicas, la señora Pierangeli ordenó a su hija que se distanciase de Jimmy. Y Pier Angeli la obedeció y empezó a salir con otros hombres.

Mientras la actriz seguía las órdenes de su madre, Jimmy tenía que salir a su vez con otras chicas, para que siguiera apareciendo su nombre en los periódicos. Normalmente, Dick Clayton o alguien de la Warner Bros. se encargaba de buscarle las novias. Una de ellas fue Terry Moore, una actriz entregada de forma obsesiva a la tarea de llegar al estrellato de Hollywood. En una foto del 22 de septiembre, Dean, que acompañaba a Moore al estreno de *Sabrina* en el cine Paramount vestido de esmoquin, aparece bastante incómodo al lado de ella, que se agarra fuertemente a su brazo mientras ofrece a la cámara su mejor –y más falsa– sonrisa de estrella de Hollywood en ciernes. En esta fotografía se nota a las claras que Dean sentía un profundo desdén por el proceso de fabricación de la imagen. Pero allí estaba con Moore, acompañándola al cine tan solo para poder ver su foto en el periódico.

A medida que pasaban los días, Jimmy y Pier Angeli se fueron viendo cada vez menos. Cuando fueron al teatro Pantages el 29 de septiembre para el estreno de *Ha nacido una estrella* ("A Star is Born"), ya no eran de ninguna manera la pareja perfecta que habían sido. A principios de octubre, ella le comunicó que había decidido casarse con Vic Damone, el conocido cantante. Jimmy se escandalizó. Le costó creerse lo que le dijo su amiga, no solo porque no tenía ni idea de que ella saliera en serio con Damone (ni siquiera de que lo conociera), sino porque Damone le parecía una elección realmente extraña. Claro que si la madre de Pier tenía algo que ver con ello (y es difícil imaginar que no lo tuviera), Damone parecía un opción lógica. Era agradable, tenía buen aspecto y encima era católico. Pero, aún más, era inequívocamente heterosexual. Se dijo, entre quienes le conocían, que Jimmy quedó destrozado por la ruptura de relaciones con Pier Angeli. En la mitología en torno a James Dean que se formó inmediatamente después de su muerte, se describía a la actriz, lo mereciese o no, como la mujer malvada que rompió el corazón de Jimmy. Según este argumento, Jimmy se convirtió en el amante despechado al que traicionó el único y verdadero amor de su vida.

En octubre, aunque Warner Bros. le acababa de renovar el contrato, Jimmy no se sentía muy seguro del desarrollo futuro de su carrera. Aunque *Al este del Edén* ya estaba bastante adelantada en su fase de posproducción, la película aún se encontraba demasiado lejos de su estreno como para que Dean se embarcara en una campaña publicitaría más importante que aquella en la que estaba ya metido, que consistía más que nada en dejarse ver en los estrenos junto a chicas como Terry Moore.

Hasta que se hubiera efectuado el último corte de *Al este del Edén*, Warner Bros. no estaba dispuesta a ofrecerle a Dean ninguna otra película. Metro-Goldwyn-Mayer pidió a Warner Bros. que le prestara a Dean para intervenir en *The Cobweb,* una película que dirigiría Vincente Minnelli, pero en la Warner se opusieron. No consideraron que la película fuera a beneficiar la carrera de Dean (MGM escogió a John Kerr en su lugar). Sin ninguna película en proyecto para el futuro inmediato, Jane Deacy y Dick Clayton empezaron a buscarle trabajo en televisión. A diferencia de otros muchos actores, el contrato que Dean tenía con el estudio le permitía aparecer en la televisión. Al mismo tiempo, Dean empezó a tomar clases privadas con Jeff Corey, en su casa de Los Ángeles. Incluso en aquellas clases, que eran informales en comparación con las del Actors Studio, Dean destacaba entre sus compañeros de estudios.

«Recuerdo uno de los ejercicios que hizo –dice Carol Easton, que era una actriz en ciernes en aquella época–. Todo el mundo estaba metido en el Método, y esta era una escena para dos compañeros de habitación. A Jimmy Dean se le dijo que su papel consistía en decirle a su compañero de habitación, que tenía problemas con la bebida, que dejase de beber. Iba a decírselo supuestamente porque estaba muy preocupado por él. Jimmy se preparó y cuando salió a escena actuó como un borracho. Yo creí, como todos los demás, que había entendido mal las instrucciones, ya que era el otro el que tenía que estar borracho. Lo que pasó fue esto. El compañero le preguntó a Jimmy por qué estaba borracho y Jimmy le dijo que iba a permanecer borracho hasta que él prometiera que iba a estar sobrio. Y así se hizo la escena, con un interesante matiz.»

En noviembre, Jimmy empezó a conseguir contratos en televisión. El día 9 obtuvo un papel estelar en *Padlocks*, un episodio de "Danger". Inmediatamente después, en un teatro abandonado en el centro de Los Ángeles, empezó a ensayar para otro programa de televisión, junto a Eddie Albert y una actriz que había sido niña prodigio –su más famosa película era *De ilusión también se vive* ("Miracle on 34th Street")–, pero que en aquellos momentos intentaba que se la tomara en serio como una actriz adulta, Natalie Wood. (Mientras rodaba *Al este del Edén,* Jimmy había conocido brevemente a Natalie un día en que ella, que estaba trabajando en un plató contiguo, fue al suyo para saludar a unos conocidos.) El nuevo programa, que pertenecía a la serie "General Electric Theatre", presentada por Ronald Reagan, era una adaptación del cuento de Sherwood Anderson titulado "I`m a Fool"; trataba sobre un joven granjero pobre que se hace pasar por rico para impresionar a una chica acaudalada. El papel de esta chica era el que debía interpretar Natalie Wood. Con dieciséis años y muy hermosa, Wood realizó un impresionante debut "adulto" en ese programa de media hora de duración retransmitido el 14 de noviembre. Curiosamente, fue Dean quien le dio su primer beso en la pantalla.

En el día de Acción de Gracias de 1954 Jimmy fue a casa de Keenan Wynn para la tradicional cena y para pasar una velada de conversación amistosa con otros invitados, entre los que se encontraban Rod Steiger, Jim Backus y Arthur Loew, Jr. El día 24, sin embargo, no fue tan agradable. Ese día, en la iglesia católica de St. Timothy, en West Pico Boulevard, en una ceremonia tan recargada que solo podía ser católica, Pier Angeli se casó con Vic Damone. La leyenda que se creó alrededor de lo que Dean hizo o dejó de hacer aquel día crecería a medida que pasaran los años. Se ha dicho que esperó montado en su moto, en un camino que había frente a la iglesia, y que arrancó ruidosamente cuando la pareja apareció en la puerta principal después de la ceremonia. Se dijo también que cayó en una profunda depresión los días siguientes a la ceremonia, cuando la realidad de lo ocurrido se le hizo evidente. No está claro, sin embargo, cuánto hay de verdad y cuánto de leyenda en todo esto, como con todo el resto de lo que pasó entre Pier Angeli y Jimmy.

Como su relación con la actriz había terminado, Jimmy decidió viajar a Nueva York durante las vacaciones. Antes de marchar, el día 12 rodó un episodio del "General Electric Theatre", titulado *The Dark, Dark Hour*. Una vez acabado este trabajo, se dirigió primero a Indiana, a pasar la Navidad en la granja de los Winslow, y luego a Nueva York. Mientras estaba allí, en el estudio de la calle Sesenta y ocho que aún tenía en alquiler, pese a vivir la mayor parte del tiempo en Los Ángeles, se relajó e hizo vida social con los amigos. Warner Bros., finalmente, fijó la fecha del estreno de *Al este del Edén* para marzo de 1955; así que Jimmy empezó a pensar en el tipo de publicidad que le gustaría para la película. La productora había colocado algunos pequeños anuncios en las revistas del mes de marzo, pero él quería algo verdaderamente impactante. Tenía mucho interés, por ejemplo, en aparecer en "Life", la principal revista norteamericana de la época. Para conseguirlo, le pidió a Roy Schatt que mandara a la revista alguna de las fotos que le había hecho. Cuando los editores las vieron, se pusieron en contacto con Schatt para decirle que, aunque les gustaban, querían algo más masculino. Por lo tanto, Jimmy y Roy decidieron hacer algunas fotografías que fuesen más apropiadas para la revista.

El día en que se reunieron para hacer la sesión fotográfica –29 de diciembre de 1954–, Jimmy se presentó despeinado y sin afeitar. Llevaba un andrajoso jersey negro de algodón con un agujero en el hombro derecho. Si "Life" quería que fuese masculino, iba a ser masculino de veras. Verdaderamente, su apariencia era tan sombría y tan dura que resultaba incluso amenazadora. A medida que Roy iba tomando las fotos, Jimmy iba sintiéndose cada vez más desinhibido. A esas alturas, con una película e incontables programas de televisión a sus espaldas, se encontraba perfectamente cómodo delante de una cámara. Era tal su confianza en Roy, como amigo y como fotógrafo, que ante él dejó que surgiera su dureza y su lado sexual. Además, Jimmy debía saber lo que se traían entre manos, ya que, después de una toma en concreto, le preguntó a Roy: «¿No te recuerdo el David de Miguel Ángel?» Y Roy estuvo de acuerdo en que así era.

Las fotografías que resultaron de esta sesión serían de las más misteriosas y sensuales que jamás se obtendrían de Dean. Foto tras foto, fijaba sus entreabiertos y seductores ojos en la cámara, como si estuviese mirando a un amante. En alguna de ellas, aparece estirándose el cuello del jersey con la mano y permitiendo que se vislumbre la parte superior de su pecho desnudo. En otra, con la cabeza inclinada y una mueca en el rostro, parece estar diciendo, «¡Oh, cómo me gusta! », como si tuviera un orgasmo. Si alguna vez alguien ha hecho el amor con la cámara, este fue Dean durante esa sesión de fotografía. Dos días después, él y Roy aún hablaron de lo bien que había ido durante la celebración de la Nochevieja en casa del fotógrafo, junto a otros amigos de Jimmy, entre los que se encontraban Marty Landau, Eilly Gunn y Bobby Heller. Poco después, Roy presentó las fotos a "Life". Mientras esperaba la decisión de la revista, acudió con Jimmy a los ensayos de *The Thief*, un episodio de "The U.S. Steel Hour" que Deacy le había conseguido al actor. Durante los ensayos, Roy tomó más fotos de Dean, captándolo en un estado completamente distinto al que había exteriorizado en su estudio. Varios días después, los editores de "Life" rechazaron las fotos. Eran demasiado descaradas y agresivas en comparación con las que acostumbraba a publicar la revista, dijeron. Aparentemente, en su intento de satisfacer a los editores para procurar que Jimmy resultase más masculino, los dos amigos habían ido demasiado lejos.

En cuanto se transmitiera *The Thief* el 4 de abril de 1955, Jimmy tenía que regresar a Los Ángeles inmediatamente. La Warner Eros. estaba a punto de decidir en qué película iba a intervenir a continuación. Era muy posible que le adjudicaran un proyecto dirigido a los jóvenes, titulado *Rebelde sin causa*. Y no menos importante era que Kazan hubiese finalizado el montaje de *Al este del Edén,* de modo que la película estaba preparada para pasar las pruebas de público. Los primeros avances publicitarios también habían hecho su aparición. A nadie le iba a sorprender que fuera Jimmy el que saliera más beneficiado con la publicidad.

En enero, "Look" publicó "Predicciones", una columna que presentaba a las nuevas estrellas de 1955. Una de ellas era Dean, quien, según decía la revista, «será el descubrimiento más dinámico que se ha hecho desde Marlon Brando». En febrero, "Vogue" mencionó a Dean en una columna, titulada "Los nuevos éxitos". En ella lo describían como «delgado, intenso y con una proyección tan poderosa que siempre destaca». Asimismo, la revista sostenía que Dean –al que consideraba el gran descubrimiento de *Al este del Edén*– «estaba de moda». Aquel mismo mes, "Cosmopolitan" publicó un artículo de Louella Parsons, titulado "James Dean: nueva cara con futuro". Tras decir que Dean «pertenece a la escuela de interpretación de Marlon Brando y Montgomery Clift, un grupo de actores profesionalmente sucios, maleducados y poco convencionales que –tanto en el este como en el oeste– florecen bajo la brillante dirección de Elia Kazan», Parsons comentaba: «No nos será fácil olvidarnos de Dean en el papel de Cal; ni de la originalidad, la fuerza y el realismo con que interpreta este personaje tan sumamente complejo.»

Para el artículo, Dean había concedido a Parsons una entrevista a la que, según hizo notar la escritora, llegó dos horas tarde y con «un grueso jersey morado, caído de hombros, y pantalones de montar rotos en las rodillas». Cuando le preguntó sobre su interpretación, él le dijo: «Puedo hacer de príncipe, si es necesario. Pero no puedo desviarme de mi papel y convertirme en un ser humano sociable cuando trabajo en un personaje como Cal, que es esencialmente demoníaco.» En una revista de fans, Parsons fue incluso mas lejos en su apreciación de Dean: «Garantizo que este actor veinteañero de Broadway hará furor esta temporada, cuando se le haya visto en *Al este del Edén.* Es lo que Dean proyecta en la pantalla lo que me hace elegirlo de entre los nuevos actores aspirantes al estrellato en 1955. Se trata de un gran actor joven. Preveo una larga y brillante carrera para este recién llegado a las pantallas.» A pesar de tanta alabanza, Parsons no pudo resistir la tentación de añadir una coda: «Vamos, señor Dean –escribió–, ¿por qué no dejamos esa pose Brando?»

A medida que se iba poniendo en marcha la campaña publicitaria, la Warner Bros. organizó algunos pases privados de *Al este del Edén* en cines situados en los alrededores de Los Ángeles. Nicholas Ray, un veterano de Hollywood, había sido escogido para dirigir *Rebelde sin causa,* y en una fiesta celebrada en la suite de Ray, en el Chateau Marmont, un domingo por la tarde, Jimmy conoció a un joven y atractivo fotógrafo de pelo negro, llamado Dennis Stock. Jimmy lo invitó a uno de los pases privados de *Al este del Edén.* Durante la proyección de la película, Dennis permaneció inmóvil en el asiento del cine de Santa Mónica, hipnotizado por la actuación de Jimmy. Al terminar la sesión, Dennis corrió hacia la calle y se encontró con Jimmy en un callejón, montado en su moto. Le dijo lo impresionado que estaba por su actuación y le pidió que le dejase hacer un estudio fotográfico de él. Jimmy le contestó que se lo pensaría.

A la mañana siguiente, mientras desayunaban en Googie's, un conocido punto de reunión entre los jóvenes actores, situado junto al *drugstore* de Schwab, en el Strip, Jimmy y Dennis conversaron sobre gran variedad de temas. Después de que Jimmy pagase el desayuno, salieron al aparcamiento. «Sube –le dijo el actor señalando su moto–, vamos a las colinas. Mi agente tiene una casa con una vista preciosa, y allí podemos hablar.» Dennis, fuertemente sujeto a la cintura de Jimmy, se dejó llevar a toda velocidad hacia Hollywood Hills, entre el intenso tráfico. En casa de Dick Clayton se sentaron en el patio, desde donde podían contemplar las colinas mientras hablaban. Invirtieron las siguientes cinco horas enfrascados en una intensa conversación, para ponerse de acuerdo sobre cómo debía ser el estudio fotográfico de Dean que Dennis había propuesto. Dennis tomaría fotos de él en Los Ángeles y luego ambos viajarían a Fairmount y a Nueva York, donde seguiría fotografiándolo. El estudio mostraría la procedencia de Dean, la nueva y joven estrella. Dennis estaba convencido de que "Life" se interesaría en el proyecto, lo cual constituía un acicate para Jimmy. Después del fracaso de Roy con la revista, Jimmy esperaba que Dennis, que por algo trabajaba con una agencia tan prestigiosa como "Magnum", tuviera mejor suerte. Así que estuvo de acuerdo.

Dennis recibió una semana después el consentimiento de "Life" y empezó a tomar fotos de Jimmy. Lo estuvo siguiendo por todo Los Ángeles durante unos quince días. El único inconveniente que se interpuso en la buena marcha del proyecto fue la insistencia de Jimmy de aparecer en portada. Como Dennis ya sabía que Jimmy no era aún tan famoso como para salir en la portada de "Life", ni siquiera había tratado el asunto con los editores de la revista, aunque había preferido decirle a Jimmy que sí lo había hecho y que aquellos se habían negado. Jimmy estuvo de mal humor durante un par de días, pero deseaba tanto salir en "Life" que se conformó con que sus fotos aparecieran en una de las secciones normales. Durante la primera semana de febrero de 1955, Jimmy y Dennis se fueron finalmente a Indiana.

En Fairmount, Dennis tiró un carrete tras otro; en la granja, en el pueblo, en el cementerio local, en la tienda de motocicletas, en la granja de los Winslow, en su antiguo instituto, donde posó sobre el escenario en el que había actuado por primera vez. El punto culminante del viaje fue la aparición de Jimmy como invitado de honor en el baile de los enamorados que se celebró el día de San Valentín en el instituto de Fairmount. En aquella velada, Jimmy hizo su aparición tocando los bongos con el grupo musical George Columbus Combo. Pero lo más emocionante para Jimmy fue que los alumnos del instituto le trataron como si fuese una celebridad. Aunque *Al este del Edén* no se había estrenado aún, ya se había corrido la voz de que la película iba a convertir a Jimmy en una gran estrella de Hollywood. No es extraño, pues, que todos los adolescentes hicieran cola para que Jimmy autografiase sus entradas del baile. Dennis no paraba de disparar la cámara, lo que no pasó desapercibido entre los jóvenes. Jimmy Dean debe estar en camino de hacerse importante, debieron pensar. Estaba siendo fotografiado para la revista "Life".

De todas las fotos que Dennis le hizo a Jimmy en Fairmount, una secuencia en especial acabaría siendo particularmente escandalosa. Un día a Jimmy se le ocurrió la idea de hacerse unas fotos en una funeraria. Escogieron la funeraria Hunt y cuando llegaron al lugar Dennis empezó a fotografiarle en el salón donde se guardaban los ataúdes nuevos. De repente, Jimmy abrió uno de ellos y se metió dentro. Quería que Dennis le hiciera unas fotos sentado en él. Para no restarle espontaneidad al actor, Dennis siguió fotografiándolo. La mayoría de los habitantes de Fairmount ya habían expresado su preocupación por la forma en que había cambiado Jimmy. Después de todo, nadie en el lugar se atrevía a llevar tejanos con una chaqueta, como él. Pero lo que no podían esperar es que Jimmy Dean estuviera tan loco como para hacerse una foto en un ataúd de la funeraria. La idea parecía una total falta de respeto, como si de alguna manera se estuviera burlando de algo tan serio como la muerte. No cabía la menor duda: Jimmy Dean ya había sido un chico raro mientras crecía en Fairmount, pero Hollywood le había dado una gran extravagancia.

Poco después del día de San Valentín, Jimmy y Dennis dejaron Fairmount para dirigirse a Nueva York. Dennis continuó allí fotografiando a Jimmy: en Times Square, en la calle, en su apartamento, en el despacho de Jane Deacy con su contable, en el Actors Studio, con Geraldine Page en el camerino del teatro, con Eartha Kitt en su estudio de danza...

Por aquel entonces, cuando no estaba haciendo algo relacionado con su carrera profesional, Jimmy se reunía con sus amigos (él y Dick Davalos organizaron una fiesta en el Club 21), pero su vida social era secundaria. Lo más importante era su carrera. De todas las actividades relacionadas con el espectáculo, quizá la más destacada tuvo lugar el día en que Howard Thompson, un reportero del "Times" de Nueva York, le entrevistó en casa de Deacy. Thompson empezó preguntándole si había leído alguna vez la novela "Al este del Edén".

«No, no la he leído –dijo Jimmy–. Tal como yo trabajo, prefiero basarme más en la adaptación que en el original. De todas formas presentí nada más empezar que no tendría ningún problema –o por lo menos, no demasiados– con esta caracterización, porque entendí el papel inmediatamente. Sabía también que si tenía algún problema con la personalidad del chico, no tenía más que acudir a Kazan.» Cuando Thompson le preguntó cómo había llegado a ser actor, Jimmy encendió un cigarrillo y empezó a pasearse por la habitación.

«Para mí –dijo–, actuar es la manera más lógica de manifestar las neurosis, teniendo en cuenta la gran necesidad que tenemos de expresarnos. Según entiendo, el destino de un actor está escrito incluso desde antes de que salga de la cuna. Cualquiera de las habilidades que yo pueda tener cristalizaron... en el instituto, cuando intentaba demostrarme algo a mí mismo, demostrarme que lo podía hacer, supongo.»

Thompson le instó a que hablara más de su juventud. «Después de mi graduación –dijo Jimmy–, me fui a vivir con mi padre a Los Ángeles (mi madre murió cuando yo era niño) y solo por probar me apunté a un curso de Introducción al Derecho en la UCLA. Eso requería una cierta cantidad de histrionismo. Incluso ingresé en una fraternidad del campus, pero les rompí la nariz a un par de tíos y me echaron. Tampoco es que me gustase demasiado el derecho.» Jimmy dijo a continuación que «probó suerte en el cine». Y que luego Whitmore lo mandó a Nueva York a estudiar con Lee Strasberg, al que Jimmy describió como «un hombre increíble, una enciclopedia ambulante, con una gran perspicacia».

¿Y qué había de la diferencia entre Nueva York y Los Ángeles, que no en vano era una pregunta a la que todo actor debía contestar?

«Ocurre que me encuentro mucho más a gusto y más en paz aquí, en lo que a vivir se refiere. Nueva York es muy vital y, por encima de todo, fértil. Quizás en Hollywood son más difíciles de encontrar, pero estoy seguro de que en alguna parte, tras tanto ladrillo y argamasa, hay seres humanos que son igual de sensibles a la creatividad. Lo que tiene que hacer este pájaro (es decir, yo mismo) es no perderse.»

El 7 de marzo, se publicó en "Life" una selección de las fotografías de Dennis Stock. En el reportaje, titulado "Una nueva y melancólica estrella", la primera foto muestra a Dean sentado, en la granja de su abuelo. Vestido con traje y corbata, mira fijamente a la cámara. «Dean, vestido de domingo en la granja de su abuelo, lee como cuando era niño, después del catecismo dominical», decía el pie de foto. En las otras fotos se puede ver a Jimmy en la granja, junto a un cerdo; a Jimmy con Julie Harris; con su abuelo; con Geraldine Page en un camerino; sentado en una silla en el escaparate de una tienda de muebles cercana al Rockefeller Center; entre el ganado en la granja de su abuelo; en la oficina de su agente, con los pies sobre la mesa, la cabeza inclinada y los ojos, tras las gafas, cerrados. Finalmente, la última fotografía: Jimmy camina por Times Square bajo la lluvia. Cubierto por un grueso abrigo negro, con un cigarrillo colgando de la boca y su rostro envuelto en sombras, dirige la mirada hacia su izquierda. La superficie acristalada del gran charco sobre el que camina se ve rota aquí y allá por pequeñas gotas de lluvia.

El 9 de marzo, dos días después de que "Life" publicara el reportaje, *Al este del Edén* fue estrenada oficialmente en el cine Astor de Nueva York. En la gala, cuyas entradas costaban cincuenta dólares cada una y cuya recaudación iba destinada al Actors Studio, hacían de acomodadoras diversas celebridades como Marilyn Monroe, Eva Marie Saint, Marlene Dietrich y Celeste Holm. La mayoría de las grandes figuras asociadas con la película asistieron al estreno: Jack Warner, Elia Kazan, John Steinbeck, Raymond Massey, Richard Davalos, Jo Van Fleet. Hubo una, sin embargo, que no lo hizo. Incapaz de soportar la tensión que generaba una ceremonia de este tipo, o al menos así lo dijo, Dean tomó un avión de regreso a Los Ángeles. «¿Por qué tengo que ir? –le había dicho a Christine White–. Sé que lo hice bien, y el que me lo diga la gente no haría más que abochornarme.»

El 10 de marzo, inmediatamente después de que se emitiera *The Life of Emile Zola,* correspondiente al programa "Lux Video Theater", Jimmy fue entrevistado en directo por la NBC. El 5 de abril, en "Look" se publicó una pequeña crónica de *Al este del Edén.* «La gran noticia de la película es el debut de James Dean –decía la revista–, quien de la noche a la mañana puede convertirse en una estrella... Debido a la semejanza de sus acrobáticos manierismos, Dean será inevitablemente comparado con otro actor de Kazan, Marlon Brando.» De entre todas las noticias generadas por el estreno de *Al este del Edén,* la más fascinante fue una entrevista que Winton Dean concedió a "Modern Screen". Cuando tuvo lugar el estreno de la película, el padre de Dean fue entrevistado –quizá la única entrevista de toda su vida–, pero la entrevista no se publicó hasta varios meses después. Winton Dean respondió con sinceridad a las preguntas.

«Mi Jimmy es un chico difícil de comprender. Al menos lo es para mí. Pero quizá sea porque yo no entiendo a los actores, y él siempre ha querido ser uno de ellos. Puede que sea también porque estuvimos separados durante mucho tiempo, desde que él tenía nueve años hasta que cumplió los dieciocho. Son años de formación, importantes, cuando un chico y su padre normalmente se hacen amigos. Jim y yo... bueno, nunca hemos tenido ese tipo de acercamiento. No es culpa de nadie, realmente. Fueron las circunstancias...

»Yo no sabía qué hacer. ¿Cómo le dices a un niño de ocho años que su madre se va a morir? Lo intenté. A mi manera, a mi torpe manera, intenté preparar a Jim para ese difícil momento.

»Hoy está viviendo en un mundo que no comprendemos demasiado bien, el mundo de los actores. No le vemos mucho. Pero es un buen chico, mi Jim. Un buen chico, del que estoy muy orgulloso. No es fácil de comprender, no, señor. Nada fácil de comprender. Pero es todo un hombre, y dejará huella. Créame, mi chico dejará huella.»

3

De los cientos de personas que vieron los pases privados de *Al este del Edén* en Los Ángeles, una de ellas, un joven actor llamado Jack Simmons, estaba a punto de convertirse en parte importante de la vida de Jimmy. A pesar de que Jimmy no lo conociera personalmente, era muy probable que hubiera oído hablar de él, ya que Jack era toda una institución en el mundillo homosexual de Los Ángeles. Uno de los bares favoritos de Jack era el Tropical Village, un club situado cerca de la playa de Santa Monica. A principio de los cincuenta, el TV Bar, tal y como lo llamaban los gay, era uno de los bares más populares de la ciudad. No era nada insólito ver allí a Rock Hudson y George Nader, objetos de constante chismorreo en el Hollywood de aquella época, bailando juntos en la pista. Los clientes habituales incluso los habían visto aparecer por el bar travestidos, lo cual no era en absoluto ajeno al carácter de la pareja, que regularmente daban fiestas de travestidos en su casa de Beverly Hills. Una vez, Jack Simmons intentó ligar con Jonathan Gilmore en el TV Bar, mucho antes de que Jonathan y Jimmy se hicieran amigos en Nueva York. «La primera vez que vi a Jack Simmons –dice Gilmore–, estaba frente al TV Bar en traje de baño. Y llevaba puesto un cinturón indio. Tenía una enorme nariz de gancho. Me persiguió pero no ocurrió nada.» Gilmore también recuerda que cierta noche, algún tiempo después, se encontraron en una fiesta, y que cuando él se fue, Jack salió corriendo detrás. Pero Gilmore se metió en su coche y se marchó.

Todo eso había sido en 1952. En la primavera de 1955, Jack Simmons ya vivía con James Dean, o mejor dicho, James Dean vivía con Jack Simmons. Jimmy había alquilado una casa en las colinas, cerca de West Hollywood –el barrio gay de Los Ángeles–, pero se quedaba a menudo en el apartamento de Jack porque estaba más cerca de los estudios.

Sería difícil precisar en qué momento se convirtieron en amantes. Jack era uno de los habituales de Googie's, entre cuyos clientes más famosos se encontraba precisamente Jimmy. Jack acostumbraba a salir con Maila Nurmi, una extraña mujer que se ganaba la vida interpretando el personaje de Vampira en un programa de la televisión local. Aunque esta también pertenecía al grupo de asiduos de Googie's, a Jimmy le sacaba de quicio. Puede que él también fuera un poco excéntrico, pero esa mujer lo era demasiado para su gusto.

De todas formas, a pesar de la amistad que había entre Jack y Nurmi, Jimmy se sentía atraído por el muchacho, y poco después de regresar de Nueva York y empezar el rodaje de *Rebelde sin causa,* inició con él una relación romántica. Lo más probable, sin embargo, es que fuera Jack quien intentase acercarse a Jimmy, ya que, después de ver las fotos del actor en el periódico y asistir a un pase de *Al este del*

Edén, dijo a sus amigos que estaba dispuesto a perseguir a Jimmy, a conseguirlo y a pasar el resto de su vida haciendo lo que a Jimmy se le antojara. Desgraciadamente para él, solo sus dos primeros deseos se realizaron.

Jimmy, con una situación económica algo más estable, decidió comprarse un par de artículos caros. El primero fue de índole práctica –una furgoneta Ford último modelo, de color blanco, con laterales de madera–, mientras que el segundo lo era todo, menos práctico: un Porsche Spyder Speedster descapotable 356 de 1.500 cc, blanco. Se decidió por esta marca y modelo porque recientemente se había empezado a interesar por las carreras, y con este coche era posible participar en ellas. De este modo, el 26 de marzo corrió en la Palm Springs Road Races, donde, con su Porsche, ganó la carrera preliminar y quedó segundo en la final. En ese momento de desarrollo profesional, ¿por qué se dedicaba a un deporte en el que arriesgaba la vida? «No se puede estar pensando en la muerte –le dijo a un amigo–. Si tienes miedo a morir, no hay sitio en tu vida para nuevos descubrimientos.»

Ya hacía algún tiempo que Dean venía haciendo campaña para obtener el papel de Jett Rink en la adaptación cinematográfica de la novela de Edna Ferber "Gigante", que George Stevens planeaba realizar para la Warner Bros. Al final, Jimmy consiguió el papel. Como el resto del reparto, se encontraba dispuesto para empezar el rodaje cuando surgieron complicaciones con las fechas en que Elizabeth Taylor, otra estrella de la película, iba a estar disponible, y se suspendió momentáneamente la producción.

Como el retraso parecía ir para largo, la Warner Bros. decidió permitir que Dean hiciera el rodaje de *Rebelde sin causa,* que originalmente había sido concebido por el estudio como un melodrama de bajo presupuesto, orientado a los jóvenes; un poco al estilo de *Semilla de maldad* ("Blackboard Jungle"). Esta película sobre la delincuencia juvenil acababa de estrenarse en 1955 y había sido un sorprendente éxito de taquilla.

El proyecto de *Rebelde sin causa* en Warner Bros. tenía una historia larga y complicada. En 1946, los estudios se habían gastado cinco mil dólares en adquirir los derechos del libro homónimo, escrito por Robert Lindner y publicado en 1944 por Grove Press, con la intención expresa de convencer a Marlon Brando para intervenir en el proyecto, pero este declinó la oferta. Años más tarde, en 1954, Nicholas Ray, un protegido de Kazan, conocido por dirigir películas como *Llamad a cualquier puerta* ("Knock on Any Door"), *They Live by Night, In a Lonely Place* y *Johnny Guitar*, entró en el proyecto de manera muy peculiar. Ray había escrito un guión que trataba los problemas de adolescentes y delincuencia juvenil en Los Ángeles, titulado "The Blind Run", que la Warner Bros. consideró suficientemente interesante y que de hecho adquirió. Pero como no les gustaba el título, decidieron cambiárselo por *Rebelde sin causa* (el argumento de la obra de Lindner, una dramatización de una serie de casos de adolescentes perturbados, no tiene nada que ver con el de la película que se rodó finalmente). Una vez que Ray fue contratado para dirigir la película, los estudios encargaron el guión a Leon Uris, que fue pronto reemplazado por Irving Shulman. Mientras tanto, Nicholas Ray, que había asistido a uno de los primeros pases de *Al este del Edén*, decidió que quería a Dean como protagonista y convenció de ello a la Warner Bros.

Aunque Shulman había hecho un buen trabajo con el guión, a Jimmy no le cayó bien y tuvo que ser sustituido. Ocupó su lugar Stewart Stern, un primo de Arthur Loew, Jr. y Leonard Rosenman. Por aquel entonces, Stern solo había participado en una película, pero se trataba de *Teresa,* el film que había hecho famosa a Pier Angeli y que había conseguido para Stern la nominación del Osear al mejor argumento. Stern tuvo que trabajar muy a fondo, pero acabó pronto la versión definitiva de *Rebelde sin causa,* al tiempo que Ray ultimaba el reparto.

Tan pronto se determinó que Dean interpretaría el personaje principal –el estudio tomó la decisión en marzo de 1955–, a Ray aún le quedaban por resolver otros dos papeles clave. Uno era Platón, un adolescente que se interesa por Jim Stark, el personaje de Dean; el otro era Judy, la contrapartida femenina de Platón. Para Judy, Ray escogió a Natalie Wood, la pareja de Dean en "I'm a Fool". Wood, que estaba contratada por la Warner Bros., había aparecido recientemente en *El cáliz de plata,* con Paul Newman y Pier Angeli. Sin embargo, lo más probable es que consiguiera el papel no por estos méritos ni por los adquiridos anteriormente como niña prodigio del cine, sino más bien por el hecho de que, en aquellos momentos, tenía una aventura con Nicholas Ray.

Para el papel de Platón, Ray seleccionó a Sal Mineo, un guapo quinceañero de facciones morenas que ya había aparecido en dos obras de Broadway ("La rosa tatuada" y "El rey y yo") y en dos películas, *Atraco sin huellas* ("Six Bridges to Cross") y *La guerra privada del mayor Benson* ("The Private War of Major Benson"). Una vez repartidos también los papeles secundarios –Jim Backus haría de padre de Stark, Ann Doran de madre y Corey Allen encarnaría a su adversario–, la película estaba lista para el rodaje.

El 23 de marzo se terminaron las pruebas de vestuario y el 28 empezó la filmación. Durante cuatro días, el director de fotografía, Ernest Haller, que había ganado el premio de la Academia por *Lo que el viento se llevó* ("Gone With the Wind"), e intervenido en *Jezebel, El cielo y tú* ("All This and Heaven Too") y *Alma en suplicio* ("Mildred Pierce"), filmó *Rebelde sin causa* en blanco y negro, pero cuando la productora vio que *Al este del Edén* era un éxito, decidió ascender de categoría a la película de Ray, que de serie B pasó a ser serie A, lo cual supuso que se haría en color. Contentos con el cambio, Ray y Haller se dispusieron a empezar de nuevo. Antes,

Jimmy hizo un cambio de vestuario. Originalmente había planeado llevar una chaqueta de cuero, pero ahora que la película se rodaba en color pensó que debería usar algo llamativo, por lo que escogió la chaqueta de nilón roja, que, a través de los años, se convertiría en uno de los símbolos de la película.

Durante el rodaje de *Rebelde sin causa* surgió toda una serie de idilios entre los componentes del reparto, algo que no es inusual en los proyectos cinematográficos. Se dice que Natalie Wood se enamoró de Jimmy. Fuera o no verdad, sí era obvio sin embargo que ella sentía un gran afecto hacia él (Sal Mineo dijo en una ocasión que Natalie vio *Al este del Edén* unas treinta veces o más). A pesar de ello, Jimmy no tuvo ninguna aventura con la actriz. Tampoco la tuvo con Mineo, aunque este contase a sus amigos que Jimmy y él se habían acostado. Cualquier relación física entre ellos tenía que haberse producido durante el rodaje de *Rebelde sin causa,* ya que Jimmy no conocía a Sal Mineo antes de empezar la filmación y no le volvió a ver una vez hubo terminado este. Corrieron rumores durante el rodaje de que ambos tenían un idilio; a Roy Schatt le llegaron incluso a Nueva York.

La verdad es que era poco probable que Jimmy se hubiera acostado con Sal. Lo más seguro es que este se obsesionara con Dean. Mientras trabajó en *Rebelde sin causa,* Jimmy no se relacionó con nadie más que con Jack Simmons. De hecho, incluso le consiguió a este un pequeño papel en la película. En su columna de crónicas de sociedad, Sidney Skolsky, cuya hija intervenía en la película como miembro de la banda de jóvenes, daba una serie de pistas sobre la relación entre Jack y Jimmy. «Jack está siempre rondando por el plató –escribió Skolsky–. Le trae a Jimmy café o un bocadillo, o lo que a este se le antoje. Además, le hace las veces de secretario siempre que Dean no quiere ver a alguien. Hay mucha gente deseosa de ponerse en contacto con un don nadie que se convierte en estrella.» Para algunos, el comentario estuvo muy cerca de revelar la verdad sobre Jack y Jimmy; Skolsky prácticamente indicaba lo que Jack era en realidad: el amante de Jimmy.

De todos los jóvenes actores homosexuales de Hollywood –Tab Hunter y Anthony Perkins entre ellos–, la prensa había decidido concentrar sus esfuerzos en cuestionar únicamente la sexualidad de uno de ellos, Rock Hudson. Tab Hunter y Anthony Perkins tendrían una aventura juntos durante los años cincuenta, pero la prensa no perdía de vista a Hudson, quizá porque era un blanco fácil. Después de todo, Hudson y George Nader eran muy abiertos respecto a sus relaciones, e incluso se les podía ver juntos con regularidad en los bares gay de Los Angeles y San Francisco. La primera indicación de que Hudson estaba en apuros se produjo no mucho después de que empezara el rodaje de *Rebelde sin causa,* cuando la revista "Movie/TV Secrets" hizo una serie de comentarios burlones acerca del actor. «Es apuesto, guapo, inteligente y uno de los actores mejor pagados, ¿qué pasa, pues –inquiría irónicamente la revista–, entre Rock Hudson y el sexo débil? ¿Aquí nos lo preguntamos?» Por si esto fuera poco, "Confidential" también amenazó con revelar la homosexualidad de Hudson... y mencionar nombres. Mientras los rumores empezaban a tomar cuerpo en publicaciones como "Confidential" y "Movie/TV Secrets", los agentes de Hudson –especialmente, Henry Willson– procuraron mantener la calma. En octubre, "Life" publicó un artículo de portada sobre Hudson, «La vida sencilla de un soltero ocupado: Rock Hudson se enriquece solo». El articulista sugería que Rock Hudson, ahora que se estaba convirtiendo en una estrella indiscutible, debía casarse. Si no lo hacía, era preciso que se lo explicara a sus admiradoras.

«Desde 1949, los clubes y las revistas de fans han convertido a un ex camionero, llamado Roy Fitzgerald y que ganaba 75 dólares a la semana, en un héroe del cine que cobra 3.000 dólares por una semana de rodaje y se llama Rock Hudson –indicaba el artículo–. Pero están empezando a refunfuñar. Sus quejas, expresadas en los artículos que aparecen las revistas de fans, van desde el irónico: "¿Miedo a casarse?" a una actitud más comprensiva: "No metáis prisa a Rock." Los fans están empujando a Rock, de 29 años, a casarse... o a explicar por qué no lo hace.» ¿Joven, apuesto, rico y todavía soltero? ¿No será homosexual?, parecían estar diciendo las admiradoras de Rock.

Lo que empezó a alarmar verdaderamente a Willson fue, claro está, que los rumores hubieran llegado hasta "Life". No era necesario saber leer entre líneas para darse cuenta de que la revista sabía más de lo que publicaba. ¿Cómo podía dejar de saberlo? La mitad de Hollywood había oído hablar de los rumores sobre las fiestas en casa de Rock. No había una de estas fiestas que no terminara con alguien (generalmente el mismo Rock) vestido de bailarina y haciendo piruetas por el salón. ¿Y quién ignoraba las intervenciones de Rock y George en el ambiente homosexual de Los Ángeles?

Tan pronto como el artículo de "Life" llegó a los quioscos, Willson empezó a preocuparse. Hacia noviembre, estaba convencido ya de que había que hacer algo para callar los rumores, así que planeó la boda de Rock con Phyllis Gates, una de sus antiguas secretarias. Willson se aseguró que una nutrida guardia de fotógrafos estuviera presente durante la ceremonia de la boda. Y procuró que uno de ellos les siguiera en su luna de miel. Se hicieron incluso fotos en la habitación del hotel. Pero ni siquiera esto fue suficiente. Después de la luna de miel, Willson tomó medidas para que unos cuantos fotógrafos rondaran a la pareja durante los primeros días, e incluso semanas, nada más instalarse en su nueva casa. Era como si Willson se burlase de la prensa. Lo queríais casado, ¿no es verdad?, estaba diciendo Willson. Pues ya lo tenéis casado. Ahora fotografiadlo hasta que os salga por lo ojos. Aseguraos tan solo de que publicáis estas fotos en vuestros malditos diarios y revistas.

Ni que decir tiene que el matrimonio entre Rock y Phyllis no fue muy duradero. Al cabo de poco más de un año, los dos pidieron el divorcio. En el fondo, el divorcio no importaba. A pesar de la brevedad del matrimonio, el simple hecho de que Rock se hubiera casado parecía ser suficiente para asegurar al público americano que Rock era, como Winton Dean dijo de su hijo, «todo un hombre». De hecho, Rock Hudson fue homosexual antes, durante y después del matrimonio. La boda podía haber sido una hipocresía y la prensa de Hollywood podía saber que se trataba de una farsa, pero Hudson les demostró que era capaz de seguir el juego que un actor de Hollywood tenía que jugar. No aparecerían más comentarios sobre la homosexualidad de Rock Hudson y este llegó a tener una larga y próspera carrera hasta su muerte, producida por el sida en octubre de 1985.

A pesar de que el drama público organizado en torno a Rock Hudson tuvo lugar después del rodaje de *Rebelde sin causa,* los rumores sobre su sexualidad venían circulando desde el verano y el otoño de 1955, cuando aún estaba en rodaje. Por eso, Jimmy mantuvo en silencio su vida privada.

Aunque estaba estrechamente relacionado con Jack Simmons, ocasionalmente se veía también con Jonathan Gilmore, que había regresado recientemente a Los Ángeles. «Jimmy y yo salimos juntos algunos días –dice Gilmore–. Una o dos veces fuimos a casa de mi madre, pero no hicimos gran cosa. Simplemente nos abrazábamos y nos sentíamos muy unidos. Nos tendíamos en la cama y nos hacíamos pajas.»

Curiosamente, había sido Jack quien había reunido de nuevo a los dos amigos. Una noche, Jonathan se encontró a Jack en Googie's, pero le fue difícil reconocer en él a la misma persona que había intentado ligárselo en el TV Bar, ya que Jack había sufrido algunos cambios, entre ellos una operación de nariz. Como lo expresó Gilmore, Jack se había convertido en «un tío que se parecía un poco a Jimmy, que se había hecho modificar la nariz para que fuera como la de Jimmy, que se peinaba como Jimmy y que llevaba ropa similar a la de Jimmy».

Varias noches más tarde, en el aparcamiento de Googie's, Jack les presentó. Era evidente que estaba presumiendo de conocer a James Dean, la estrella de cine, ignorando por completo que Jimmy y Jonathan ya eran amigos. Tan pronto como lo descubrió, se puso muy celoso. Luego, en una perversa maniobra, intentó seducir a Jonathan cuando este fue a verle una tarde a su casa. Jonathan estaba curioseando por la sala cuando se percató de algo un tanto peculiar. En una estantería, como si estuvieran exhibidas en un museo, se encontraban un par de botas usadas de Jimmy, colocadas en una caja de plástico transparente. Estaba examinando las botas cuando Jack se le acercó y le dijo, sin ningún rodeo, que lo encontraba muy atractivo. No transcurrió mucho rato antes de que los dos estuvieran bebiendo whisky directamente de la botella, lo cual vino a ser como un preludio de la seducción que Jack estaba perpetrando. «Entonces –recuerda Gilmore–, me miró fijamente y me dijo: 0Me mataré si le dices algo a Jimmy de esto. Joder, de verdad me mato si le dices algo0, así que le aseguré que no se lo diría.» Después, Jonathan se marchó.

Semanas más tarde, durante una de las noches más extrañas de aquel período, Jonathan y Jimmy ligaron con una chica que solo tenía una pierna y se la llevaron al piso de Jimmy en Sunset Plaza. Allí, mientras los tres bebían y fumaban marihuana, Jimmy se puso inusualmente morboso. «Jimmy dibujó una cara en el muñón de la chica, con un pintalabios –recuerda Gilmore–. Dibujó los ojos, la nariz, la boca. De pronto se puso a hablar con aquella cara. Luego quiso que me follara a la chica mientras él miraba. Así que me la tiré delante de él. Después me hizo acompañarla a su casa. Cuando regresé al piso, él ya no estaba.»

Durante otra noche similar a esta, aunque quizá no tan chocante, Jimmy empezó a sincerarse con Jonathan y a contarle cosas sobre sus primeros días en Hollywood. «Sabes, me han chupado la polla cinco de los grandes nombres de Hollywood –le dijo–, y no deja de ser irónico, porque yo solo quería conseguir algún papel, algún trabajo, y en cambio ellos me invitaban a cenar en restaurantes elegantes, con vistas al Pacífico, y a tomar copas... Y lo que yo quería saber era cuánto tiempo podría seguir aguantándolo. La respuesta es que podía aguantarlo hasta que ellos consiguieran lo que querían, y ahí se acababa todo.»

Naturalmente, el departamento de publicidad de la Warner Bros. trabajó para crear una imagen pública de Dean que fuese muy diferente de la persona que en realidad era. Mientras se rodaba *Rebelde sin causa,* Lori Nelson, que decía ser novia de Dean, publicó un artículo en una revista, titulado "El Dean con el que yo he salido". Formaba parte obviamente de la campaña publicitaria que la Warner Bros. estaba orquestando de cara al estreno de la película. El artículo contenía un párrafo en el que Nelson ofrecía su breve descripción de la personalidad de Jimmy. «Es educado, tímido y dubitativo –escribió–, y se mantiene a distancia, siempre examinándolo todo, estudiando las cosas, con lo cual habla sorprendentemente poco. Para mí fue una agradable sorpresa descubrir que era tan tímido. Créanme, la mayoría de hombres en Hollywood no son nada retraídos.» Luego revelaba al lector cuáles fueron sus sentimientos tras la primera cita con Jimmy, una ocasión en la que, según decía, fueron a montar a caballo, a ver una película en la primera sesión y luego escucharon discos en casa de un amigo. «Cuando regresé a casa estaba como en una nube –escribió–. Todo había sido maravilloso e inocente, y muy agradable. No había encontrado ninguna de las falsas apariencias que son tan comunes cuando sales con alguien de Hollywood...

»Fue una primera cita que marcó la tónica de las que hemos mantenido desde entonces, unos encuentros relajados, sin pretensiones, que nos han hecho disfrutar a los dos. Este es el Jimmy Dean que yo conozco, una persona que siempre es la misma, sean cuales fueren las circunstancias.»

A juzgar por lo que escribió, Lori Nelson conocía muy bien a un Jimmy Dean, pero lo ignoraba todo sobre el "otro", el que en aquellos momentos salía con un chico que se había hecho la cirugía estética en la nariz para que esta se pareciera a la del actor y que guardaba en su sala de estar, como una reliquia, un par de botas usadas del mismo, y que, además, había manifestado repetidamente que su única meta en la vida era ponerse a disposición de aquel. Más valía que no le conociera, sin embargo, ya que no hubiera encajado demasiado en sus suposiciones aquel Jimmy Dean que afirmaba habérsela dejado chupar por cinco de los grandes nombres de Hollywood. No hubiera vuelto a casa envuelta en una nube si hubiese averiguado que en la vida de Jimmy no todo era «maravilloso e inocente y muy agradable».

Que la historia guardase poca relación con la vida real de Jimmy y que la novia en cuestión (que supuestamente estaba enamorada de él) tal vez ni siquiera lo conociese en persona, no preocupaba demasiado a los expertos en publicidad de la Warner Bros. Lo único que les importaba era crear una imagen de Dean que fuera apropiada. Para ello, el estudio procuró que tuviese otras "novias". Una de ellas fue Ursula Andress, un reciente descubrimiento que Hollywood había hecho en Italia. Descrita por la prensa como «la Brando femenina» (a pesar de que su currículum iba muy a la zaga del de Brando), la verdad es que era con el propio Jimmy con quien podía establecerse alguna comparación. Cuando los dos aparecían en público, especialmente si llevaban conjuntos similares, casi parecían hermanos en lugar de amantes. Como lo había hecho con todas sus novias, Jimmy mantuvo también esta relación a un nivel estrictamente platónico. En este caso, sin embargo, el objetivo estaba claro. Como se trataba de una pareja muy atractiva, a los fotógrafos de Hollywood les encantaba hacerles fotos, que es lo que la Warner Bros. andaba buscando. Con todos los rumores desatados acerca de Rock Hudson, el estudio no quería que un escándalo similar pudiera perjudicar a James Dean, que se estaba convirtiendo en una prometedora inversión.

El rodaje de *Rebelde sin causa* continuó hasta mayo. Algunas escenas tuvieron que repetirse una y otra vez, especialmente las de más alto contenido emocional, pero ello no supuso ningún retraso considerable. Solo una vez, cuando Jimmy enfermó de malaria –sí, hubo malaria en Los Ángeles a mediados de los años cincuenta– y tuvo que permanecer en cama varios días, fue inevitable suspender el rodaje. A excepción del primero de mayo, en que se tomó el día libre para participar en la carrera de Minter Field, clasificándose en tercer lugar, Jimmy estuvo en el plató cada día, siempre preparado para trabajar.

De hecho, no fueron pocos los miembros del equipo y del reparto que consideraron que Jimmy había sido el artífice, al igual que el propio Nicholas Ray, del resultado final de *Rebelde sin causa,* habida cuenta de la estrecha colaboración que se estableció entre ellos durante la película. A diferencia de muchos actores, Jimmy parecía entender la mecánica de la filmación de forma casi intuitiva. Había incluso empezado a decir que en el futuro quería dirigir sus propias películas. Mencionaba a menudo su intención de dirigir una adaptación de "El principito".

Tras el intenso rodaje de *Rebelde sin causa,* que duró cerca de dos meses, Ray finalizó la cinta el 26 de mayo. Durante el siguiente fin de semana, Jimmy participó en las carreras de Santa Bárbara. En la clase de 1.500 cc. iba en cuarto lugar con su Porsche cuando se le reventó un pistón y se vio forzado a abandonar la carrera.

Rebelde sin causa es básicamente un drama sobre un muchacho que se encuentra en un momento conflictivo de su vida. De carácter descontento y rebelde, no ha sido muy afortunado en su intento de adaptarse a la familia, a sus amigos y a la escuela. El argumento de la película versa sobre su empeño por resolver este conflicto, aunque solo alcanzará una solución parcial. A lo largo de la película se desarrolla una trama paralela, más intrigante, que surge de las relaciones entre los personajes de Jim, Judy y Platón. Jim es el centro de la atracción sentimental, tanto de Platón como de Judy, pero él no se decide por ninguno de los dos; prefiere profesar a ambos su amor y lealtad. Es muy interesante ver cómo las relaciones de Jim con Judy y Platón crecen de forma independiente, para acabar confluyendo al final de la película.

Muchas de las escenas en las que intervienen Jim y Platón son sorprendentemente homoeróticas, sobre todo si se tiene en cuenta que fueron filmadas en 1955. Vemos una y otra vez a Platón mirar amorosamente a Jim a los ojos, mientras le cuenta lo mucho que su amistad significa para él. En el guión, el amor implícito entre los dos es mucho más obvio. En una determinada escena, Jim y Platón están incluso a punto de besarse. Pero cuando un miembro del comité censor de Hollywood descubrió el beso en el guión, se opuso inmediatamente. «Es desde luego primordial –escribió el censor a la Warner Bros– que no se pueda inferir ningún tipo de relación ambigua u homosexual entre Platón y Jim.» Ni que decir tiene que el beso no apareció en la película, como tampoco apareció la palabra "punk", que en la jerga de la época significaba homosexual. Lo único que quedó en la película fueron, pues, las románticas miradas de Platón, algunas sutiles insinuaciones («¿Dónde está tu amigo?», le pregunta a Platón, refiriéndose a Jim, uno de los miembros de la banda, mientras el resto le está pegando una paliza. «También tenemos ojos para él, ¿sabes?», le susurra otro al oído) y el plano de Jim Stark llorando, al final de la película, cuando matan a Platón.

En 1955, la película que todo actor de Hollywood quería hacer era *Gigante.* Cuando la novela de Edna Ferber sobre los millonarios de Texas fue publicada por Doubleday en 1952, se convirtió de inmediato en un éxito de ventas. En los cinco años siguientes se vendieron veinticinco millones de ejemplares. La novela, que cubre un período de cuarenta años, narra el drama de la familia Benedict, centrándose específicamente en la pugna entre Bick Benedict y Jett Rink, un magnate del petróleo que Ferber basó en Glenn McCarthy, el legendario trapisondista que, como colofón de una carrera que le llevó a ser uno de los hombres más ricos del estado, edificó el hotel Shamrock de Houston.

El libro alcanzó tal popularidad que Ferber se negó a vender los derechos para el cine, a menos que ella misma pudiese participar en la producción de la película. Finalmente, la Warner Bros. llegó a un acuerdo con la escritora, según el cual compartiría el cargo de productora –y las ganancias– con George Stevens y Henry Ginsberg. Una vez ultimado el contrato con Ferber, *Gigante* entró en 1953 en la fase de pre-producción, con Stevens como director. Este, que había hecho dos películas que se convertirían en clásicos, *Raíces profundas* ("Shane") y *Un lugar en el sol* ("A Place in the Sun"), era uno de los más respetados directores de Hollywood. En su momento, Stevens contrató a Fred Guiol e Ivan Moffat para escribir el guión, y durante los meses siguientes reunió uno de los repartos más impresionantes que haya tenido jamás una película: Elizabeth Taylor, James Dean, Rock Hudson, Mercedes McCambridge, Chill Wills, Carroll Baker, Sal Mineo, Earl Holliman, Dennis Hopper, Jane Withers, etcétera. Finalmente, tras numerosos retrasos, solo uno de los cuales fue debido a Elizabeth Taylor, *Gigante* se empezó a rodar en mayo de 1955.

El día 23 empezó la filmación en los estudios de la Warner Bros. en California. Poco después, los miembros del equipo se trasladaron al este de Virginia para filmar las primeras escenas en las que intervenían Bick y Leslie, los personajes interpretados por Rock Hudson y Elizabeth Taylor.

Rebelde sin causa se acabó de rodar, con bastante retraso, el 26 de mayo; aunque estaba exhausto, Jimmy se fue directamente a Los Ángeles para realizar las pruebas de vestuario y maquillaje de *Gigante*. Durante los tres días libres que tuvo entre los dos rodajes, Dean se ocupó de algunos asuntos personales, en concreto de romper su relación con Jack Simmons. Finalmente, el 3 de junio, todavía agotado y con las estrictas órdenes del médico de seguir un régimen alto en proteínas, Jimmy se unió a la producción de *Gigante* en Marfa, el minúsculo pueblo del oeste de Texas donde se rodaría el resto de la película.

Actores y equipo permanecieron seis largas semanas en Marfa, soportando estoicamente los calurosos días y las aburridas noches. La mayoría de ellos se hospedaba en el hotel El Paisano, donde también comían. Pero las estrellas principales vivían en casas alquiladas a los habitantes del pueblo. El rodaje tuvo lugar en los alrededores de Marfa, principalmente en el rancho Worth Evans (que se utilizó para representar Little Reata). En esa parte del estado, ver una compañía de Hollywood que filmase una película fue tal novedad que había veces que se reunían hasta mil personas para presenciarlo.

Desde el principio, Dean tuvo serios conflictos con Rock Hudson y George Stevens. Obviamente, las fricciones con Stevens era potencialmente mucho más peligrosas para Dean que cualquier desacuerdo que pudiese surgir con Hudson. Dean estaba acostumbrado a hacer lo que quisiera con su forma de interpretar. Los directores de televisión habían soportado de buen grado sus excentricidades, ya que al final era capaz de realizar trabajos memorables, y su experiencia en el teatro había sido corta pero gratificante. En Hollywood, había trabajado con Kazan y Ray, dos directores que consideraban que el cine es un arte esencialmente de colaboración y que, por lo tanto, permitían que sus actores participaran activamente en el rodaje. George Stevens no era así. Había empezado su carrera como operador de cámara y descendía de una familia de San Francisco dedicada al teatro, y estaba convencido, tal como manifestó en diversas ocasiones, que el veinticinco por ciento del proceso creativo tenía lugar durante el montaje de la película, y no en el plató.

Por lo tanto, no le gustaba que sus actores hicieran experimentos con su labor, ni tampoco les permitía cambiar cada día su forma de actuar. Es más: en cualquier película de Stevens, un actor se veía obligado a realizar incontables tomas, ya que, famoso por su extremo perfeccionismo, insistía en rodar cada escena de la película desde numerosos ángulos distintos. Las mejores tomas, de entre las miles que se rodaban, serían luego unidas unas con otras, a lo largo de los meses que él y su equipo de montadores iban a invertir en el montaje. En el rodaje, además, Stevens exigía que sus actores estuvieran siempre maquillados, aunque no pensara utilizarlos aquel día en particular.

Naturalmente, Dean no se amoldó fácilmente a estas exigencias. Al cabo de una semana, la animosidad entre ambos había crecido de tal modo que Stevens no dudaba en recriminar a Jimmy delante de todo el equipo. Con ello, lo único que conseguía era que Jimmy se pusiera de muy mal humor y corriera en busca del consuelo de Elizabeth Taylor y Mercedes McCambridge, con las cuales entabló una sólida amistad durante el rodaje. Al final, como había ocurrido con Geraldine Page, Jane Deacy y otras mujeres en su vida, también éstas acabaron haciendo de sustitutas de la figura materna para Jimmy.

Dean, que tampoco se llevaba muy bien con Rock Hudson, compartía con este y Chill Will una casa del pueblo. Aunque años después se dijera que las fricciones entre Dean y Hudson surgieron debido a sus diferentes estilos de interpretación, no parece muy probable que así fuera, puesto que Hudson no tenía un estilo muy definido. Lo que consiguió en la película –algo realmente notable– fue adquirir una forma de ser y de estar frente a la cámara. Rock Hudson no actuaba, simplemente estaba. Sin embargo, es necesario tener en cuenta que Dean y Hudson, que en ese momento tenía que ocuparse de los rumores que corrían sobre su sexualidad, provenían de frentes contrapuestos dentro del mundo homosexual. Jimmy odiaba seguramente a Rock por sus costumbras excéntricas, su amaneramiento y su propensión al travestismo. Como parte del grupo homosexual "antiguo", Rock debía sentirse amenazado por la personalidad tensa y poco convencional de Jimmy, aunque no por ello dejaran de atraerle sus suaves facciones juveniles.

En resumidas cuentas, debido a sus desavenencias con Stevens y a la animadversión de Rock, Jimmy se encontró muy incómodo durante todo el tiempo que pasó en Texas para rodar *Gigante.* Como si quisiera demostrar su desdén hacía el sistema de poder de Hollywood, del que Stevens y Hudson formaban parte, Jimmy pasaba su tiempo libre departiendo no con las estrellas del film, sino con Bob Hinkle, un especialista en diálogos. Durante el día, cuando no tenían filmación, Bob le enseñaba a hacer trucos con cuerdas. «Le enseñé a hacer un lazo con una cuerda –escribió más tarde Hinkle–. No se trata solo de hacer un gran lazo; lo tienes que hacer de manera que lo puedas lanzar de forma correcta. Antes de regresar a Hollywood, Jimmy era ya un experto.»

Por la noche, Bob y Jimmy se iban a cazar conejos. En las cinco semanas que duró el rodaje de *Gigante* en Texas, Bob y Jimmy cazaron un total de doscientos sesenta y un conejos, además de un par de coyotes. «No se trataba solo de estar disparando a los conejos o los coyotes –escribió Hinkle–. Lo importante era encontrarse en medio de esa impresionante llanura texana, bajo las estrellas resplandecientes y darse cuenta de la extraña grandeza de Texas. Es algo que puedes sentir sobre todo por la noche, cuando el mundo está en silencio, desierto, y no hay ningún ser humano por los alrededores que pueda romper el hechizo con su charla.»

El 10 de julio la mayor parte de los componentes del reparto y del equipo dejó Texas para regresar a Los Ángeles. El día 12, cuando el segundo equipo de cámaras hubo terminado de filmar los exteriores en los que Jett Rink aparecía solo, especialmente aquellas escenas en las que descubre petróleo, Dean se unió al resto de la compañía en Los Ángeles.

En California, la tensión entre Dean y Stevens aumentó incluso más. El 23 de julio el conflicto llegó a su punto culminante, porque Jimmy no apareció por el plató. Los ayudantes de Stevens lo localizaron en una casa del valle de San Fernando, a la que había decidido mudarse sin pedir permiso a los estudios. De todos modos, aquel día no tenía que rodar ninguna escena. Pero a Stevens esto no le importaba, ya que lo quería en el plató de todas formas. Se enfadó tanto que comentó a más de uno de sus ayudantes que no volvería a trabajar con el actor. También dio instrucciones para que se hiciera llegar una nota a la Warner Bros., en la cual se quejaba de lo difícil que había sido trabajar con Dean, aparte de detallar todas las ocasiones, incluso las más nimias, en las que la conducta de este había retrasado el plan de producción.

La nota, con fecha de 1 de agosto, llegó al escritorio de Jack Warner al mismo tiempo que la columna de Dorothy Manners, sustituta temporal de Louella Parsons, en la que se atacaba a Jimmy. El día 4, Manners publicó la respuesta de Dean. «Mi problema es que estoy muy fatigado», dice James Dean, el niño prodigio al que recientemente han zurrado por portarse mal en *Gigante*. Y continúa diciendo entristecido: «Todo el mundo me odia y cree que soy un canalla. (¡Oh, venga, yo no diría tanto!) Dicen que me he vuelto hollywoodiense, pero, sinceramente, soy el mismo que cuando no tenía un duro. Como he dicho, lo que pasa es que estoy cansado. Empecé en *Gigante* nada más terminar el duro rodaje de *Rebelde sin causa*. Quizá sería mejor que me fuese. (Olvidémonos del asunto, Jimmy. ¡Quédate!)»

Si hubiera sido por Jane Deacy, no cabría ninguna duda: Dean se iba a quedar, e iba a estar mucho tiempo en el candelero. Durante las últimas semanas del rodaje de *Gigante,* mientras corría la voz por el mundillo cinematográfico de que Dean estaba excepcional en *Rebelde sin causa* y de que su actuación en *Gigante* era quizás incluso superior, Deacy inició con la Warner Bros. la negociación de un nuevo contrato para Dean. En él se incluían varias condiciones. Primero, el salario de mil quinientos dólares a la semana tenía que experimentar un fuerte incremento; quizás habría que pensar incluso en una cifra de unos cien mil dólares por película. Segundo, Dean trabajaría en nueve películas para la Warner Bros. durante los próximos seis años. Tercero, Dean quería establecer dentro de la Warner su propia productora, con la que pretendía desarrollar proyectos tanto para cine como para la televisión. Por último, seguiría en libertad para aparecer en televisión y actuar en el teatro.

Si la Warner Bros. estaba de acuerdo con las cláusulas fundamentales del contrato, Dean estaría dispuesto a empezar la primera de las nueve películas en cuanto hubiese terminado *Marcado por el odio,* una biografía de Rocky Graziano que iba a realizar en la MGM (la Metro había conseguido finalmente que la Warner Bros. le dejase a Dean, a cambio de haber prestado ellos a Elizabeth Taylor para intervenir en *Gigante).* Mientras se acercaba, pues, el final de la producción de *Gigante,* que iba a darse por concluida el 12 de octubre, después de 115 días de rodaje y un coste de 5 millones y medio de dólares, Dean empezaba a verse como lo que realmente era, un actor exigente, pero innovador, que se estaba convirtiendo en una gran estrella de Hollywood y que podía, por lo tanto, empezar a imponer sus propias condiciones. Tan solo seis años atrás, era tan solo Jimmy Dean, de Fairmount, cuando llegó a Los Ángeles procedente de Indiana. En ese momento, con tan solo veinticuatro años de edad, se había convertido en lo que más deseaba ser, James Dean.

CAPÍTULO 6

"PEQUEÑO BRIBÓN Y EL PRINCIPITO"

1

En la noche del 16 de septiembre de 1955, alguien llamó al departamento de policía de Hollywood para denunciar un presunto robo que se estaba cometiendo en aquellos momentos en un establecimiento llamado Competition Motors. El oficial de policía Eddie Guzak, que se encontraba por los alrededores, llegó a la tienda de automóviles deportivos inmediatamente. Años más tarde recordaba así lo que vio cuando llegó en el coche patrulla. «Se trataba, ni más ni menos, que de Jimmy Dean –dijo Guzak–. Yo voy y le pregunto qué está haciendo allí, y, con mucha educación, me contesta que quiere comprarse un coche. Yo le digo que tiene que esperar a que abran la tienda. No estaba borracho ni nada por el estilo, pero con toda la educación del mundo, se empeña en ver su coche. Si trabajas de policía en Hollywood el tiempo suficiente, acabas viendo de todo. Pero aquello era totalmente distinto. Lo llevé con el coche hasta la esquina de Hollywood y Vine y le dije que se fuera a casa.»

Contento de haber echado un vistazo al Spyder que había decidido comprarse, Jimmy se fue tranquilamente a la cama. A la mañana siguiente, como si nada hubiera pasado, se presentó en los estudios de la Warner Bros. La parte principal de la producción de *Gigante* había concluido, pero Jimmy tenía que volver a rodar algunas escenas, una práctica común en una película tan larga como iba a ser aquélla (de unas tres horas y media de duración). Ese día, el 17, puesto que Stevens había decido filmar de nuevo algunas escenas correspondientes al principio del guión, Jimmy volvió a vestirse del joven Jett Rink: camisa y pantalones tejanos, botas y un sombrero Stetson. Como no había problemas en el rodaje, Jimmy pudo escabullirse del plató en un momento determinado, y correr a otro plató a cumplir con un contrato que tenía para hacer un anuncio de televisión del Consejo Nacional de Seguridad Viaria.

Debido a su afición a los coches y a las carreras, Dean había accedido a rodar el anuncio de este servicio público, a pesar de que el apretado horario de trabajo de la Warner Bros. no le dejaba tiempo para nada. Llegó al plató con el vestuario de la película y con dos de sus accesorios favoritos en la misma, una cuerda y una piedra que necesitaba para hacer uno de los trucos que Hinkle le había enseñado con el lazo. El anuncio, rodado en blanco y negro, consistía en una corta entrevista del actor Gig Young a Jimmy, llevada a cabo en un decorado que representaba un despacho anodino. Jimmy, vestido de cowboy, y Young, con un traje de vestir oscuro, formaban un curioso contraste en la pantalla, lo cual daba un toque surrealista a todo el episodio. Pero todo esto quedaba en segundo plano, ya que lo más importante de la entrevista era, por supuesto, el propio Jimmy.

Cuando el anuncio se comenzó a emitir, el público tuvo la suerte de poder contemplar lo mejor de James Dean, ya que este, aunque se suponía que estaba comportándose con toda naturalidad, no dejó de actuar ni un segundo de los que duró la filmación.

—¿Has estado alguna vez en un carrera de coches? –le preguntó Young, una vez que ambos se hubieron sentando, uno junto al otro.

—¿Me estás tomando el pelo? –respondió Jimmy. Para dar a la escena una ambientación de negocio, fumaba un cigarrillo.

—¿Qué velocidad alcanza tu coche?

La cámara se detuvo en Jimmy.

—Bueno –dijo éste, quitándose el cigarrillo de la boca y soltando el humo lentamente–, en kilómetros por hora, cronometrados, puede alcanzar unos –un rápido suspiro– ciento setenta, puede que ciento ochenta.

Jimmy se quedó mirando a Young.

—Has ganado algunas carreras, ¿no? –preguntó Young con cierta frialdad.

—Sí, una o dos –contestó Jimmy, entornando los ojos, como con timidez.

—¿Dónde?

—Bueno, lo hice bastante bien en Palm Springs. –Jimmy se rasca el ojo izquierdo y luego deja que su mano repose por un momento en el rostro–. También participé en Bakersfield.

—Es probable que haya una gran cantidad de gente joven viendo nuestro programa esta noche –dijo Young–, y para ellos me gustaría que me dijeras qué piensas de la conducción a gran velocidad por una carretera. ¿Crees que es una buena idea?

—Me agrada que me hagas esta pregunta –dijo Jimmy–, porque yo lo hacía a menudo. Me arriesgaba innecesariamente en carretera. Luego aprendí, cuando me preparé para ser piloto de carreras, y ahora, cuando conduzco, soy extremadamente precavido, porque uno nunca puede fiarse de lo que hagan los demás. –Jimmy se encogió de hombros, y se puso a jugar con la cuerda–. No sabes lo que va a hacer ese tío, o el otro. En un circuito, lo aprendes todo sobre las reglas de seguridad. Ahora creo que voy con mucho cuidado por carretera. Ya no siento ese impulso de ir a la máxima velocidad. –La cámara enfoca a Young, mientras sigue hablando Jimmy–. La gente dice que participar en una carrera es peligroso, pero prefiero arriesgarme en un circuito antes que hacerlo en una carretera.

A continuación, Jimmy hizo una breve demostración con su lazo.

—Bueno, Gig, creo que es hora de marcharme –dijo finalmente Jimmy. Los dos se pusieron de pie, pero antes de que Jimmy se fuera, Young le detuvo.

—Espera Jimmy, una pregunta más. ¿Quieres dar algún consejo a los conductores más jóvenes?

Jimmy miró directamente a la cámara.

—Cuando conduzcas, tomátelo con calma –dijo alargando las manos y agitándolas, como si advirtiera al público de que tuviese cuidado–. La vida que podríais salvar podría ser la mía. –Al pronunciar la frase, se atascó en las dos formas condicionales del verbo poder, pero no en la palabra "mía", una palabra que enfatizó señalándose a sí mismo con el pulgar.

Después de este último gesto, salió rápidamente del plató y Young cerró la puerta tras él.

Uno o dos días después, Jimmy habló con Lew Bracker, un amigo suyo que era agente de seguros, sobre una póliza de 100.000 dólares que quería suscribir. También mencionó un tema que le rondaba la mente aquellos días, el nuevo Porsche Spyder. Estaba impaciente por comprárselo, así como por volver a los circuitos de carreras, en cuanto terminara de rodar las repeticiones.

Jimmy cumplió lo dicho sobre el coche. El 21 de septiembre fue a Competition Motors y cerró la adquisición con el propietario de la compañía, John von Neumann. Por el pequeño Spyder 550, de carrocería de aluminio, cuyo número de serie era el 550-0055, Jimmy entregó a Von Neumann su Porsche 356 Speedster y un cheque por valor de tres mil dólares. El montante de la operación fue de unos siete mil dólares. Era una gran suma de dinero, pero Jimmy consideró que valía la pena.

Von Newmann tenía cinco 550 que había importado directamente de la fábrica alemana Porsche, que ese año había fabricado tan solo noventa unidades del modelo. De ellos, solamente setenta y ocho se venderían al público. Fabricado por primera vez en 1954, el 550/1500 RS –el nombre oficial de los Spyder– era un modelo totalmente nuevo que, de salida, había empezado a dominar ya las carreras en que participaba. Con su chasis de escalera y un motor central de cuatro cigüeñales y cuatro cilindros, refrigerado por aire, el 550 de Jimmy podía alcanzar fácilmente una velocidad punta de doscientos kilómetros por hora. Además, este coche en particular iba equipado con frenos ampliados para el caso de que el conductor tuviese que frenar de golpe. Se decía, de hecho, que el coche podía frenar en el espacio que ocupaba una moneda de diez centavos. Jimmy salió de Competition Motors con orgullo al volante de su Spyder. Nunca se había gastado el dinero en algo que desease más.

En esa época Jimmy no tenía que preocuparse por el dinero. Jane Deacy estaba ultimando el contrato con la MGM para la intervención de Jimmy en *Marcado por el odio* ("Somebody Up There Likes Me") (ya habían empezado las pruebas de vestuario, aunque no se había fijado todavía una fecha para el comienzo del rodaje); además, también había llegado a un acuerdo con la NBC para que Jimmy realizara un par de importantes programas con ellos. En uno iba a interpretar el papel de joven galés en *The Corn is Green* un episodio de "Hallmark Hall of Fame", un programa de noventa minutos que se emitía los domingos; en el otro, el papel principal de *The Battler* de Ernest Hemingway, que saldría en el "Pontiac Playwright Hour", el 18 de octubre.

Además, los productores del programa de Perry Como querían que Jimmy fuera como invitado para hablar del rodaje de *Gigante,* aunque no se había fijado aún la fecha de su intervención. Así como estos proyectos iban a suponer dinero y reconocimiento inmediatos para Jimmy, Deacy también estaba a punto de consolidar su situación financiera a largo plazo. La Warner Bros. había decidido que a principios de octubre podrían iniciarse las conversaciones para renegociar el contrato de Jimmy. Aunque este había ganado la modesta suma de diez mil dólares por *Al este del Edén*, quince mil por *Rebelde sin causa* y veinte mil por *Gigante,* podría darse el caso de que en lo sucesivo, y según estipulase el nuevo contrato, ganara cien mil dólares por cada película que hiciese con la Warner Bros. Se trataba de una suma exorbitante para 1955, pero era lo que Deacy creía poder conseguir. En lo referente a salarios, el nuevo contrato colocaría a Jimmy entre la elite de Hollywood. Aún podía recordar los años de penuria en Los Ángeles y Nueva York, pero eso era agua pasada. El dinero había dejado de interponerse entre él y sus deseos. En ese momento, podía permitirse lo mejor que Porsche le ofreciera.

El día en que compró su Spyder, Jimmy se fue a cenar a Villa Capri, uno de sus restaurantes favoritos de Los Ángeles. Años más tarde, Patsy D'Amore, la propietaria del mismo, recordaría aquella noche. «Jimmy se acababa de comprar su coche. Había pagado siete mil dólares. ¡Imagínate! Apareció como un murciélago salido del infierno y entró corriendo, sin corbata; me sacó a ver el coche. No me gustó. Le dije que se mataría en aquel coche.»

Un par de días después de comprar el Spyder, Jimmy lo llevó a Compton para que George Barris, un diseñador muy respetado, le añadiese unos toques personales. En el techo, en el maletero y en las dos puertas, Barris pintó el número 130, el que

Jimmy usaba en las carreras. Luego, en el faldón trasero, pintó con letra cursiva "Pequeño bribón", nombre con el que Jimmy había decidido bautizar su coche. Uno o dos días más tarde, Jimmy tuvo un ligero golpe con una mujer en Sunset Boulevard, debido al cual se le abolló el guardabarros. Para reparar el desperfecto, llevó el "Pequeño bribón" a Competition Motors.

Más o menos por entonces, Jimmy tomó una decisión sobre un asunto que había estado rondándole la cabeza desde hacía algún tiempo. Puesto que las repeticiones de *Gigante* estaban a punto de acabar, estaría libre para poder competir de nuevo. Había una carrera en Salinas el 1 de octubre, a un par de semanas vista. Aunque lo más probable es que se hubiera cerrado ya el plazo de inscripción, quizás aún podría hacer algo para que lo admitiesen a última hora. Hacía tiempo que no competía y estaba impaciente por intentarlo de nuevo. Además, tenía un buen presentimiento por Salinas, el pequeño pueblo del valle de San Joaquín, situado unos quinientos kilómetros al norte de Los Ángeles. En él se habían rodado algunas escenas de *Al este del Edén* que era la película que lo había consolidado como actor. Tal vez, si ganase aquella carrera se consolidaría como piloto.

Para asegurarse de que estaba en buena forma física para la carrera, fue a que le examinase el doctor Irving Berman. El 27 de septiembre, Berman escribió una carta al Sport Car Club de America de San Francisco para certificar el reconocimiento físico que le había practicado a Jimmy. Declaró que estaba en «excelente» estado de salud, que «sus reflejos neuromusculares son normales», así como todos sus órganos y sistemas, y que «está por lo tanto en perfectas condiciones» para participar en cualquier competición automovilística.

En los últimos días de septiembre, Jimmy recorrió en el Porsche todo Los Ángeles: iba y venía del estudio, recorría los desfiladeros y puertos de montaña, iba a Villa Capri, etcétera. También estuvo con su familia, ya que Marcus, Ortense y su tío, Charles Nolan, habían llegado de Indiana para pasar una temporada con Winton. Pero su pensamiento estaba concentrado sobre todo en la carrera de Salinas.

De todas las personas sabedoras de que Jimmy estaba metido en el mundillo de las competiciones de automóviles, quizás el que más confianza le inspiraba era Rolf Weutherich. Era un mecánico de veintiocho años, empleado de Competition Motors, que se había especializado trabajando en la mismísima fábrica Porsche en Zuffenhausen y que era prácticamente todo un experto mundial en automóviles. Precisamente por ello, Jimmy le tenía una especial predilección. Cuando se acercaba el día de la carrera, Rolf le dijo que era importante que el Spyder hubiese rodado por lo menos novecientos kilómetros antes de la prueba, para que el motor estuviera rodado y a punto. Si Jimmy podía hacer ese kilometraje antes del 30, el día fijado para correr en Salinas, Rolf le remolcaría el coche. De lo contrario, Jimmy tendría que conducirlo hasta Salinas para hacer los kilómetros que faltasen. Jimmy, cuanto más lo pensaba, más se convencía de que conducir hasta Salinas no solo podía ser positivo para el coche, sino también para él. Como estaba relativamente poco familiarizado con el modelo de Porsche que se acababa de comprar, necesitaba practicar, especialmente en carreteras despejadas como la que iba de Los Ángeles a Salinas. Pasara lo que pasase al margen de lo que decidiera, Rolf podría ayudarle en el último minuto, ya que por solicitud de Jimmy iría a Salinas para ser su mecánico en los boxes. Un par de amigos de Jimmy –Bill Hickman, un especialista, y Sandy Roth, una fotógrafa que estaba haciendo fotos de Jimmy para "Collier's"–, irían siguiéndole en la furgoneta, por si necesitaba ayuda.

El 29 de septiembre fue un día muy parecido a los anteriores, aunque tenía previsto ir por la noche a una fiesta en Malibú. Durante el día pasó unas horas en la Warner Bros., donde Lew Bracker, con quien había salido de juerga todas las noches de aquella semana, se presentó con los papeles de su nuevo seguro de vida para que él firmase. Pero había un problema. En caso de fallecimiento, quería saber Lew, ¿quién se quedaría con los cien mil dólares? Tenía que nombrar un beneficiario. «Ponte tú como beneficiario» le dijo Jimmy. La ley prohibía expresamente esa solución, le explicó Lew, así que decidieron que Jimmy se lo pensara y le contestase más adelante.

Aquella noche Jimmy llevó a Marcus, el gatito que Elizabeth Taylor le acababa de regalar, a casa de Janette Miller, una amiga que se había ofrecido a cuidarlo mientras él estuviera fuera. Junto con las vitaminas y un brebaje de melaza con leche evaporada que le daba al gato, Jimmy dejó instrucciones para que Janette lo llevara al veterinario la semana siguiente; había que vacunarlo. Luego fue a Villa Capri a cenar. Mientras estaba allí, habló unos minutos por teléfono con un amigo. Después de cenar se marchó a Malibú para asistir a una fiesta. Durante años, los amigos de Jimmy especularían sobre si llegó a ir a la fiesta o no. Algunos dicen que lo hizo; otros creen que no. Se sabe que aquella noche salió solo. Si realmente fue a la fiesta, en ella podía haberle sucedido lo que en otras ocasiones. Que se encontrara con un amigo con el que discutiera sobre si debiera ser más abierto sobre su homosexualidad. Que el amigo le hablara de todas las novias que últimamente le preparaba la Warner Bros. Que le reprochara que saliera con esas novias. ¿No le humillaba ser fotografiado con todas esas insípidas estrellitas de Hollywood? ¿No le molestaba que en las revistas del corazón le emparejaran con una jovencita tras otra? No hay duda de que Jimmy se hubiera enfadado con su amigo, porque sabía que este tenía razón.

Naturalmente que se sentía despreciable por entrar en el juego publicitario de Hollywood, a pesar de lo cual lo hacía. Además, no había dejado de tener relaciones homosexuales después de romper con Jack Simmons, hacía ya tiempo. Lo revelaría más tarde un amigo de Dean: «Conocí a un hombre –un inteligente y famoso compositor– que me confesó que una noche, después de algunas copas de más, se fue con Dean en coche, a toda velocidad por Mulholland Drive. Y eso fue poco antes de su muerte.»

2

La mañana del 30 de septiembre de 1955, Nikko Romanos, el casero de Jimmy, le despertó temprano, alrededor de las siete y veinte. Desde el mes de julio Jimmy vivía en el 14611 de la calle Sutton, Sherman Oaks, en el valle de San Fernando. Por doscientos cincuenta dólares al mes tenía alquilada una casa de madera de estilo rústico, situada justo detrás del domicilio de Romanos y su esposa Grace. Nikko le visitó aquella mañana para echar una ojeada a la casa. «Hola, Jimmy», le gritó desde la planta baja con su marcado acento italiano. Jimmy, que tenía una tremenda resaca y había dormido muy poco, abandonó no sin esfuerzo el colchón en el que dormía, directamente colocado sobre el suelo. En pantalón de pijama se dirigió a la barandilla que daba a la planta baja, pasó una pierna por encima y saltó. Luego se sentó y empezó a tocar el bongo mientras hablaba con Nikko. Al cabo de unos minutos, Nikko se marchó y Jimmy estuvo dudando si volver o no a la cama. Finalmente decidió irse a Competition. Se vistió con unos pantalones azules, camiseta blanca y cazadora roja. Se puso las gafas de sol y terminó de meter en la Ford el equipaje que necesitaba para ir a Salinas. Cuando terminó, cerró la casa y subió a la furgoneta.

Dejó atrás la casa de la calle Sutton y enfiló la autopista de Hollywood hasta la salida de Cahuenga. Recorrió North Vine y se detuvo brevemente en Ventura Boulevard, en la sucursal Competition que había allí, solo para ver cómo iba todo. Finalmente, pasadas las ocho, llegó a la central de Competition, donde había comprado el coche. En la tienda se encontraba Rolf trabajando en el Spyder de Jimmy para dejarlo a punto para el día siguiente. Al cabo de un par de horas, hacia las diez y cuarto, llegaron Bill Hickman y Sandy Roth, que acompañarían a Dean a Salinas. Hickman le ayudaría con el coche (Jimmy se consideraba muy afortunado al tener por amigo al técnico y actor de efectos especiales de una de las productoras más importantes de Hollywood) y Roth haría lo que había hecho durante semanas, es decir, sacar fotos de Jimmy. De hecho, se comentaba que una vez terminada la carrera de Salinas, Jimmy y Roth irían a San Francisco para terminar el reportaje fotográfico para "Collier's".

A las diez habían llegado a la tienda el padre de Jimmy y su tío, Charles Nolan. Jimmy quería llevar a su padre a dar una vuelta en el coche nuevo, pero Winton se mostró remiso. A Charles Nolan tampoco le hacía mucha gracia. Al final, Dean consiguió convencer a su tío y pudo llevarle a dar dos o tres vueltas alrededor de la manzana. Poco antes de las doce se fue a comer con los dos. Los llevó en el Ford a la pizzería Patsy, en el Farmer's Market, en la esquina de la avenida Fairfax con la calle Tercera. Jimmy había escogido precisamente esta pizzería porque también era propiedad de Patsy D'Amore, la dueña de Villa Capri. Durante la rápida comida Jimmy quiso convencer a su tío para que se fuera con él a Salinas, pero la familia ya había hecho sus planes. Marcus y Ortense regresaban a Indiana aquel mismo día, mientras que Charles Nolan tenía pensado ir en coche a México. Tan ocupado como siempre con su propia vida, Winton se quedaría en Los Ángeles. Incapaz de convencer a ningún familiar de que fuera a verle competir en Salinas, Jimmy regresó con Charles y Winton a la tienda de coches. Se despidió de ellos en la puerta y, cuando se marcharon, se fue en busca de Rolf para discutir los pormenores del viaje de los cuatro a Salinas. Podían ir todos en la Ford y llevar el Spyder en un remolque que le habían prestado. O podían ir dos en la Ford y dos en el Porsche. Debido a que Jimmy solo había podido hacer unos trescientos kilómetros en el coche –es decir, mucho menos de los novecientos que necesitaba para tenerlo rodado–, se decidió que él conduciría y que Rolf iba a acompañarle. Sandy y Bill seguirían detrás con la furgoneta, con el remolque vacío. De esta forma, Jimmy podría también familiarizarse más con su coche, bajo la supervisión del mecánico. Una vez hechos los planes, se pusieron en marcha. Poco después se detuvieron a poner gasolina y Roth les hizo una fotografía. Con los depósitos llenos, iniciaron el viaje.

Era alrededor de la una y media.

Los coches recorrieron velozmente la autopista de Ventura hasta Sepúlveda Boulevard, y salieron de Los Ángeles hacia el norte por la carretera 99. Jimmy iba delante; la Ford le seguía a unos tres o cuatro kilómetros. Alrededor de las tres pararon para comer algo en Tip's Diner, que estaba en Castaic Junction. No se entretuvieron mucho. Poco después iban de nuevo rumbo al norte por la carretera 99, con Jimmy siempre delante.

Alrededor de las tres y media, en algún tramo al sur de Bakersfield, llegaron a una bajada y la velocidad del Porsche empezó a superar los cien kilómetros por hora. Justo en aquel momento, Jimmy descubrió la presencia de un coche patrulla en la carretera. Otie V. Hunter, oficial de la Policía de Tráfico de California, hizo sonar la sirena para que el Porsche se detuviera. Alto y fornido, Hunter se acercó lentamente al coche, por el lado de Jimmy, que desde su asiento en el Spyder no podía verle más que las rodillas. Hickman había estacionado la furgoneta detrás del Porsche, y observaba desde allí los esfuerzos de Jimmy para convencer al policía de que no le pusiera una multa. Jimmy insistía que no iba tan deprisa, que en la carretera le habían adelantado otros coches, incluso algún autobús que iba por lo menos a ciento veinte.

Jimmy pensaba en lo que iba a decir la prensa si le multaban por exceso de velocidad solo dos semanas después de haber participado en un anuncio del Consejo Nacional de Seguridad Viaria en el que se advertía a los jóvenes de los riesgos que entraña el conducir a velocidad por carretera. Pero sus esfuerzos fueron en vano. Ante la mirada curiosa de un grupo de emigrantes que trabajaban en un campo de cebollas vecino, Hunter le puso a Jimmy una multa por ir a más de cien en un tramo cuyo límite de velocidad era de ochenta. La multa le ordenaba comparecer en el juzgado de Lamont el17 de octubre de 1955. En ella se indicaba también que se trataba de un día «con buena visibilidad» y que las condiciones de la carretera eran «buenas». Hunter no llegó a reconocer a Jimmy, aunque este manifestó que estaba trabajando para la Warner Bros. y que se dirigía a Salinas para participar en una carrera y además firmó con su nombre. Jimmy estaba convencido de que le habían puesto la multa por conducir un coche deportivo, pero Hunter, tras recomendarle que fuera más despacio el resto del viaje, se dirigió luego a la furgoneta, dispuesto a multar también a Hickman.

De nuevo en marcha por la carretera 99, Jimmy siguió hacia el norte camino de Bakersfield. Una vez en el pueblo, que era lo suficientemente grande como para que el tráfico fuera intenso un viernes por la tarde, Jimmy tuvo que reducir la velocidad y avanzar lentamente de un semáforo a otro. Como ya había sucedido en Los Ángeles y en el resto del trayecto, también allí la gente se paraba en la calle para mirar. No era sorprendente que lo hicieran, ya que un coche deportivo, y mucho menos un Porsche Spyder 550 como el de Jimmy –descapotable, sin parachoques, elegante y lujoso–, no se veía todos los días. Al dejar atrás Bakersfield, contento de haberse librado por fin del tráfico, Jimmy empezó a conducir a mucha más velocidad que hasta entonces. En más de una ocasión pisó a fondo el acelerador, solo por ver cómo respondería el coche. En Wasco abandonó la carretera 99 y tomó la 466. Se estaba haciendo tarde.

Eran casi las cinco y Jimmy quería llegar pronto a Salinas para poder descansar con vistas a la carrera del día siguiente, sobre todo porque la noche anterior había estado de fiesta en Malibú. Acelerando, puso rumbo hacia el oeste.

En Blackwell's Corner, situado en la intersección de la carretera 466 con la autovía 33, Jimmy se percató de la presencia, en el aparcamiento de un restaurante con gasolinera, de un Mercedes 300SL gris que le era familiar. Salió de la carretera y paró. Como había supuesto, el automóvil pertenecía a Lance Reventlow, el hijo de Barbara Hutton, que también tenía previsto correr en Salinas. En el mismo aparcamiento, Jimmy y Lance se pusieron a conversar mientras Rolf hacía señas a la furgoneta que, conforme Jimmy había ido acelerando, se había ido quedando rezagada. Jimmy mostró su multa con orgullo y fanfarroneó por haber alcanzado los ciento treinta en una recta. También mencionó el anuncio que había hecho para el Consejo Nacional de Seguridad Viaria sobre el exceso de velocidad. No dejaba de ser irónico que precisamente él hubiese hecho un anuncio de ese tipo. Finalmente, los dos quedaron para ir a cenar juntos en Paso Robles, un pueblo situado a unos sesenta kilómetros. Podían hacer el trayecto en una media hora, o incluso en menos, si iban suficientemente deprisa.

Sandy había ido a comprar una bolsa de manzanas y las estaba ofreciendo. Jimmy cogió una y se la comió mientras acababa su conversación con Lance. Luego se fue al lavabo y a comprar una Coca-Cola. De vuelta al aparcamiento, propuso hacer una carrera con un joven que conducía un Corvette, pero este ni siquiera se lo planteó. El Porsche le pareció demasiado veloz. Jimmy no intentó convencerle. Él y Rolf subieron al coche y se dirigieron al oeste por la 466.

Se empezaba a poner el sol.

Jimmy avanzaba a gran velocidad a la luz del atardecer. A pesar de que la oscuridad iba en aumento, aún no había encendido los faros del Porsche. Al entrar en el condado de San Luis Obispo y tomar una estrecha carretera llena de curvas, en dirección a Polonia Pass, tuvo que reducir la velocidad. Luego, cuando estaba llegando a Cholame, según indicaba un rótulo en el arcén, Jimmy se colocó detrás de un coche que iba considerablemente más despacio que él. Instintivamente aceleró para intentar adelantarlo en una rápida maniobra, pero cuando se colocó en el carril de la izquierda, paralelo al otro coche, vio acercarse un Pontiac que iba derecho hacia él. Jimmy se dio cuenta que estaba encerrado. No podía volver al carril de la derecha, ocupado por el coche que pretendía adelantar, ni tampoco tenía tiempo de pasarlo antes de que le alcanzara el Pontiac. Los tres coches continuaron su camino, como si nadie supiera qué hacer. Finalmente, el Pontiac giró a su derecha y se salió de la carretera, lo cual le permitió a Jimmy acelerar y concluir el adelantamiento. Jimmy iba tan rápido –alguien dijo que debía de ir a ciento noventa, aunque parece una exageración– que no pudo ver las caras de asombro de los cuatro miembros de la familia que viajaba en el Pontiac.

En cierto modo Jimmy y Rolf tuvieron suerte de seguir con vida. Habían estado a punto de chocar con el Pontiac. Seguramente aún estaban temblando cuando cruzaron Polonia Pass en dirección al cruce de la 466 con la 41, en donde la 466, que seguía hacia el este, permitía girar a la izquierda para tomar la 41. En el cruce, ambas carreteras formaban una Y. Sin fijarse en la velocidad a la que iba, Jimmy se limitó a seguir conduciendo bajo la luz grisácea del crepúsculo. Entonces descubrió en el carril izquierdo, en dirección hacia él, algo tan grande como un tanque. Se trataba de un Ford sedán blanco y negro que, por lo que Jimmy pudo deducir, iba a doblar a la izquierda para tomar la 41. En ese caso, por descontado, tendría que atravesar el carril de Jimmy. Naturalmente, si el conductor del Ford viese el Porsche, esperaría a que pasara antes de hacer el giro. «Supongo que el tío nos verá –le dijo Jimmy a Rolf al tiempo que aceleraba–. Tiene que parar.» No había acabado de decir estas palabras cuando el sedán hizo una maniobra tan rápida que Jimmy no tuvo tiempo de reaccionar. El Ford empezó a doblar a la izquierda, pero no terminó la maniobra, de forma que quedó casi frente a Jimmy por el carril de este. Al mismo tiempo, redujo ligeramente su velocidad. Fue como si el conductor del Ford quisiera bloquear con su coche el carril por el que venía Jimmy. En la fracción de segundo anterior a la colisión contra el Ford, Jimmy tuvo que escoger entre frenar o acelerar. Decidió pisar el acelerador a fondo para esquivar al otro coche. Cualquier piloto de competición hubiera hecho lo mismo para evitar un accidente. Pero la situación de los dos objetos en movimiento y su dinámica no eran las más favorables. Jimmy no pudo desviarse lo suficiente y evitar al Ford, por lo que su asiento fue a golpear con estrépito el lado del conductor del Ford. Para todos los que se encontraban por los alrededores, el violento impacto sonó como una pequeña explosión. El Porsche salió disparado, dando bandazos hacia el arcén, y acabó junto a un poste de teléfonos. El Ford, mucho más pesado, se deslizó unos metros sobre el asfalto de la 466 hasta detenerse.

La fuerza del impacto arrojó a Rolf fuera del coche y lo envió al campo. Es probable que Jimmy también hubiese salido disparado del coche si su pie no hubiera quedado atrapado entre el embrague y el pedal del freno. Su cuerpo se proyectó, pues, hacia el asiento de Rolf. Cuando el Porsche se detuvo, Jimmy tenía los brazos y las piernas desmadejadas e inertes. Su cabeza colgaba por encima de la portezuela. La colisión le había lanzado violentamente hacia atrás y le había roto el cuello. Aunque el pecho de Jimmy quedó empalado por el volante, más tarde se probaría que fue la rotura del cuello lo que le causó la muerte. Mientras Rolf permanecía tendido en el suelo, Jimmy luchaba por respirar. Su respiración era sin embargo tan débil como su pulso, que se iba apagando lentamente. En el Ford, el conductor permanecía sentado, de bruces sobre el volante, en estado de shock.

Dos coches llegaron al lugar del accidente casi al mismo tiempo. Uno era el que Jimmy había adelantado segundos antes, cuando estuvo a punto de chocar con el Pontiac. El conductor, John Robert White, un contable de Pasadena, se detuvo para mirar los destrozos. Lo mismo hizo el conductor del otro vehículo. Cuando White vio cuán gravemente herido estaba Jimmy fue en busca de un teléfono, mientras el otro conductor, Tom Frederick, se ocupaba de Rolf. El hombre del Ford, que había conseguido salir de su coche, deambulaba sin rumbo por los alrededores. Pocos segundos después llegaron más automóviles y la gente empezó a apiñarse en el lugar del accidente. White no tardó en volver, y tras él, casi inmediatamente, se oyó una sirena a lo lejos. En poco tiempo llegó la ambulancia; Paul Moreno, el conductor, salió precipitadamente acompañado de Collier Davidson, el asistente. Sacaron dos camillas de la parte trasera del vehículo y, dejando una junto al mismo, se apresuraron con la otra hacia los dos heridos. En aquel momento llegó al lugar el policía Ernie Tripke, al que se unió, momentos más tarde, su compañero Ron Nelson. Eran ya las seis y veinte. Hacía veintiún minutos que a Tripke le habían comunicado el accidente por radio. Los dos policías colocaron luces de señalización antes de reunirse con los enfermeros para ayudarles a atender a los heridos.

Pronto llegaron Sandy Roth y Bill Hickman. Años después, aún recordaba Sandy Roth lo que vio aquella tarde de septiembre, cuando ella y Bill llegaron al lugar del accidente. «A medida que me acercaba, vi algo que primero me pareció una barrera –diría Roth–. Vi un coche extraño. Ni el coche ni el ocupante parecían dañados. Entonces vi el Porsche. Estaba completamente destrozado. Rolf estaba en el suelo, gritando: "¡Jimmy, Jimmy!", con la cara ensangrentada y los dientes destrozados. Rolf tenía los brazos y las piernas rotos. Vi a Jimmy. Estaba tirado tras el volante y supe que estaba muerto. Se había partido el cuello. Tenía poca sangre en la cara, solo un pequeño corte producido por sus gafas.»

Aunque Roth estuviera tan segura de que Jimmy ya estaba muerto, Moreno aún pensó que le quedaba algo de vida. Hickman corrió hacia el Porsche para ayudar a Moreno a sacar a Jimmy de la retorcida masa de aluminio. Sostuvo por unos momentos el cuerpo aún caliente de Jimmy, mientras Moreno y su ayudante preparaban la camilla. «Cuando llegué junto a él, creía que aún estaba vivo –recordaría Hickman–, porque me pareció notar que sacaba aire por la nariz. Tenía la frente hundida y también lo estaba su pecho.»

Mientras Bill permanecía junto a Jimmy, Sandy Roth se alejó un poco y empezó a hacer fotos. Incluso en el momento de acercarse a la muerte en brazos de un amigo, si es que aún permanecía con vida, Jimmy estaba siendo captado por una cámara. Siempre hubo alguien fotografiando a Jimmy durante la mayor parte de su vida adulta. No parecía del todo inapropiado, pues, a pesar de que pudiera parecer un tanto morboso, que un fotógrafo estuviese presto a captar aquel momento para la posteridad.

Moreno y su ayudante llevaron a Jimmy hasta la ambulancia y luego hicieron lo mismo con Rolf. Finalmente, con la sirena en marcha, la ambulancia partió hacia el War Memorial Hospital de Paso Robles. Hickman fue detrás con la furgoneta. De camino al hospital, la ambulancia tuvo un pequeño roce con otro vehículo. Moreno se detuvo el tiempo suficiente para comprobar que el incidente no había causado más daños que una ligera abolladura en el parachoques. Volvió al volante y siguió camino de Paso Robles.

En el hospital les esperaba el doctor Robert Bossert, el médico de guardia, que ya había sido avisado del accidente. Tan pronto se detuvo la ambulancia frente a la entrada de urgencias, Moreno y su ayudante se encontraron con Bossert y, entre todos, sacaron a Rolf de la ambulancia y lo introdujeron corriendo en el hospital. «Debería examinar primero al otro chico», le dijo Moreno al médico. Bossert regresó a la ambulancia y echó un Vistazo a Jimmy. Era fácil darse cuenta de que tenía el cuello roto, pero lo confirmó moviéndole la cabeza. Al hacerlo, los huesos del cuello de Jimmy rechinaron levemente. Bossert diagnosticó allí mismo su muerte. Si no había muerto en el mismo instante del choque, tuvo que haber sido muy poco después.

Un médico del hospital comunicaría más tarde a la prensa que James Dean había muerto a las cinco y media, a resultas de una rotura de cuello. Dijo también que tenía varios huesos rotos y lesiones por todo el cuerpo, y que estaba «terriblemente contusionado» por la fuerza de la colisión. Más tarde, Bossert expondría el resultado de su examen en un informe por escrito. «[Dean] estaba muerto –escribió Bossert–, y una inspección superficial reveló el cuello fracturado, fracturas múltiples en los antebrazos, una pierna fracturada y varios cortes y hematomas en la cara y el pecho. Creo que murió a consecuencia de estas heridas, y que la muerte le sobrevino en el momento del accidente o muy poco después del mismo.»

En cuanto Bossert salió de la ambulancia, Moreno cerró la puerta y se dirigió a la funeraria Kuehl. Paul Merrick, el juez de instrucción y sheriff de Paso Robles, reconocería más tarde el cuerpo de Jimmy. En el certificado de defunción, en el apartado correspondiente a enfermedad o condición directamente causante de muerte, Merrick apuntó «fractura de cuello». Las causas previas comprendían «fracturas múltiples de la mandíbula superior e inferior, fracturas múltiples del brazo derecho, lesiones internas». La hora de la muerte se fijó a las seis menos cuarto de la tarde. Merrick también indicó que el accidente había tenido lugar en el pueblo de Cholame, condado de San Luis Obispo. La localización exacta del accidente era «dos kilómetros al oeste de Cholame, en el cruce de la carretera 466 con la 41». En la funeraria Kuehl se harían cargo del funeral. El entierro tendría lugar en el Grant Memorial Park de Marion, Indiana.

En el hospital, los médicos trabajaban frenéticamente con Rolf, que presentaba numerosos cortes, varios huesos rotos y una pierna tan gravemente fracturada que pensaron que no se la podrían salvar. Entretanto, en el lugar del accidente, Ron Nelson y otros agentes de la Policía de Tráfico de California intentaban esclarecer lo ocurrido. El conductor del Ford era un tal Donald Turnupseed, que había estado cuatro años en la marina, concretamente en un barco hospital, durante la guerra de Corea. Tenía veintitrés años y estudiaba ingeniería eléctrica en el Instituto Politécnico de California. Según dijo, volvía de la universidad y se dirigía a pasar el fin de semana con sus padres en su casa de Tulare. Dean había muerto y Rolf había sufrido lesiones que pusieron su vida en peligro –al final, Rolf sobrevivió, y los médicos pudieron salvarle la pierna–; en cambio, Turnupseed no tenía más que unos cuantos cortes y magulladuras. Ni siquiera tuvo que ir al hospital, aunque más adelante un médico lo examinaría para asegurarse de que estaba bien del todo. Se encontraba sin embargo en estado de shock. Mientras daba vueltas como un sonámbulo por el lugar, no paraba de balbucear una y otra y otra vez: «No lo he visto, no lo he visto.»

Según las declaraciones de Turnupseed, entre las cinco y las seis había recorrido la carretera 466, hasta llegar a la confluencia con la 41, que es la que debía tomar para llegar a Tulare. Había doblado a la izquierda, es decir, se había colocado frente a Jimmy, porque en ningún momento había visto venir el coche deportivo gris, o al menos eso dijo. En un primer momento, su versión tenía sentido. Después de todo, era la hora del crepúsculo, cuando la luz adquiere un tono ceniciento, muy parecido al color del Porsche de Dean. Siendo un coche muy bajo desplazándose tan deprisa, el Spyder se podía confundir fácilmente con el color del horizonte. Y además iba sin luces, que Turnupseed no hubiera podido dejar de ver. La versión de Turnupseed fue que el Porsche de Jimmy simplemente chocó contra su Ford. Lo único que recordaba haber visto era el gesto de los pasajeros del Porsche levantando los brazos como para protegerse del impacto.

No cabe duda de que Dean iba a toda velocidad, aunque nadie sabe exactamente a cuánto. La familia del Pontiac que había tenido que salirse de la carretera para esquivar al Porsche, poco antes de que éste se estrellara contra el Ford, afirmó que por lo menos iba a ciento cincuenta por hora. Otros, que calcularon el tiempo que tardó Jimmy en ir desde Blackwell's Corners al lugar de los hechos, estimaron que no podía ir a más de ciento treinta en el momento en que bajaba la colina en dirección al Ford de Turnupseed. En todo caso, lo más probable es que hubiera sobrepasado los noventa por hora, que era el límite legal de velocidad.

Pero lo que Turnupseed nunca aclaró del todo fue por qué, después de haber iniciado su giro a la izquierda, volvió de nuevo ligeramente hacia la derecha y pisó el freno cuando ya se encontraba en medio del carril de Jimmy. Esta maniobra parece indicar que sí vio el coche que se le venía encima. De lo contrario, ¿por qué habría de desviar su coche hacia la derecha cuando tenía que girar casi en ángulo recto hacia la izquierda? ¿Por qué tuvo que frenar? ¿Por qué no terminó simplemente la maniobra que había iniciado?

El hecho de que interrumpiera el giro indica que algo le hizo cambiar de opinión. Es muy probable que fuera la visión, en el último momento, del Porsche de Jimmy que se dirigía directo hacia él.

Parece que lo que ocurrió es lo siguiente: Turnupseed iba por la 466 en dirección oeste cuando aminoró la marcha para girar a la izquierda e incorporarse a la 41. Después de girar el volante debió vislumbrar, en el último momento, como en un destello, el coche gris que se le venía encima a toda velocidad. Su instinto inicial fue girar el volante hacia la derecha para intentar apartarse. Pero ya era demasiado tarde. El otro coche estaba muy cerca. En aquel momento, de forma instintiva, pisó el freno, como hubiera hecho casi cualquier conductor ante la inminencia de un accidente. Fue probablemente este acto final, el frenar, lo que convirtió al Ford de Turnupseed en un muro de metal contra el que se precipitó el Porsche. Si Turnupseed, al doblar a la derecha, hubiese pisado el acelerador en lugar de frenar, es muy probable que el Ford y el Porsche hubieran pasado uno junto al otro sin apenas rozarse.

Turnupseed siempre mantuvo que no vio el Porsche hasta el momento en que este chocó contra su vehículo. Seguramente le convenía atenerse a esta versión de los hechos, ya que si admitía haber visto el Porsche, por mucho que hubiera intentado evitarlo, podrían haberle acusado de homicidio involuntario. Después de todo, aunque no quepa duda de que iba a gran velocidad, Dean circulaba por su carril. Es más, puesto que en la confluencia no había ningún *stop,* no tenía por qué haber hecho otra cosa que lo que hizo: seguir adelante por la carretera. Fue Turnupseed quien tendría que haberse detenido antes de girar y comprobar si venía alguien. Fue Turnupseed quien invadió el carril contrario. Fue Turnupseed quien no supo maniobrar correctamente para apartarse de la trayectoria del Porsche. Sin duda, Turnupseed era culpable de haber cometido un simple error humano. Aunque es probable que viera el coche de Jimmy en el último segundo, fue presa del pánico, como le hubiera sucedido a cualquier otro en la misma situación, y en consecuencia realizó la peor maniobra que podía realizar para evitar el accidente. Además, era muy joven. No era un conductor profesional, sino un simple estudiante universitario que iba camino de su casa para pasar el fin de semana, cuando se vio de pronto implicado en el que sería uno de los accidentes más famosos del siglo XX. Al final, Turnupseed tuvo suerte.

Como hubo un muerto, fue necesario abrir una investigación, pero en ningún momento se le culpó de lo sucedido. Por el contrario, se culpó a Dean por conducir demasiado deprisa.

El agente Nelson de la Policía de Tráfico, redactó el siguiente parte del accidente: «Recibí una llamada a las 5.59 de la tarde: Ocurrió en la carretera 466, confluencia con la 41, el 30 de septiembre de 1955. Fue un golpe lateral en un choque frontal. Dos personas resultaron heridas y una muerta. El herido Número Uno era Donald Gene Turnupseed, conductor del vehículo Número Uno. El herido Número Dos era Rolf Wütherich [sic], pasajero del coche de Dean. El muerto era James Byron

Dean, que ingresó ya cadáver en el hospital.» Un golpe lateral en un choque frontal. Un herido era Donald Gene Turnupseed. Otro herido era Rolf Weutherich. El muerto era James Byron Dean.

Aquella noche, Sal Mineo, Natalie Wood, Nick Adams y Dick Davalos se encontraban cenando en un restaurante de Nueva York, sin que pasara mucho tiempo desde que Dean fuese declarado muerto en California. En un momento de la cena, la conversación se desvió hacia Jimmy, el amigo que todos ellos tenían en común. Alguien mencionó que Jimmy estaba ansioso por participar en alguna carrera con el Porsche que acababa de comprarse. Otro dijo que si Jimmy no iba un poco más despacio, se vería envuelto en algún accidente serio antes de que acabara el año. Obviamente, nadie en aquella reunión podía saber que mientras estaban hablando el augurio ya se había cumplido. No se enterarían hasta la mañana siguiente, cuando la radio y los periódicos difundieran la noticia.

La muerte de Dean afectó de forma permanente las vidas de aquellos cuatro amigos suyos que esa noche cenaban juntos en Nueva York. Pero nadie recordaría la noche del 30 de septiembre de 1955 mejor que Sandy Roth y Bill Hickman. «La última vez que le vi –recuerda Roth–, Jimmy se sentía perfectamente. Acababa de comprarse el coche y estaba encantado. Era la primera vez, desde hacía mucho tiempo, que se tomaba un descanso, pues no tenía que estar en ningún rodaje.» Los recuerdos de Hickman son mucho más conmovedores. «En esos últimos días, correr era lo que más le importaba –manifestó dos décadas después del accidente–. Le había enseñado a conducir un coche con transmisión en las cuatro ruedas, pero él aprendía solo. De haber vivido lo suficiente, habría podido convertirse en un campeón de automovilismo. Estoy seguro de que yo era su mejor amigo [en Los Ángeles], pero ni siquiera yo le conocía mucho. Siempre bromeábamos: él me llamaba 'magnífico bribón' y yo le llamaba 'pequeño bribón' –de ahí el nombre que Jimmy le puso al Spyder–. No dejo de pensar en ello.»

Durante los días y semanas siguientes al accidente, sus amigos recordaban los propios pensamientos de Jimmy sobre la muerte. «En cierto sentido lo soy [fatalista] –dijo Jimmy una vez, en una entrevista de radio con Jack Shafer–. No sé exactamente cómo explicarlo, pero tengo la sensación de que hay algunas cosas en esta vida que simplemente no pueden evitarse, que probablemente nos ocurrirán porque estamos hechos de esta manera, porque atraemos nuestro propio destino... Creamos nuestro propio destino... Creo que pienso como los aztecas al respecto. Con su sentido del fatalismo, intentaban sacar lo máximo de la vida, mientras esta durase. Y yo estoy con ellos en esta filosofía. No quiero decir exactamente eso de 'come, bebe y sé feliz porque mañana moriremos', sino algo mucho más profundo y valioso. Quiero vivir tan intensamente como pueda. Ser útil y ayudar a los demás todo lo posible, por ejemplo. Pero vivir también para mí mismo. Quiero sentir las cosas y experimentar al máximo... Disfrutar lo bueno de la vida mientras dure.»

3

El sábado 1 de octubre de 1955, el titular a toda página del Marion Leader-Tribune decía: «James Dean muere en accidente de coche.» Debajo había un subtítulo: «Un nativo de Fairmount muere en accidente de tráfico en la costa Oeste.» Así es como la mayoría de los habitantes de Marion y Fairmount se enteraron de que Jimmy Dean había muerto, a menos que supieran ya la noticia por medio de los rumores. La noche del accidente, la noticia se había filtrado en Hollywood, pero también había alcanzado Fairmount.

Poco después de que se certificase la muerte de Dean, una telefonista del War Memorial Hospital telefoneó a la Warner Bros., donde un guardia de seguridad recibió la noticia –James Dean había muerto en un accidente de coche– y llamó a Henry Ginsberg. Inmediatamente, Ginsberg hizo una llamada a Dick Clayton, quien se lo comunicó a Jane Deacy, que acababa de registrarse en el Chateau Marmount de Los Ángeles, donde pensaba residir hasta concluir las negociaciones del contrato de Dean con la Warner. Clayton decidió ir a casa de Winton Dean para poder darle la noticia, antes de que este se enterara por otra persona o, peor aún, que lo escuchara por la radio. Mientras Clayton hablaba con Winton, Ginsberg se puso en contacto. con otra gente, entre ellos George Stevens. Stevens y otros miembros del equipo estaban en una sala de proyecciones de Warner Bros., examinando el montaje provisional de algunas escenas de *Gigante,* cuando se recibió la llamada de Ginsberg. Stevens contestó al teléfono. Tan pronto colgó, suspendió la proyección y lo anunció a los actores y actrices que estaban presentes: «Me acaban de comunicar que Jimmy Dean ha muerto.» Una de las actrices que estaban en la sala era Elizabeth Taylor. «Todo el mundo contuvo la respiración –escribiría Taylor más adelante–. Nadie dijo nada. Yo no podía creérmelo; ninguno de nosotros pudo creerlo. Algunos empezamos a llamar a los periódicos, hospitales, policía y depósitos de cadáveres. Las noticias eran aún confusas en aquel momento. Solo al cabo de dos horas fue confirmada la noticia.»

A Taylor le afectó mucho la muerte de Dean. Al día siguiente vomitó en su camerino; luego empezó a sollozar y estuvo a punto de desmayarse. Finalmente, la tuvieron que llevar al hospital. Quienes no se enteraron de lo ocurrido la noche del viernes, ni probablemente tampoco el sábado, cuando la noticia había saltado ya a los periódicos, fueron Marcus y Ortense Winslow. Después de haber permanecido un mes de visita en Los Ángeles, los Winslow habían regresado a Indiana aquel mismo viernes, tal como estaba previsto. Salieron de la ciudad casi al mismo tiempo que Jimmy la abandonaba en dirección a Salinas. Así pues, cuando ocurrió el accidente los Winslow estaban aún de viaje.

En un momento del trayecto, algo extraño le ocurrió a Marcus. Mientras conducía por la carretera, bien el mismo viernes por la noche o el sábado por la mañana, el locutor empezó a dar una noticia sobre un joven actor que se había matado en un accidente de coche. De repente, antes de que el locutor pudiera dar los detalles de la historia, antes de que llegase a describir el accidente o a dar el nombre del actor, Marcus apagó la radio. En algún rincón de su mente había despuntado la idea de que el joven actor muerto podía ser Jimmy. Si lo era, Marcus no quería saber nada hasta llegar a casa. Los Winslow llegaron a Fairmount el lunes por la noche. Para entonces, todo el mundo se había enterado de lo ocurrido. Su hija Joan se encontró con ellos en la granja y les dio la noticia. Marcus se comunicó inmediatamente con Winton por teléfono. Winton quería enterrar a Jimmy al lado de Mildred en el cementerio de Marion –y por eso en la partida de defunción de Dean se decía lo que se decía–, pero Marcus deseaba de todo corazón que Jimmy estuviera en el Park Cemetery de Fairmount. Winton no fue difícil de convencer, como tampoco lo había sido cuando Jimmy, a los nueve años, se fue con los Winslow. Estuvo de acuerdo en que Marcus lo enterrase donde quisiera. Winton acompañaría el cuerpo de Jimmy a Indianápolis en avión. Marcus empezó a hacer planes para el funeral que, según decidieron, tendría lugar en sábado.

A las 10.17 de la noche del martes, una ambulancia de la funeraria Hunt recogió el cadáver de Jimmy del avión que lo había transportado a Indianápolis. El cuerpo fue trasladado a las dependencias de Hunt, situadas en la calle mayor de Fairmount, donde el jueves por la noche quedó instalada la capilla mortuoria. Mucha gente acudió para ver el cadáver, aunque no fuera posible, ya que el ataúd estaba cerrado. Casi todos los visitantes eran de Indiana, aunque, según los periódicos locales, la familia esperaba que desde Nueva York y Hollywood viniera gente para el funeral. Comenzó a circular por Fairmount el rumor de que llegarían varias estrellas, quizás incluso Elizabeth Taylor.

El mismo día, el titular del Fairmount News decía: «James Dean muerto a consecuencia de un accidente de coche en California.» Debajo se leía: «Fairmount enmudece ante la tragedia que afecta a su hijo predilecto; una colisión frontal, cerca de un cruce, causa su muerte el viernes.» El artículo exponía los detalles elementales de la historia y concluía con una especie de disculpa por lo que mucha gente del pueblo había pensado de Dean a lo largo de los años: «Jimmy Dean dio mucho de sí en los veinticuatro cortos años que vivió. Mucha gente que no le comprendía lo tachaba de excéntrico. Puede que lo fuera. Pero cuando una persona se obsesiona tanto con una cosa, puede llegar a olvidarse de todo lo demás. Cuando hace tantos esfuerzos, es posible que sus acciones traspasen lo límites que establece la sociedad. En el fondo, sus conciudadanos sin embargo le comprendían. Y lo echarán de menos.»

Fuera o no verdad lo que decía el periódico, el 9 de octubre los paisanos de Dean acudieron en masa a su funeral. Nunca se había visto en Fairmount una concentración tan grande de gente. Como la Iglesia de los amigos de Fairmount solo tenía cabida para seiscientas personas, la gente hizo cola desde muy temprano para poder asistir a la ceremonia, prevista para las dos en punto. Los asientos fueron ocupados inmediatamente. La multitud que quedó fuera, unas dos mil quinientas personas, se agrupó frente a la iglesia. Precisamente los Winslow habían decidido celebrar el funeral en la Iglesia de los amigos de Fairmount en lugar de la Iglesia de los amigos de Back Creek, porque aquella era mucho más grande. De todas maneras, como se esperaba que la asistencia fuera extraordinariamente numerosa, se habían instalado altavoces fuera de la iglesia para que pudieran seguir la ceremonia los que no consiguieran entrar. Para el servicio religioso los Winslow escogieron a Xen Harvey, el ministro local que había hablado en la graduación de Jimmy, y a James DeWeerd, que entonces era ministro del Cadle Tabernacle de Indianápolis. El "Fairmount News" publicó como noticia relevante la llegada de DeWeerd al funeral. «El doctor DeWeerd, quien debe acudir a un programa de televisión en Cincinnati poco antes de que comience la ceremonia, a las dos en punto –anunciaba el periódico–, volará en un avión privado desde Buford Cadle al aeropuerto de Marion. Su llegada está prevista a las dos menos cuarto. En el aeropuerto será recogido por un coche de la policía y conducido a la Iglesia de los amigos.»

Al final, la llegada de DeWeerd causaría más sensación que la de ningún otro. Aunque Elizabeth Taylor, Edna Ferber y el resto de actores y actrices de *Gigante* mandaron flores, ninguno de ellos acudió a la ceremonia. Solo Henry Ginsberg y Steven Brooks, un agente de publicidad de la Warner Bros., viajaron a Fairmount. La mayoría de las tres mil personas que se calcula que acudieron al funeral de Dean era de Indiana. De todos modos, era una multitud tan numerosa –la mayor de toda la historia de Grant County, no solo de Fairmount–que fueron necesarios treinta policías para dirigir el tráfico.

Poco antes de las dos de la tarde del 9 de octubre, el coche fúnebre se detuvo frente a la Iglesia de los amigos de Fairmount, y el ataúd que contenía el cuerpo de James Dean fue transportado al interior de la iglesia por varias personas escogidas por los Winslow. Eran Paul Smith, Robert Pulley, Whitey Rust, Robert Middleton, James Fulkerson y Rex Bright, todos ellos amigos de Dean del instituto. Dentro de la iglesia, los Dean se sentaron detrás de los Winslow, en los primeros bancos. Como el resto de los presentes, contemplaron cómo fue colocado el ataúd en su lugar. A continuación empezó la ceremonia. En su panegírico, DeWeerd se refirió al pasado. Según DeWeerd, y tal como publicó luego el "Fairmount News", Jimmy «no era un chico problemático, sino un chico con problemas que sabía solicitar consejo de personas mayores y con más experiencia que él». Y DeWeerd continuaba: «La vida de Dean debe enseñarnos a todos nosotros que nadie nos puede quitar aquello que guardamos en nuestra memoria. Él fue rico en recuerdos, a pesar de su corta vida.» Al concluir, DeWeerd adoptó un tono filosófico: «Las únicas cosas que valen la pena son aquellas que perduran más que nuestra vida terrenal. La fama, la riqueza y el placer son falsos objetivos. Jimmy está en manos de un Dios justo y piadoso, y debemos estar satisfechos de que así sea.» A continuación habló Harvey. Tituló su apología «La vida de James Dean, un drama en tres actos», y en ella describió la muerte de Dean como «solo el final del segundo acto y el comienzo del tercero». Y concluyó: «La carrera de James Dean no ha terminado, sino que apenas acaba de empezar. Y recordad que es Dios en persona quien está dirigiendo la producción.»

Después de la ceremonia, la mayoría de los asistentes se dirigió al Park Cemetery para presenciar el entierro. Allí, alrededor de la tumba, había otras quinientas personas que, al no poder entrar en la iglesia, se habían saltado el funeral para acudir directamente al cementerio. Al término del acto la multitud se dispersó. Durante el resto de la tarde no cesó de llegar gente a la granja de los Winslow para dar el pésame a la familia. En un momento en que Marcus estaba charlando con unos amigos cerca del establo, Henry Ginsberg y Steven Brooks se acercaron para decirle que iban a coger el avión. Marcus les miró fijamente. «No quiero otro maldito Valentino», dijo de forma muy seca. Brooks y Ginsberg convinieron en que a Dean no se le convertiría en otro Valentino. «¿Cuándo se calmará todo esto?», quiso saber Marcus. «Tal vez en un par de meses», dijo uno de los hombres de la Warner Bros.

En los días siguientes, se hizo evidente que, a pesar de lo que pudiera creer cualquier miembro de la Warner Bros., todo aquello no cesaría «en un par de meses». Días después del funeral, el "Fairmount News" publicó una edición extraordinaria. En un editorial de la primera página, se leía: «Debido a la abrumadora demanda del número de esta semana del "Fairmount News", que contiene material exclusivo referente a la breve y brillante carrera de James Dean, hemos agotado todos los ejemplares del mismo, a pesar de que aumentamos nuestra tirada regular en varios cientos de ejemplares. En consecuencia, hemos decidido publicar esta edición especial, en un intento de satisfacer la demanda del público. Todo el personal quiere aprovechar la oportunidad para expresar nuestro pésame a la afligida familia de Jim Dean. Con simples palabras no se puede expresar la emoción en momentos como este, pero Jim Dean y su influencia en Fairmount nunca serán olvidados.»

En aquella misma página, aparecía un artículo de James DeWeerd, una parte del cual decía:

> El hijo predilecto que asombró a la nación con un deslumbrante relámpago de genialidad fue devuelto a casa esta semana para su última ceremonia. Su breve carrera fue tan fulgurante como el meteorito que se desliza como una lágrima dorada por las oscuras mejillas de la noche...
>
> A la misma tierra de Grant County, de la que surgió, ha sido devuelto el cuerpo de este joven inquieto para descansar.
>
> El camino recorrido por James Dean, para aquellos que mejor lo conocimos, fue empinado y pedregoso y no estuvo cubierto de rosas, sino de espinas. Como le dijo por carta a un amigo, «estamos prisioneros en un barranco de condicionamientos. Un pez en el agua no puede elegir ser otra cosa que lo que es. Sería un genio si lograse nadar en tierra. Somos peces y nos ahogamos. Permanecemos en un mundo que nos sorprende. A los afortunados se les enseña a preguntar por qué, pero nadie puede contestar».

Varios días más tarde, "Associated Press" dio la noticia de que la administración de los bienes de James Dean, valorados en 105.000 dólares, correspondientes en gran parte a la póliza de seguros que había suscrito poco antes de morir, serían administrados por Carl Coulter y William Gray. Ambos habían sido escogidos por Winton Dean, a quien el Tribunal Supremo de California había designado, según "Associated Press", «Único heredero».

A lo largo de los años, los críticos comentarían cuán irónico fue que la persona que más empeño puso en intentar evitar que James Dean se convirtiera en actor, fuese al final la única que se beneficiara económicamente de la decisión que tomó Dean al ignorar sus consejos.

El 11 de octubre de 1955, un jurado presidido por D.H. Orcutt se reunió en el juzgado del condado de San Luis Obispo para oír las conclusiones del juez de instrucción. Escucharon primero las pruebas que presentó Harry Murphy, ayudante del fiscal del distrito. A continuación, tuvo lugar un prolongado interrogatorio de Donald Turnupseed, quien continuaba insistiendo en que no vio acercarse el coche de Dean. El jurado, después de deliberar, concluyó que Turnupseed no tenía culpa alguna del accidente en que murió James Dean. En resumen, aunque el Ford de Turnupseed había acabado frenando en medio del carril de Dean cuando los dos coches colisionaron, el jurado declaraba que el suceso que causó la muerte de Dean fue accidental. Específicamente, el informe del juez de instrucción decía lo siguiente:

> Concluimos que el fallecido se llamaba James Dean y que encontró su muerte el 30 de septiembre de 1955, en Cholame, condado de San Luis Obispo, estado de California, por lesiones recibidas en un accidente en

el que, según las pruebas presentadas, colisionaron dos coches y que ocurrió en la intersección de las carreteras 41 y 466. James Dean murió de una fractura de cuello y otras heridas, y no se encuentran indicios de que fuera consecuencia de ningún acto criminal o de otra especie.

CAPÍTULO 7
VALENTINO REDUX

1

Hasta octubre de 1955, James Dean estuvo considerado como poco más que un joven y prometedor actor, con un gran potencial. No puede decirse que fuera ni mucho menos famoso. En la Warner Bros. había un flujo constante pero no intenso de cartas de admiradoras dirigidas a él. Pero eso era todo: un flujo no muy intenso. Era lógico, ya que hasta entonces solo había actuado un par de veces en Broadway, había intervenido en una veintena de programas de televisión, algunos de los cuales habían dado pie a menciones en la prensa, y había intervenido en un papel estelar en una sola película, *Al este del Edén,* en la que su nombre iba en segundo lugar, detrás del de Julie Harris.

Solo después del estreno de *Al este del Edén* había recibido su primer impulso publicitario: artículos en revistas de fans, menciones en columnas de sociedad, cortas pero entusiastas críticas en revistas como "Look", "Life", "Vogue" y "Cosmopolitan", así como un breve perfil biográfico en el "Times" de New York. De esta forma, había atraído cierta atención. Lo atestigua, por ejemplo, François Truffaut, que escribió en "Cahiers du Cinéma": «James Dean... es el cine, en el mismo sentido que Lillian Gish, Chaplin, Ingrid Bergman. James Dean ha conseguido dar viabilidad comercial a una película –*Al este del Edén*– que sin él apenas hubiese sido digna de consideración; ha logrado insuflar vida a una abstracción, hacer que una gran cantidad de público se interese por problemas morales, tratados de forma inusitada.» De todas formas, Dean aún no había generado el volumen de publicidad que se necesitaba para ser verdaderamente conocido. Lo ocurrido hasta entonces no tenía ni punto de comparación con la avalancha de reportajes y noticias que siguió a su muerte, una porción de los cuales rozaba la histeria. Si Dean, antes de morir, era un joven actor en ascenso que tenía por delante una espectacular carrera, dieciocho meses más tarde, tras el bombardeo intenso de los medios de comunicación y el estreno de *Al este del Edén, Rebelde sin causa* y *Gigante,* se había convertido en uno de los actores más idolatrados de América. Desde la muerte de Rodolfo Valentino, un cuarto de siglo antes, el público americano nunca se había obsesionado tanto con la muerte de un actor.

Y aún es más extraño que el mito que se forjó en torno a Dean, entre 1955 y 1956, no perdiera intensidad a medida que pasaban los años, y que tampoco se restringiera a Estados Unidos. Durante los años cincuenta y sesenta, la fama de Dean se esparció por todo el mundo, especialmente por Inglaterra, Francia, Alemania, Holanda, Italia, España, Suiza y Japón. En los ochenta, Dean se había convertido, junto con Elvis Presley y Marilyn Monroe, en una de las tres figuras más famosas de la cultura pop norteamericana, una proeza asombrosa para un actor que había hecho solo tres películas y cuya carrera era mucho más corta que la de Elvis o la de Marilyn. «Si un hombre puede llenar el vacío que existe entre la vida y la muerte –le había dicho Dean a Bill Bast–, si puede continuar viviendo después de morir... Para mí, el éxito, la única grandeza... está en la inmortalidad.» Durante los dieciocho meses que precedieron a su muerte, James Dean había creado una obra que, no importa si cuantitativamente escasa, le permitió alcanzar esa inmortalidad. En sus tres intervenciones cinematográficas fue tan original en sus aspiraciones creativas y llegó tan cerca de la perfección en el desempeño de su oficio, que consiguió una serie de obras de arte que perdurarán por mucho tiempo después de su muerte.

La extraordinaria reacción que se produjo a la muerte de Dean empezó con las notas necrológicas. Tanto "Associated Press" como "United Press International" cablegrafiaron a todos los periódicos del país la historia del joven y prometedor actor que muere en un accidente de tráfico. Muchos diarios dedicaron gran espacio a la noticia; algunos incluso la colocaron en primera plana. En el artículo encabezado por un titular en el que se leía "James Dean muerto en accidente de coche deportivo en California", el "Journal" de Providence describía a Dean como un actor «que se encumbró en el mundo del cine con el papel principal de *Al este del Edén* de John Steinbeck». Bajo el título de "La estrella de cine James Dean muere en choque frontal", el "Journal American" de Nueva York declaró que «Hollywood sufre hoy el impacto de la trágica muerte en accidente automovilístico del brillante y joven actor James Dean». En "La muerte de la estrella James Dean en accidente aturde Hollywood", el "Post" de Nueva York dijo que «James Dean, la espectacular estrella de cine a la que le había sido prohibido satisfacer su locura por los coches deportivos mientras trabajara en una película, ha muerto hoy tras un choque frontal». Incluso el "Times" de Nueva York, que raramente anuncia la muerte de un actor no consagrado, sacó una obituario, bajo el título de "James Dean, actor de cine, muerto en accidente de coche". En una nota ilustrada por una fotografía del rodaje de *Al este del Edén,* en la que Dean aparecía más joven que nunca, no se apuntaban más que los hechos elementales, pero, aun así, el apartado era significante. Al publicarlo, el "Times" parecía corroborar la importancia de Dean como actor.

Una semana después, siguiendo el ejemplo del "Times" de Nueva York, "Time" y "Newsweek" hablaron también de la muerte de Dean, algo que podía considerarse inaudito en el caso de un actor de credenciales más bien modestas. Mientras que "Time" calificó a Dean como «el más prometedor de los jóvenes actores cinematográficos de 1955», "Newsweek" dijo que «su interpretación del adolescente triste e incapaz de expresarse en la película *Al este del Edén* [le había] lanzado al estrellato».

En casi todos los artículos de una cierta importancia se le comparaba con Marlon Brando. Un periódico publicó una frase típica de Dean. «Cuando aparece un nuevo actor, siempre se le compara con algún otro –decía Dean–. A Brando se le comparó con Montgomery Clift, a Clift con otro, a Barrymore con Booth, etc. Solo puedo hacer el mejor trabajo del que soy capaz, una actuación realista. Pueden compararme con W.C. Fields si quieren.» Incluso en las noticias de su muerte se establecía su árbol genealógico: Montgomery Clift, Marlon Brando, James Dean. Al morir, Dean había sido encumbrado, a través de una sola película, entre los mejores de su generación.

Considerando el tono y la cantidad de las necrológicas, los ejecutivos de la Warner Bros. sabían que tenían en sus manos una situación única. La compañía había planeado desde hacía meses el estreno de *Rebelde sin causa* para el 1 de noviembre. Naturalmente, toda la campaña publicitaria estaba basada en el hecho de que cuando saliese la película Dean estaría vivo para promocionarla. Tras una serie de reuniones, los ejecutivos del estudio decidieron introducir solo dos pequeños cambios en esa campaña. Primero, que en el material de prensa, obviamente, no debería mencionarse a Dean en tiempo presente. Segundo, que el estudio eliminaría de sus anuncios la frase «¡La repentina sensación de *Al este del Edén* se convierte en la estrella del año!» Por lo demás, la Warner Bros. seguiría con su campaña publicitaria como había planeado, esperando que su personal fuese capaz de manejar el reto que suponía estrenar una película en la que el actor con el que se esperaba que el público se identificase había fallecido.

A finales de octubre se inició la campaña con la publicación por parte de la Warner Bros. de un anuncio de dos páginas en "Variety". Estaba ilustrado con seis planos de la película, en todos los cuales aparecía de forma destacada James Dean. El anuncio calificaba *Rebelde sin causa* de «un excitante drama de la Warner Bros. sobre la violencia juvenil de hoy». Refiriéndose al personaje de Dean, se decía: «Era nuevo en el barrio, la chica guapa pertenecía al líder de la banda, y el líder de la banda le llamó "gallina" en su propia cara. ¡ASÍ EMPIEZAN LAS PELEAS DE ADO-

LESCENTES!» Pero el detalle más importante del anuncio aparecía como si se tratase de una idea que se les hubiera ocurrido después de confeccionarlo. «¡Estreno sorpresa en Los Ángeles fascina al público! –se podía leer dentro de un pequeño recuadro–. ¡Aplauso final ensordecedor y cien por ciento de comentarios entusiastas! Distribuidores tenéis un éxito sensacional en vuestras manos.»

Es costumbre por parte de los estudios promocionar sus películas de esta forma, pero en este caso el anuncio no se alejaba mucho de la verdad. El público del estreno preliminar había respondido extremadamente bien a la película. El 11 de octubre, en el teatro Paramount de Los Ángeles, había interrumpido varias veces con aplausos la proyección. «[El estreno] fue muy impresionante –le dijo por carta Henry Ginsberg a Marcus Winslow–, y, por supuesto, la actuación de Jimmy era fuera de serie... Telefoneé a unos cuantos del departamento de prensa para conocer la reacción de los críticos y del público que estaba presente. Todos alabaron unánimemente el buen trabajo de Jimmy.» Solo era cuestión de tiempo que los críticos y el público del resto del país respondieran de la misma forma.

La Warner Bros. no tuvo que esperar mucho. Casi todas las críticas eran favorables; muchas elogiaban a Dean ampliamente. En "Saturday Review", Arthur Knight sostenía la idea de que Dean «revela por completo el talento latente que se percibía en su actuación en *Al este del Edén*». El "Daily News" de Nueva york indicaba que Dean «controla perfectamente su personaje». "Variety" llegó a calificar a Dean de «un talento que podía haber alcanzado las alturas». De las pocas críticas negativas, una fue la de Bosley Crowther en el "Times" de Nueva York. En ella Crowther acusaba a Dean de estar «imitando a Marlon Brando, [lo cual podría haber sido] una forma de ironizar sutilmente sobre la forma de actuar de este, pero que acaba siendo monótona». El público sin embargo ignoró las críticas como la de Crowther. En cambio, respondió con tanto entusiasmo a la película, y particularmente a Dean, que a la Warner Bros. le pareció evidente que la película no iba a estar muy lejos de convertirse en un auténtico fenómeno.

¿A qué se debía que el Jim Stark de Dean causara una reacción tan acusada en el público? Desde la escena que sigue a los títulos de crédito, en la que se encoge en posición fetal en medio de la calle y juega con su mono de juguete, Jim Stark se muestra vulnerable, rebelde. Anteriormente, los actores principales de Hollywood, como Gary Cooper en *Solo ante el peligro,* Humphrey Bogart en *Casablanca* o John Wayne en cualquiera de sus películas, proyectaban la imagen de hombres duros e independientes que siempre conseguían lo que querían y cuando lo querían. No era así con Jim Stark.

En la primera parte de la película, Jim es un chico extremadamente confundido que odia a sus padres y desprecia cualquier forma de autoridad, pero que intenta desesperadamente adaptarse al mundo que le rodea. Si Wayne y Cooper personificaban la acción, Dean, en *Rebelde sin causa*, encarnaba la reacción. Jim no moldea su mundo; es este el que le moldea a él. Finalmente, cuando Judy y Platón se convierten en las figuras centrales de su vida, a medida que se desarrolla la historia principal de la película, Jim se dulcifica y se vuelve más compasivo. Al final de la película, cuando intenta salvar a Platón de una muerte en apariencia inevitable, el público se identifica con Jim de tal manera que, cuando finalmente ocurre la catástrofe, es capaz de comprenderle, de sentirse a su lado. La policía dispara sobre Platón en las escaleras del observatorio y este muere. Jim Stark lo contempla tendido en el suelo (sus calcetines, uno rojo y otro negro, están desparejados) y empieza a llorar. No llora tanto por el amigo al que apenas hace veinticuatro horas que conoce, sino por la pérdida de la inocencia que el suceso supone.

Sentado en la penumbra, de los cines de toda Norteamérica, el público se identificaba con este sentimiento. Al ver el atractivo y bello rostro de Dean aparecer en la pantalla, también ellos podían lamentar una pérdida... la suya. Nadie podía ver esa película sin ser consciente de que cada escena mostraba a un hombre muerto, un hombre que había fallecido tan solo hacía una semana, en un trágico (y seguramente evitable) accidente, y que no tenía más de veinticuatro años cuando murió. Se creaba la espeluznante sensación de poder contactar con el más allá. Era como si James Dean hablara desde el otro mundo, como si su público pudiera escuchar cada palabra que dijese.

«Estábamos viendo –diría Joy Williams– la intensa y predestinada interpretación de un joven muerto, un mito, el mito de aquellos que desearían verse muertos sin morir. Dean estaba muerto, pre-muerto, muerto en el momento en que lo descubríamos. Su vívida presencia proyectaba una ausencia fantasmagórica. Era emocionante.»

Cuando se estrenó la película, una adolescente señaló otro aspecto clave del atractivo de Dean. Lo que dijo reflejaba el sentimiento de mucha gente joven. «Para nosotros, Dean era el símbolo de la lucha por conseguir un espacio nuestro en el mundo de adultos –escribió–. Algo que siempre nos ha sido negado y que han aplastado los convencionalismos, con Dean salía a la luz para que todo el mundo lo viese.» Otra adolescente lo manifestó de forma más poética. «Oh, Jimmy, amamos tu espíritu meteórico que ilumina el oscuro cielo demasiado fugazmente. Ese espíritu decidido, valeroso, rebelde y arrogante, pero también perdido y tierno y amado: la esencia de la juventud atormentada, de una generación a la que todos pertenecemos y a la que podemos comprender.»

El 25 de noviembre, "Collier's" publicó el reportaje fotográfico de Sanford Roth sobre Dean. En el artículo que lo acompañaba, titulado «El difunto James Dean», Roth escribió: «Su muerte fue noticia de primera página. Pero todo lo que se dijo fue algo más que un tributo a un recién llegado, cuya carrera se interrumpió al filo de la grandeza. También fue un testimonio de las presiones que hoy en día sienten los jóvenes que, como Jimmy, están en guerra constante contra el *statu quo.*» Luego estaban las fotografías: Dean jugando con un revólver en el plató de *Gigante*, Dean echándole el lazo a Elizabeth Taylor, y «la última foto de Jimmy vivo», Dean conduciendo el Pequeño bribón por la carretera. Aunque interesante por sí mismo, el reportaje de "Collier's" sirvió para centrar la atención en algo que se estaba haciendo obvio: Dean había conseguido prender en la imaginación de una creciente ola de fervientes admiradores.

Durante las semanas que siguieron a su muerte, fans de Nueva York y Los Ángeles saquearon los lugares donde se sabía que había vivido Jimmy, en busca de cualquier recuerdo del actor. Enviaron cartas a la Warner Bros. Durante el otoño llegaron al estudio cientos de cartas por semana, un incremento extraordinario del volumen normal de correspondencia anterior a su muerte. Mandaban flores a su tumba en Fairmount, especialmente el día 30 de cada mes. Había veces en que las tiendas de flores no podían servir tantos pedidos. Y sobre todo iban a ver su película. En el otoño de 1955, de un lado a otro del país, los adolescentes hacían cola para ver *Rebelde sin causa.* Algunos la vieron hasta veinte o treinta veces, incluso más. Desde Valentino, Hollywood no había visto adorar tanto a una estrella muerta.

A su debido tiempo, los poderes fácticos del negocio del espectáculo reconocieron los logros de Dean. La Asociación de Prensa Extranjera de Hollywood votó la concesión de un póstumo Golden Globe Award. La revista francesa "Cinémonde" lo nombró mejor actor extranjero de 1955. En el programa "The Colgate Variety Hour", "Modern Screen" se le otorgó el Special Achievement Silver Cup Award de 1955 (no mucho después, en una carta a la revista, Ethel Dean escribió: «El señor Winton Dean y yo les queremos dar las gracias, desde del fondo de nuestro corazón, a ustedes, así como al resto de personas que lo han hecho posible, por el premio a nuestro Jimmy... No sé cómo funcionan estas cosas, pero nada podría hacernos más felices que tener este premio con nosotros y atesorarlo para siempre. ¿Cree que sería posible? ¿Sabe usted quién lo tiene en estos momentos?» La carta estaba firmada por el señor y la señora Winton A. Dean). El 9 de febrero de 1956, "Lux Video Theatre" retransmitió la concesión de los Photoplay Gold Metal Awards, en los que a Dean le fue concedido un premio póstumo al mérito especial. Charles y Emma Dean, junto con Winton –que al parecer había sido informado de la ceremonia–, se sentaron entre el público, mientras el programa era retransmitido en directo desde el hotel Beverly Hilton. También en febrero, la Academia de Artes y Ciencias Cinematográficas le nominó para el Oscar al mejor actor por *Al este del Edén*, una nominación que tanto los fans como los críticos consideraban merecida. Muchos periodistas, entre ellos Hedda Hopper, indicaron que Dean podía muy bien ganar el premio y que sería la primera vez que se otorgase un Oscar póstumo. La posibilidad de este acontecimiento histórico dejaba a un lado el resto de galardones que recibió Dean durante la primavera de 1956, incluidos la nominación como mejor actor por *Al este del Edén,* por parte de los miembros del New York Film Critics Circle, y el nombramiento de mejor actor extranjero por parte de la Academia Francesa de Cinematografía.

Mientras Dean recibía estos elogios profesionales, sus admiradores continuaban demostrándole su devoción. Solo en enero de 1956, la Warner Bros. recibió más de tres mil cartas para Dean. En julio, ya eran siete mil las que llegaban mensualmente al estudio. Pero sus admiradores y admiradoras hacían algo más que mandarle cartas al estudio. Llamaban a las cadenas de televisión para pedir que repusieran los programas en que había salido Dean. Buscaban tiendas especializadas para comprar fotos de Dean, que se vendían más que las de cualquier otra estrella de Hollywood. Muchos fueron a visitar la Laurence Hutton Collection de la Universidad de Princeton para ver la máscara mortuoria de Dean que había sido colocada al lado de las de Garrick, Booth, Thackeray, Keats y Beethoven. No fueron pocos los que compraron bustos de Dean en tiendas o por correo. Su precio era de treinta dólares por la versión en piedra, ciento cincuenta por la de bronce.

Fue por entonces cuando Dean empezó a ser el centro de atención de las revistas especializadas en números dedicados a un solo actor. Con títulos como "La verdadera historia de James Dean", "El genuino álbum de recortes de Jimmy" (los lectores podían averiguar «Cómo vivía/Cómo amaba/Cómo se desarrolló su genialidad/Por qué murió/Por qué continúa viviendo»), "¡Jimmy Dean vuelve!" («Lee sus propias palabras desde el más allá»), estas revistas se agotaban tan pronto como se ponían a la venta. La que anunciaba el mensaje de Dean desde el más allá vendió 500.000 ejemplares en pocas semanas. Muchas de estas revistas especializadas contenían artículos con títulos tan pretenciosamente sugerentes como "La virgen negra de James Dean", "La chica que dejó atrás James Dean", "¿Es Dean un dandy?" y "Jimmy Dean no está muerto". («La genialidad jamás muere –según decía este artículo–. Continúa viviendo en el corazón, la mente y la memoria de los que han estado en contacto con ella.») En "Photoplay", que publicó por entregas el artículo de William Bast "Había una vez un chico" en sus números de septiembre, octubre y noviembre, los lectores podían hacerse miembros del James Dean Fan Club siguiendo las instrucciones incluidas en un anuncio. «Para perpetuar la memoria de un gran actor –decía en el anuncio–, manda un dólar.» Por ese dólar se conseguía una fotografía de Dean, tamaño ocho por diez («apropiada para enmarcar»), cuatro fotos de escenas de *Al este del Edén,* cuatro de *Rebelde sin causa,* ocho poses de Dean («tamaño cartera») y una tarjeta de socio. Este fue solo uno de los aproximadamente cincuenta clubs James Dean que se formaron en los años que siguieron a su muerte. El James Dean Memorial Club, el Lest We Forget Club, el World Wide James Dean Club (con sede en Londres, tenía sucursales en América y Australia)... surgieron tantos que era difícil para los fans decidir a cuál adherirse.

El 21 de marzo le otorgaron el Oscar a Ernest Borgnine por su actuación en *Marty.* Que Jimmy lo perdiera no hizo sino acrecentar la devoción de sus admiradores y admiradoras. Incluso Hedda Hopper, que no se distinguía precisamente por su simpatía, se molestó tanto por la decisión de la Academia que escribió una columna en la que pedía que al año siguiente se le concediese a Dean un Oscar honorífico. De hecho, Hopper parecía hablar en nombre de la legión de admiradores de Dean que seguían mandando correo a la Warner Eros. (el estudio recibió 5.863 cartas en mayo de 1956), que aún hacían peregrinaciones a la tumba de Fairmount (hasta quinientos al día se acercaban para depositar unas flores o simplemente para mirar) y que no cesaban de pedir fotos y recuerdos. Lo último para estar al día era una imitación de la cazadora de nilón con cremallera que Dean había usado en *Rebelde sin causa* y que los fans podían comprar por correo mediante el pago de veintidós dólares con noventa centavos.

Llegado junio, la obsesión por la figura de Dean era tan espectacular que la prensa internacional se empezó a hacer eco de ella. El 18 de junio "Newsweek" publicó «Una estrella que no muere», un artículo en el que se afirmaba que los estudios de la Warner Bros. se veían diariamente inundados de cartas. Asimismo, se anunciaba que una encuesta celebrada por el "Picturegoer" de Londres había declarado a Dean actor de moda de 1955 por *Al este del Edén.* El artículo mencionaba también uno de los episodios más morbosos de los desencadenados tras la muerte de Dean, el caso del doctor William S. Eshrich, de Burbank, California, que había comprado los restos del Porsche de Jimmy por mil dólares, lo había reconstruido y cobraba cincuenta centavos de entrada a los que quisieran admirarlo en cada uno de los centros comerciales en los que estuvo expuesto, por todo el país. Había fans, tal como se comentaba en otra publicación, que arrancaban trozos de metal del coche como una especie de reliquia.

Era esta una práctica tan curiosa como la de comprar los envoltorios de papel de los chicles que supuestamente mascaba James Dean, otra de las excentricidades de los fans. «Muchos fans se niegan a creer que está muerto –indicaba "Newsweek"–, y esta parte de la leyenda promete ser tan duradera como las habladurías que corren sobre Hitler. Dean, según este evangelio, solo fue mutilado en la colisión, pero hasta tal punto que se le retiene en un hospital, en contra de su voluntad.»

Por extraño que parezca, y a pesar de que todas las fotos del accidente publicadas demostraban que el Porsche de Dean había quedado convertido en poco más que un amasijo de metal retorcido, algunos fans aún creían realmente que el actor no había muerto en el accidente. En Fairmount, la policía se veía obligada a poner periódicamente vigilancia en la tumba de Dean, ya que la familia temía que alguien lo desenterrase para comprobar si estaba muerto. Según esos fans escépticos, Dean no estaba muerto, sino que vivía en un sanatorio, bien por su propia voluntad o en contra de la misma. Una vez hubiese conseguido, mediante la cirugía estética, la restauración de su atractiva apariencia anterior, decían los rumores, reanudaría su carrera cinematográfica para deleite de sus numerosos admiradores. «El fantástico clímax de la leyenda Dean –escribió Herbert Mitgang en el "Coronet"–es el rumor frecuentemente repetido y perpetuado por los comentaristas de películas, que habla de la resurrección del propio Dean en persona, vivo y coleando. Según esta extraña historia, que se inició en una revista del corazón, el rostro de Dean quedó muy desfigurado en el accidente. Desde entonces, el actor ha estado escondido, sufriendo numerosas operaciones de cirugía estética. Se supone que otra persona fue enterrada en su lugar; cuando se estrene *Gigante,* Dean reaparecerá casi tal cual era.»

Según otra versión completamente distinta de la muerte de Dean, que también circulaba durante la época, el actor no solo había muerto, sino que, de hecho, se había suicidado. El razonamiento era que no tenía lógica conducir un coche de carreras por una carretera normal, en primer lugar por su estructura (el coche estaba hecho de aluminio ligero, no tenía techo y su parabrisas era de una calidad bastante deficiente), pero es que, además, tampoco tenía por qué haber ido a tanta velocidad. Como era esto precisamente lo que había hecho, parecía obvio que estaba flirteando con el suicidio.

«Es difícil, si no imposible, que la gente que conocía y quería a Jimmy Dean creyese que su búsqueda de la felicidad personal había sido tan infructuosa que hubiese llegado a pensar en el suicidio –se decia en un articulo de "Photoplay" titulado «La verdad tras los rumores sobre el suicidio de James Dean»–. Y sin embargo, cualquier persona que le conociera de cerca estaba al corriente de los lúgubres estados de ánimo en los que caía de forma tan repentina, y que le llevaban a aislarse completamente de los demás.» No había en el artículo de "Photoplay", ni en los rumores que circulaban, otra cosa que especulaciones, pero eso no impidió que los fans –y los editores de la revista– lanzaran la acusación. Al final, todo esto no hizo sino incrementar la leyenda de Dean.

En septiembre, el mes en que los lectores de "Photoplay" nombraron a Dean su actor favorito, "Time" apuntó la existencia de lo que llamaba «un raro y nuevo fenómeno... que se produce sin control por todo el país: la obsesión de los adolescentes por un joven actor de Hollywood llamado James Dean». "Time" no podía perderse el fenómeno Dean. La Fundación James Dean, que había sido creada en Fairmount en el verano de 1956, estaba en esos momentos funcionando a toda máquina; su meta era recaudar un millón de dólares para ayudar a jóvenes actores que intentasen triunfar en el mundo del espectáculo. Con ello mantendrían «viva la memoria de James Dean». "Life" publicó, con el título "Delirio por una estrella muerta", un artículo que narraba las actuaciones de algunos de los fans más extravagantes de Dean. A Nick Adams le acosaban tanto las admiradoras de Dean (una mujer que quería algunas pertenencias del actor que estaban en poder de Adams dejó estatuillas de cera quemada en la puerta de su casa) que empezó a dormir con una pistola cargada, debajo de la almohada. George Stevens recibió cartas en las que le amenazaban si cortaba un solo fotograma de Dean en *Gigante.* Y las cartas seguían llegando a la Warner Bros. Algunas rozaban el patetismo. En una de ellas, una jovencita escribió: «Jimmy querido, sé que no estás muerto. Sé que te estás escondiendo porque tu cara ha sido desfigurada por el choque. No te escondas, Jimmy. Vuelve. A nosotros no nos importará.»

El domingo 7 de octubre de 1956, se celebró un oficio religioso en el Park Cemetery de Fairmount para conmemorar el primer aniversario de la muerte de Dean. A las cuatro de la tarde, dos mil personas contemplaban cómo colocaba James DeWeerd en la tumba una corona de flores, enviada por los fans de James Dean de Alemania occidental. «Estamos agradecidos –dijo DeWeerd a la multitud–, como ciudadanos de Fairmount, de que desde nuestro pueblo, en el estado de Indiana y en nuestra época, James Dean, uno de nosotros, haya conquistado la fama mundial en el campo de las artes dramáticas. En representación de los fans de James Dean de Alemania occidental, colocamos esta corona en su honor, en este primer aniversario de su inoportuna muerte, y dedicamos a su memoria este gesto de buena voluntad internacional en eterna apreciación de su talento.» A continuación, Marcus Winslow descubrió un retrato de Dean realizado por Robert Ormsby.

Cuando acabó la ceremonia, el público se puso en pie y permaneció en silencio durante más de un minuto. Luego, la gente fue pasando ante la tumba y, finalmente, se dispersó.

No es sorprendente que, con todo esto, el mito de Dean fuese en aumento. El 16 de octubre de 1956 "Look" puso a Dean en portada. Vestido con un sombrero de cowboy, camisa tejana y chaleco, Dean dejaba que su mirada se perdiera más allá de la cámara, para obligar al lector a que se fijase en él. Junto a su rostro, la revista colocó el siguiente titular: "James Dean: la historia de la leyenda más extraña desde Valentino."

En el interior, los fans podían encontrar un gran despliegue de fotos de Dean –en el plató de *Gigante,* en su casa de Fairmount, durante una clase de escultura, etc–. El artículo trazaba la historia de su creciente popularidad durante el año que había seguido a su muerte. Y concluía: «Esta [adulación] no significa el réquiem por una estrella muerta. Es un tributo a una leyenda que sigue viva.»

Naturalmente, antes de que transcurriera mucho tiempo, las cadenas de televisión también sacaron provecho del fenómeno Dean. En noviembre, dos cadenas pasaron tres antiguos programas en los que aparecía el actor. La NBC puso en antena *Harvest,* en el programa "Robert Montgomery Presents", mientras que la CBS volvió a dar *I'm a Fool* en el "General Electric Theatre", y *The Unlighted Road,* en "Schlitz Playhouse of Stars". Cuando "Time" se hizo eco de estas reposiciones, el 26 de noviembre, observó que «la semana pasada la televisión se unió histéricamente al espectral culto póstumo de James Dean, al presentar al difunto joven actor en tres programas de dos cadenas distintas». Para demostrar que «en los tres casos se trataba de explotar a Dean por razones puramente comerciales», "Time" citó a un anónimo directivo de una de las cadenas. «"[Dean es] más popular que cualquier persona viva", afirmó un ejecutivo de la NBC.» Aparentemente, *Harvest,* según dijo "Time", «apabulló a la competencia con un índice de audiencia Trendex del 24,3».

Existía una razón más por la cual las reposiciones televisivas habían dado tan buen resultado: *Gigante* acababa de estrenarse y James Dean era más popular que nunca.

2

Después de una campaña de publicidad casi sin precedentes, *Gigante* se estrenó en Nueva York el 10 de octubre y en Los Ángeles el 17 del mismo mes. La película, que Warner Bros. promocionó como un controvertido retrato de los millonarios de Texas, fue comentada ampliamente por la prensa. Pero incluso con la calidad de su reparto –«un desfile de estrellas», prometía el tráiler de la película–, casi todas las noticias se centraban en el hecho más relevante de los que rodeaban el estreno de la película: que era lo último de James Dean... «Es Dean, Dean, Dean –aseguraba la "Saturday Review"–. Es el difunto James Dean en el papel de Jett Rink lo que el público estará viendo, y los habrá que mirarán con fascinación y con amor. Porque como todo el mundo sabe, este joven que murió en un accidente de automóvil ha causado una histeria general que solo puede compararse a la que ocasionó Valentino.» El "Herald Tribune" de Nueva York también mencionó el tema de Dean y su culto. «Su interpretación del joven ayudante de rancho, amoral, inquieto y con instintos animales, en la primera parte de la película, no solo entusiasmará hasta el frenesí a sus admiradores, sino que hará que el espectador mas escéptico entienda la razón de este culto a James Dean.» Pero "Time" no iba a consentir que nadie le superase. «James Dean... muestra claramente en la película, por primera (y fatídicamente, por última) vez, lo que sus admiradores siempre dijeron que tenía: un toque de genialidad.»

Ni siquiera Bosley Crowther, del "Times" de Nueva York, que un año atrás había menospreciado la actuación de Dean en *Rebelde sin causa,* tildándola de mala imitación de Brando, se pudo contener. Señaló que, aunque las tres horas y diecisiete minutos que duraba *Gigante* eran «mucho tiempo para dedicarlo a Texas, la película del señor Stevens es mucha película». Crowther añadía: «El señor Dean interpreta a ese curioso villano con un estilizado nerviosismo, una languidez fuera de serie y un lenguaje acerado y maledicente que contiene un concentrado rencor. Se trata de la inolvidable culminación de la breve carrera del señor Dean.»

Una de las pocas críticas adversas apareció en el "New Yorker". «Texas –escribió John McCarten–, que aparentemente es un Estado que funciona como la convención de la Legión Americana en sesión continua, es reiterada y arbitrariamente descrita en esta película de la Warner titulada *Gigante*.» En cuanto a Dean, McCarten decía: «Murmurando por lo bajo, y con un sombrero Stetson encasquetado hasta la punta de la nariz, demuestra que Stanislavsky se encuentra tan a gusto entre el ganado como en los circuitos off-Broadway.»

Por todo el país el público prescindió de las críticas como la de McCarten, y se apresuró a hacer cola para comprar entradas. Al mismo tiempo, las revistas y los programas de televisión aclamaron el estreno de la película.

Una de las controversias más insólitas fue la que se desató entre los programas televisivos "The Steve Allen Show" y "The Ed Sullivan Show". Admirador de Dean, Allen había previsto hacerle un homenaje en su programa del 21 de octubre. En él planeaba transmitir un tráiler de la película, con Marcus y Ortense Winslow sentados entre el público del estudio. Pero a principios de octubre empezó a correr la voz de que Ed Sullivan pretendía utilizar otro segmento de *Gigante* el 14 de octubre, justo una semana antes que Allen. Cuando se enteró, Steve Allen montó en cólera. En el "Times" de Nueva York del 14 de octubre acusó a Sullivan, «O a alguien de su organización», de haberle robado la idea. Sullivan se defendió diciendo: «Todas las acusaciones de Allen son una mentira absoluta. –Luego añadió–: No volveré a fiarme jamás de su palabra.» Allen estaba furibundo porque la Warner Bros. había accedido a que Sullivan utilizara unas escenas de *Gigante* y también porque los Winslow se habían comprometido a ir al programa de este, a pesar de que Allen creía haberlos conseguido en exclusiva para su programa. La controversia, tal como publicó la prensa, llegó a una solución cuando Allen decidió trasladar su programa de homenaje al día 14 de octubre. En lugar de concentrarlo en la proyección de un trozo de la película, iba a poner el énfasis en la primicia de un disco titulado "The James Dean Story", un proyecto en el que el propio Allen había trabajado como narrador.

Claro está que en este asunto hubo mayores complejidades de las que dejaron entrever las noticias de prensa. La disputa entre los dos programas de televisión había sido ocasionada en realidad por un malentendido entre las dos oficinas de la Fundación James. La oficina principal de la Fundación se había instalado, lógicamente, en Fairmount, donde los Winslow no tenían problemas en pedir públicamente dinero para su mantenimiento. En «Tú puedes hacer que Jimmy viva para siempre», un reportaje que apareció en una popular revista de fans, Marcus Winslow pedía abiertamente dinero para la Fundación James Dean. La organización, indicaba Winslow, pretendía financiar tres becas, establecer un museo James Dean y patrocinar un festival de teatro durante el verano. Para ello necesitaba un millón de dólares, una suma desmesurada en 1956. En el artículo, Marcus comentaba su incapacidad para conseguir que Jimmy se convirtiera en un simple recuerdo:

«Nunca lo podremos olvidar, porque siempre habrá alguien en la puerta que haya estado en el cementerio para visitar a Jimmy, alguien que quiere estar un rato con nosotros. [Ortens y yo] pensamos que todo acabaría al cabo de un tiempo. Creíamos que llegaría el momento en que a Jim se le dejaría descansar en paz, pero deberíamos haberlo sospechado. Durante toda su vida, Jim siempre hizo lo opuesto a lo que esperábamos de él.» Finalmente, Marcus hizo su petición. «En estos momentos, la muerte de Jim es para mí una tragedia incomprensible. Siempre será una tragedia, pero no tiene por qué no tener sentido. Con vuestras donaciones, podéis hacer que Jim viva para siempre.»

Las cartas que contenían donaciones llegaban en abundancia a las oficinas de la Fundación, situada en la calle Mayor de Fairmount. Durante los primeros ocho meses se recaudaron unos doscientos mil dólares. La junta directiva y el comité de la Fundación estaban integrados por personas que habían tenido cierta importancia en la vida de Dean, entre ellos Xen Harvey, James DeWeerd, Adeline Brookshire, Xen Edwards, Marcus Winslow y Winton Dean. Todos estaban de acuerdo en que el objetivo del organismo debía ser «fomentar el talento, reconocer los logros, premiar la genialidad». Al ver que funcionaba tan bien la oficina de Fairmount, la junta directiva decidió abrir una sucursal en Nueva York. Para dirigirla contrataron a Vivian Coleman, una escritora, y a Kent Williams, un amigo de Dean. En la primera reunión del personal de Nueva York, que tuvo lugar en el restaurante Bird'n'Glass, Coleman anunció que la meta de la Fundación era «ayudar de cualquier forma posible a personas con talento en todos los campos artísticos». Para recaudar dinero y poder llevar a cabo este objetivo, Coleman se dirigió a varias celebridades –Sammy Davis, Jr., Frank Sinatra, Natalie Wood, Robert Wagner, Cliff Robertson, Sal Mineo y Nick Adams– y les pidió que actuaran en espectáculos en beneficio de la fundación, en Nueva York y en Hollywood.

Coleman hizo planes para que Sammy Davis apareciera en el programa de Allen; a cambio, Allen estuvo de acuerdo en donar cuarenta mil dólares a la fundación. Por este dinero, Allen esperaba una exclusiva ... y dio por supuesta la asistencia de los Winslow. Paralelamente, sin el conocimiento de la oficina de Nueva York, Lester Johnson, que estaba al frente de la de Fairmount, hizo un trato con el programa de Ed Sullivan, según el cual, a cambio de un determinado donativo, los Winslow aparecerían en "The Ed Sullivan Show" y no en "The Steve Allen Show". Al final, los Winslow fueron a este programa y Allen se quedó con Sammy Davis, pero el conflicto entre las dos oficinas de la Fundación James Dean tuvo resultados tremendamente perjudiciales.

Las disputas sobre la fama y el dinero solo sirvieron para disminuir en parte el verdadero atractivo del estreno de *Gigante,* la oportunidad de ver a James Dean no solo en su último papel, sino también en la primera actuación que le permitiría mostrar la gama completa de su talento. Las primeras escenas en las que figura Dean son realmente fascinantes. Mientras Rock Hudson, en el papel de Bick Benedict, se enfurece y despotrica en la pantalla, Dean, que interpreta a Jett Rink, le roba tranquilamente casi cada escena. El público se siente cautivado por esta versión única del vaquero errante. Cuando Dean le sirve el té a Elizabeth Taylor en su cabaña –momento que lo legitima a ojos del espectador–, ya está preparado para entrar en el mundo real de la película, el mundo del comercio. Y lo hace con el negocio del petróleo, solo para terminar superando a Hudson en el juego de amasar dinero. Las escenas finales con Dean son alarmantes, asombrosas. A medida que adquiere más poder que Benedict, Rink va siendo corrompido por el sistema, aunque en todo momento parece estar más que dispuesto a ello. Al final de la película, Rink queda reducido a un borracho tartamudo y refunfuñón, obsesionado con el dinero y con tal deseo de vengarse de Benedict que está dispuesto a hacer lo que sea, hasta salir con la hija de este si es necesario.

Dean impresiona en su interpretación de un envejecido y excéntrico millonario al estilo de Howard Hughes. Tanto los fans como los críticos declararon que *Gigante* era la obra maestra de Dean. Incluso George Stevens encontró palabras halagadoras. «[Dean] fue un buen chico y cumplió perfectamente con su deber –declaró Stevens en "Time"–. No era siempre una joya a la hora de trabajar con él, pero encuéntreme un actor que no sea difícil. Con la gente joven siempre te la juegas, y esperas que su actuación salga bien. Nos la jugamos con Dean y ganamos »

El 18 de febrero de 1957, James Dean fue nominado por segunda vez para el Oscar. Como lo había perdido con *Al este del Edén,* parecía estar en buena situación para ganarlo con *Gigante.* Pero la Warner Bros. cometió un grave error estratégico. En lugar de presentarlo en la categoría de mejor actor secundario, en la que se habría calificado con facilidad, y que probablemente hubiera ganado, el estudio lo presentó como mejor actor principal. Aparentemente, los miembros de la Academia no consideraron que su intervención en la película mereciese este galardón (Dean solo salía en pantalla durante cuarenta de los ciento noventa y siete minutos que tenía la película). Cuando tuvo lugar la ceremonia el 27 de marzo, Yul Brynner ganó por *El rey y yo.* El premio al mejor actor secundario se lo llevó Anthony

Quinn por *El loco del pelo rojo* ("Lust for Life"). Dean ya no volvería a estar jamás en condiciones de ganar un Oscar. Fue una derrota demasiado dolorosa para que los fans la aceptaran con resignación. Muchos continuaron presionando –Hedda Hopper entre ellos– para que la Academia le concediese un premio honorífico.

3

Era inevitable que alguien rodara un documental sobre Dean. Y fue Robert Altman, entonces un desconocido cineasta, quien se decidió a hacerlo. El documental, *The James Dean Story*, lo estrenó Warner Bros. en el otoño de 1957. Después del enorme éxito de las tres películas de Dean, con la popularidad que había alcanzado, la Warner Bros. esperaba obviamente que el documental les reportase también grandes beneficios. Hubo críticas desfavorables al proyecto. «En vista de [la leyenda de Dean], es difícil determinar si *The James Dean Story* es simplemente una astuta explotación del mito o un tributo de la compañía para la que trabajó –escribió Arthur Knight en "Saturday Review"–. Quizá sea ambas cosas a un tiempo.» Otras críticas no cuestionaban la motivación del documental, sino que se centraban en el mito de Dean. En el "Times" de Nueva York, Bosley Crowther, convertido en defensor de Dean, dijo que debido a «que existen insinuaciones de inmortalidad repartidas por toda ella... [la película] resultará irresistible para los fans de Dean». En Londres, el "Observer" recogió esta idea. «Tan diligentemente ha sido construida la leyenda que en James Dean toda una generación llora su propia muerte. Se ha transformado en el símbolo de una juventud frustrada y confundida, de la rebeldía y la soledad. *The James Dean Story* es una película que tenía que acabar haciéndose de una forma u otra. Quizá... deberíamos estar agradecidos de que no la hayan hecho todavía más empalagosa.»

En este documental de ochenta y dos minutos, Altman pasa revista a los acontecimientos más significativos de la vida de Dean, alternando trozos de sus películas y actuaciones en televisión con entrevistas efectuadas a personas que le conocieron. El narrador, Martin Gabel, expone aquellos detalles importantes que no mencionan los entrevistados. El tema musical de la película es la canción de Tommy Sand "Let Me Be Loved". De todas las personas con las que habló Altman –Marcus y Ortense Winslow, Charles y Emma Dean, Adeline Brookshire Nall, Lew Bracker y otros–, no hay ninguno que ni tan siquiera mencione el tema de la sexualidad de Dean. Era todavía 1957. La misma presión social que no le había permitido hablar públicamente de su sexualidad mientras estuvo vivo seguía prohibiendo a su familia, amigos y colegas discutir la cuestión ahora que estaba muerto. En ninguno de los artículos que aparecieron sobre Dean en los años inmediatamente posteriores a su muerte se menciona en modo alguno su homosexualidad. Amantes, ligues de una noche, romances, todo se refería a mujeres.

No mucho después del estreno de *The James Dean Story,* la Fundación James Dean tuvo que enfrentarse a nuevos conflictos. Todavía molesto por el fiasco Sullivan-Allen, Coleman cerró la oficina de Nueva York. Al irse, dijo airadamente que, al parecer, en Fairmount estaban más interesados en «.promocionar el propio Fairmount que en hacer algo constructivo en memoria de Jimmy» . La Fundación produjo una obra de teatro, "Our Town", dirigida por Coy Bronson, con Markie Winslow como protagonista, en un pequeño teatro de Indiana; también dio dos becas para la Neighborhood Playhouse School for the Theatre de Nueva York. Pero a principios del verano de 1957 la Fundación estaba en apuros. Sin Coleman, la organización perdió el apoyo de todas las estrellas que habían accedido a contribuir con actuaciones benéficas. Con el tiempo, la oficina de Fairmount acumuló también problemas financieros, y el «digno recuerdo vivo de un genio que pasó su juventud entre nosotros», como lo describió un miembro de la junta, cerró sus puertas de forma definitiva. Solo había durado dieciocho meses. Alguna gente del pueblo no quiso creer que fuesen los conflictos internos los que habían acabado con la Fundación. Sospechaban lo peor. «Era un completo fraude –recordaría un residente de Fairmount–. Oí que uno, alguien no directamente relacionado con la junta de la Fundación, se largó con cien mil dólares. Nadie dijo nada de tan avergonzados que estaban. Había muchos que no se atrevían ni a levantar la cara.»

Mientras se desarrollaba todo el drama de la Fundación, el culto a Dean seguía más vivo que nunca. En el número correspondiente al 25 aniversario (octubre de 1958) de la revista "Esquire", John Dos Passos, conocido por su trilogía épica "USA", publicó "The Death of James Dean". «James Dean murió hace tres años, pero el siniestro adolescente todavía aparece en los titulares», decía Dos Passos al inicio de su poema en prosa. Y Jean sí continuó en el candelero, por lo menos durante un tiempo. Pero como ningún estudio tenía más material de Dean, la "deanmanía" fue decayendo paulatinamente. Muchos escépticos opinaban que Dean acabaría en el más completo olvido.

De hecho, a principio de los años sesenta algunos de los proyectos relacionados con Dean no tuvieron el éxito que se esperaba.

Por ejemplo, en 1961, la versión teatral de *Rebelde sin causa,* de James Fuller, recibió malas críticas y no duró mucho en cartel. Por lo tanto, a finales de 1965, en el décimo aniversario de su muerte, los periodistas empezaron ya a anunciar el final de la histeria causada por Dean. El 29 de septiembre, el "Post" de Nueva York publicó «La década ha ido ensombreciendo el brillo de James Dean», así como un artículo de "Associated Press" que sostenía que «la moda Dean se ha desvanecido, aparentemente víctima de desnutrición».

Quizá, pero aquel mismo año "Variety" publicó un artículo sobre la muerte reciente de dos niñas adolescentes que pactaron su suicidio porque, según decían en las cartas que dejaron para sus padres, «es el aniversario del día en que Jimmy murió», y ellas no podían vivir sin él. Así que, aun sin expectativas de futura filmografía, el culto a Dean continuaba existiendo, lo reconociera o no la prensa. En 1965 existían diecisiete clubs de fans de Dean solo en Alemania, y, por supuesto, muchos más en Estados Unidos. La devoción de los miembros de los clubs no disminuía con los años. De hecho, muchos fans tenían una actitud casi religiosa hacia Dean. Therese J. Brandes, la presidenta del James Dean Memory Club, con sede en Nueva York, escribió un poema que sintetizaba los sentimientos de la mayoría de los fans. El poema se incluía en un enorme anuncio que el James Dean Memory Club publicó en la página necrológica de "Variety" poco después del aniversario de la muerte en 1966. Publicado bajo el título "En memoria del difunto James Dean", el poema decía: «Once son y no más / los años que en el cielo estás. / Hay quien dice / que tu recuerdo palidece / pero creen muchos más / que entre nosotros permanecerás.»

A principios de los setenta se demostró que los fans como Therese Brandes tenían razón. En el decimoquinto aniversario de la muerte de Dean, la Warner Bros. reestrenó *Gigante* y las multitudes hicieron cola para volver a verla. El legado de Dean perduraba, aunque su popularidad se hubiera desvanecido temporalmente. Los que hacían crítica social se dieron cuenta y relacionaron el fenómeno del mito con los conflictos políticos y sociales por los que había pasado Norteamérica en los sesenta. Como Dean simbolizaba la rebelión y el descontento, los progresistas de los sesenta lo hicieron suyo, sobre todo hacia finales de la década. Algunos observadores creían incluso que Dean había inspirado *Easy Rider,* uno de los documentos culturales más influyentes de los sesenta. Si así fue, no sería sorprendente, ya que Dennis Hopper, el director de la película, expresaba su gran admiración por Dean.

«Esa escena del poder establecido en contra de la juventud –el clímax de *Rebelde sin causa,* cuando la policía de Los Ángeles dispara contra Platón mientras Jim Stark grita que él tiene las balas de la pistola de Platón– parece en cierto modo una versión anticipada de las muertes que hay en *Easy Rider* –escribió Elroy Hamilton en el "Sun-Times" de Chicago en enero de 1971– y, quizá, de aquellas otras de Kent State, aunque los años transcurridos parecen haber añadido el ingrediente del odio.»

A medida que pasaban los años, la leyenda de Dean se iba consolidando. En 1974 los Eagles grabaron "James Dean" para "On the Border", su primer álbum. En 1975, en el vigésimo aniversario de la muerte de Dean, sus fans organizaron misas conmemorativas en varias ciudades americanas, entre ellas Nueva York y Los

Ángeles. En Fairmount, en dos salas situadas sobre el Western Auto Store, el pueblo había abierto recientemente el Museo Histórico, en el que se exhibía una serie de recuerdos de Dean. En cada aniversario de su muerte, los fans tenían por costumbre visitar el museo. En diciembre de 1977, Universal Pictures estrenó *September 30, 1955,* una película autobiográfica, escrita y dirigida por James Bridges, que examinaba cómo la muerte de Dean había afectado la vida de un joven. Ese mismo año, Seita Ohnishi, un próspero hombre de negocios japonés, subvencionó la construcción de un monumento a Dean en Cholame, California. Levantado frente a la oficina de correos, el monumento consta de una estructura metálica que envuelve un ailanto, llamado también árbol del cielo. Ohnishi decidió levantar el monumento a Dean, que costó quince mil dólares, después de haber venido desde Tokio tres veces a visitar el lugar del accidente mortal. Ohnishi hizo que los artesanos grabasen en el monumento plateado la siguiente inscripción: JAMES DEAN, 1931 FEB 8-1955 SEP 30 P.M. 5.59.

Uno de los sucesos más horribles de la leyenda de Dean ocurrió la noche del12 de febrero de 1976, cuatro días después de la fecha en que el actor hubiera cumplido cuarenta y cuatro años. Alrededor de las diez de la noche, en el garaje de un edificio de apartamentos de West Hollywood, Sal Mineo fue asesinado a puñaladas. Regresaba del ensayo de "P. S. Your Cat is Dead", de James Kirkwood, cuyo estreno era inminente. Los residentes del edificio oyeron a Mineo gritar: «¡Dios mío! ¡Dios mío! ¡Ayúdenme!», pero cuando llegó la policía ya había muerto.

Tenía treinta y siete años. En la prensa se dijo sobre el asesinato que, según fuentes reservadas, el suceso podía haber tenido relación con la droga. Durante años circularían los rumores de que a Mineo, que había llevado abiertamente un estilo de vida homosexual pero al que los obituarios describían como «soltero», lo había matado la droga.

Poco después de su muerte, los medios de comunicación exageraron la relación de Mineo con Dean. Para ilustrar el obituario, el "Times" de Nueva York publicó un fotografía de una escena de *Rebelde sin causa* que mostraba a Mineo echado en un sofá, con la cabeza apoyada en la falda de Natalie Wood y mirando con adoración a Dean. En las necrológicas se hablaba también de su amistad con Dean, aunque en ninguna se llegó tan lejos como lo había hecho el propio Mineo en un artículo que apareció en la revista "New York", el 8 de febrero. Mineo decía al periodista del "New York":

> Sentía una increíble admiración hacia él en muchos aspectos; cuando le veía hacer las cosas que hacía, así como cuando actuaba con él... No podía entender, no podía comprender lo que me estaba pasando. Pero algo me pasaba... Creo que hasta cierto punto era algo de tipo sexual,

> solo que yo no sabía nada, no tenía ningún conocimiento sobre el afecto entre hombres... Siempre había idolatrado a gente mayor que yo, porque me pasaba la vida rodeado de gente mayor. Pero por primera vez sentí algo muy fuerte. Me gustaba estar cerca de él. Me gustaba más hablar con él que con cualquier otra persona...
>
> Me doy cuenta ahora, veinte años después, de que mi vida entera cambió desde el momento en que conocí a Jimmy. Todo lo que soy como persona está relacionado con la época de mi desarrollo, cuando no me daba cuenta de lo que sucedía. Hasta años después no me di cuenta de que había estado increíblemente enamorado de él. Pero por entonces, el sentimiento era distinto. Nunca había encontrado a los hombres sexualmente atractivos, ni hablar...
>
> Pero comprendí más tarde que él sí que me había atraído homosexualmente. Y esto se producía cuando él me demostraba amor, cuando me hablaba de amor. Siempre había tenido la impresión de que no podía tocarlo. Era realmente abrumador. La última vez que le vi, mi sentimiento fue... Estaba triste pero a la vez emocionado. Quiero decir que éstas eran emociones que podía entender, pero también intuía que estaba sintiendo algo que no había experimentado antes con nada ni con nadie.

Las revelaciones de Mineo no fueron tan sorprendentes en ese momento como lo hubieran sido años antes. A mediados de los setenta, a medida que el movimiento gay se iba convirtiendo en una poderosa fuerza social en América (de hecho, este movimiento dio carta de naturaleza a la palabra “gay”), la homosexualidad iba siendo más aceptada, por lo menos en ciertos sectores de la población. Para corroborar el hecho de que el 10% de la población era homosexual –una cifra a la que apunta más de una encuesta–, las revistas empezaron a desvelar nombres famosos que habían vivido su homosexualidad a escondidas, la antigua manera de vivirla.

A Dean se le retrataba en la prensa gay como tal –un hombre gay que en público fingía no serlo–. “The Advocate” incluso publicó la escandalosa fotografía pornográfica de un joven, que parecía ser el propio Dean, balanceándose en las ramas de un arbol, desnudo, mirando provocadoramente a la cámara mientras juega con su pene en erección. Algunos amigos de Dean insistieron en que no era él, sino alguien que se le parecía. A decir verdad, si se observa bien la fotografía, el muchacho subido al árbol parece ser Dean; posar desnudo con una erección no era tan impensable en su caso, ya que en repetidas ocasiones había demostrado ser un exhibicionista y un iconoclasta. «Hace un par de años –comentaba “The Advocate” acerca de la foto– la presunta foto de Dean, que se vendía en Nueva York como rosquillas, pasaba por estar tomada de una escena de cierta película pornográfica gay que Dean había hecho antes de convertirse en una estrella. Es difícil decir a quién pertenece esa tremenda polla en erección, pero para millones de hombres y mujeres no hay duda de que se trata de Dean, que así se revela como un gigante en más de un sentido.» Lo más probable es que fuese esta fotografía la que Dean le comentó a William Fox en septiembre de 1952.

En los setenta y en los ochenta, por lo menos dos libros sobre Dean hablaban de sus actividades homosexuales, pero solo para probar que era bisexual. Los fans no podían aceptar que Dean fuera gay –y, aparentemente, tampoco los autores de estos libros–. Naturalmente, sus paisanos de Fairmount rechazaban de lleno la idea, porque a pesar de todos los cambios sociales que habían tenido lugar en el país, Fairmount seguía siendo tan conservador como siempre. El 9 de octubre de 1980, en el mismo número en cuya portada aparecía la noticia de una ceremonia religiosa celebrada en recuerdo de James Dean, el "Fairmount News" publicó un corto pero concluyente editorial sobre los derechos gay llamado "Poder homo". El editorial decía:

> El Departamento de Justicia ha pedido al Congreso que promulgue una serie de leyes que permitan la entrada en Estados Unidos de inmigrantes que sean homosexuales declarados. Peor aún, el Departamento hace la vista gorda con las disposiciones de la presente ley que impiden la entrada en el país de cualquier persona que reconozca ser homosexual.
>
> El comisionado de Inmigración en funciones, David Crosland, ha empezado a aplicar recientemente una nueva regulación, establecida en agosto de 1979, según la cual no se puede impedir a nadie la entrada en el país, a menos que el sujeto en cuestión admita ¡voluntariamente! alguno de los cargos por los que, según la ley, se le puede impedir dicha entrada. Parece, por consiguiente, que la Administración Carter ha decidido hacer política con este asunto. La reciente plataforma del Partido Demócrata incluye, por primera vez, un programa sobre los derechos de los homosexuales, lo cual refleja la creciente influencia política que tienen estos en Estados Unidos.

4

Si aún quedase alguna duda sobre la perdurabilidad del mito Dean, esta se disipó en septiembre de 1980, cuando miles de fans aparecieron en Fairmount para conmemorar el vigésimo quinto aniversario de su muerte. Martin Sheen habló en la misa conmemorativa que tuvo lugar en el Wesleyan Campground Tabernacle.

«James Dean fue el autor –dijo Sheen en público– de una de las invenciones más extraordinarias de este siglo: él mismo.» El día 30, Sheen encabezó una marcha de miles de fans hasta la tumba de Dean en Park Cemetery. «Cuando, hace años, yo estaba en la escuela de arte dramático de Nueva York –Sheen le dijo más tarde a un periodista–, corría este dicho: si Marlon Brando cambió la manera de actuar, James Dean cambió la de vivir. Era el mejor actor que ha existido jamás. Era simplemente un genio.»

Durante los ochenta, los fans de Dean continuaron adorándole. A principios de esa década, Will O'Neil, un agente comercial jubilado de la fuerza aérea de Hawthorne, California, organizó la James Dean Memorial Run para celebrar el aniversario de su muerte. O'Neil encabezó una caravana de aproximadamente cien coches antiguos que recorrieron la misma ruta que hizo Dean, entre Los Ángeles y Cholame, el día de su muerte.

«Sentíamos que [la rebelión de Dean] era algo que podíamos honrar con nuestros coches –manifestó O'Neil al "Times" de Los Ángeles–, era una manera de acompañarle, en nuestra mente, en su último viaje.»

El 18 de febrero de 1982, se estrenó en Broadway "Come Back to the Five and Dime, Jimmy Dean, Jimmy Dean", una obra de teatro escrita por Ed Graczyk y dirigida por Robert Altman, en el teatro Martin Beck, con la intervención de estrellas como Sandy Dennis, Karen Black, Kathy Bates y Cher. Con ese mismo reparto, Altman rodó una versión fílmica de la obra, también estrenada en 1982.

En marzo de 1983, la Warner Bros volvió a reestrenar *Gigante,* esta vez en el teatro Beacon de la ciudad de Nueva York; de nuevo, como en 1956, los fans hicieron cola para verla. Poco después, en Francia, el escultor Yasuo Mizui empezó a trabajar en el llamado "Wall of Hope", el segundo monumento que Seita Ohnishi, el hombre de negocios japonés obsesionado con Dean, iba a dedicarle al actor. Con un coste de doscientos mil dólares, el monumento se realizó en Francia y se instaló en Cholame. «James Dean fue la breve manifestación viviente de una nueva era –escribiría Ohnishi en 1981 para explicar su devoción por Dean–. Hay algunas cosas, como el odio que acompaña las guerras, que es mejor olvidar. Hay otras, en cambio, como el amor que inspiraba este joven actor, que deben preservarse para siempre.»

El 30 de septiembre de 1985, el trigésimo aniversario de la muerte de Dean, Warner Bros. reestrenó *Rebelde sin causa* y *Al este del Edén* en trece ciudades. Tal como había ocurrido anteriormente con *Gigante,* esta sesión doble llenó las salas. Ese año, por ser un aniversario más especial, tanto el barrio de West Hollywood como la misma ciudad de Los Ángeles declararon el 30 de septiembre día de James Dean. Sin embargo, como es lógico, la mayor celebración de todo el país tuvo lugar en Fairmount.

Recientemente, el pueblo ha empezado a dar el nombre de "Museum Days/Remembering of James Dean" al acontecimiento anual que se celebra en conmemoración a la muerte del actor. Año tras año, han ido en aumento las multitudes que se congregan en Fairmount. A mediados de los ochenta, los organizadores municipales contaban con que unas quince mil personas aparecerían durante los Museum Days. La celebración comprendía una serie de actividades para los fans allí reunidos, entre ellas la Carrera James Dean, el Concurso de Rock Lasso (para rememorar el truco de la roca y el lazo que el actor había popularizado), el Gran Desfile, el concurso de dobles de James Dean, la Vuelta Ciclista James Dean, la Carrera Conmemorativa de 10 Km James Dean, la proyección de las tres películas de James Dean, y, finalmente, una ceremonia en su memoria en Park Cemetery.

Con el tiempo, los fans se fueron dando cita año tras año en los Museum Days. Uno de ellos, un fanático de las motos, se hizo famoso porque nunca quiso revelar su verdadero nombre. Usaba el seudónimo de Nicky Bazooka. «El motorista vestido de cuero –publicaba un periódico local en 1985–, que al parecer proviene de Bloomington, no ha dejado nunca de asistir, en los últimos diez años, a la ceremonia celebrada en el cementerio de Fairmount, y cada vez coloca una corona en la tumba de Dean. En estos últimos años, se ha puesto al frente de la comitiva que va de la Iglesia de los amigos de Back Creek, donde se celebra el servicio, hasta Park Cemetery.»

A lo largo de estos años, la tumba de Dean en Park Cemetery ha sido testigo de extraños episodios. En 1980, la policía de Fairmount encontró a un joven europeo intentando dormir sobre ella. Cuando lo echaron, el chico se fue llorando del cementerio. Una noche, en 1991, el agente Carl Adams descubrió a una pareja que, según le contó a un periodista, «estaban haciendo el amor sobre la tumba». Les hizo recoger su ropa y marcharse. Unos años antes, la policía había tenido que dispersar otra reunión, esta vez de otro tipo –siete profesores de la Ball State University llevando a cabo una sesión espiritista–, también sobre la tumba. Luego, no mucho después del quincuagésimo quinto cumpleaños de Dean, un periodista local descubrió a Mary Johnson, una adolescente, sentada delante de la tumba. Leía "A Country Pathway", de James Whitcomb Riley, uno de los escritores favoritos de Dean, con tanta emoción que se le saltaban las lágrimas. «Soy una fan devota de James Dean –le dijo al periodista–, pero no creo que esté obsesionada.»

La mayoría de fans no son tan obsesivos como se cree. Aparecen por la tumba, sacan alguna foto, se quedan meditando algunos minutos y se van. Algunas mujeres besan la tumba, dejando la marca de su pintalabios. Muchos fans traen regalos para Dean –una nota, flores, un paquete de cigarrillos–. De tanto en tanto, aparece un fan famoso. Morrissey, el que fuera cantante de los Smiths y autor del libro "James Dean is not dead" ("James Dean no está muerto"), llegó a Fairmount para rodar el vídeo de "Suedehead", un tema de su álbum en solitario "Viva Hate". Cierta noche del verano de 1988, Bob Dylan, quien volvía de dar un concierto en Indianápolis, apareció en Fairmount sin avisar. Además de hacer una visita a la tumba, Dylan fue también al museo, que se había trasladado a una casa de dos pisos de la calle Washington.

A muchos habitantes de Fairmount no les agradan los fans que llegan al pueblo. «La gente que viene a los Museum Days no son de los que conocemos por aquí. –decía Cly de William Smithson–. Un año vi a un tipo que tenía el pelo rapado por ambos lados y tieso en el medio. Parecía que llevara un cepillo en la cabeza. Además, iba vestido con un enorme y viejo abrigo de lana. ¿Por qué tenemos que aguantar todo esto en Fairmount? Viene demasiada gente rara. El tipo en cuestión parecía venir como de algún lugar del este. Él y los tres que iban con él. La mitad no se sabía si eran hombres o mujeres. Gente de apariencia simple, pero no como nosotros. » Otros muchos residentes de la zona están igualmente molestos porque es Dean el que siempre ha recibido toda la atención. «Están convencidos de que se creó la fama metiéndose en la cama con todo el mundo, sobre todo con otros hombres –dice Jack Raup–. La homosexualidad está fuera de su órbita, acostarse con otra gente está fuera de su órbita, aunque a lo mejor lo acaban de hacer ellos mismos. En Fairmount, lo que hizo alguien en 1860 todavía es tema de conversación para algunos.»

Muchos residentes están convencidos que la clave de la desaparición del busto de Dean esculpido por Kenneth Kendall que en 1956 fue instalado en Park Cemetery, sobre un pedestal de ladrillo, no lejos de la tumba, se encuentra en la homosexualidad del actor. «Solo estuvo allí seis semanas –recuerda Ann Warr, la antigua presidenta del Museo Histórico de Fairmount e historiadora de la localidad–. No me dio siquiera tiempo de hacerle una foto.» Según se rumorea en Fairmount, el busto fue robado por un grupo de veteranos de la guerra, que protestaron así por el hecho de que a Dean –que, por ser homosexual, ni siquiera había sido reclutado– se le hiciera un monumento y a ellos no. Es difícil saber si fue este el motivo de la desaparición, ya que el busto nunca apareció y ningún grupo se adjudicó la responsabilidad del hurto.

El busto de Kendall no es lo único que ha desaparecido a lo largo de los años. La mañana del 12 de abril de 1983, el guarda de Park Cemetery llegó a trabajar como de costumbre y se dio cuenta de que la lápida de James Dean no estaba en su sitio. Confundido y sin saber qué hacer, llamó a los Winslow, quienes a su vez informaron a la policía del extraño suceso. También ellos estaban perplejos. ¿Por qué robaría alguien la lápida de James Dean? ¿Para qué la querrían? Pero la lápida apareció, antes de que la policía abriese la investigación. Mientras se dirigía del trabajo a su casa la noche del 6 de mayo, Guy Ellis la descubrió cerca del cruce de las carreteras comarcales 400 Este y 1100 Sur de Grant County. La lápida estaba colocada encima de un tocón de árbol.

Los Winslow colocaron la lápida en su lugar, pero al cabo de tres semanas volvió a desaparecer. Esta vez, la policía no tuvo tanta suerte. Pasaron meses y la piedra no se encontró. Muchos fans, algunos de los cuales habían venido desde Europa o Japón, se horrorizaron al encontrar sobre la tumba de su ídolo únicamente una cruz provisional de madera. «Era una deshonra pensar que no había lápida –dice Ann Warr, que trabajaba en el museo en aquel momento–. La gente entraba y se quejaba de que era una deshonra. Mi respuesta era que yo no pertenecía a la familia. Pensábamos que si el padre quería una lápida, ya se encargaría él de hacerla colocar, pero nos empezamos a sentir tan avergonzados que hablé con el gerente de Monumentos Wearly para encargar una réplica, y no nos cobraron.» Puesta en su lugar a finales de mayo de 1985, la nueva lápida era igual a la original, solo que esta vez estaba sujeta a la base con cola y tornillos de acero.

Finalmente, la mañana del 24 de mayo de 1987, en Fort Wayne, Indiana, cuando un bombero de la estación número 3 llamado Gary Wymer estaba sacando la basura, descubrió la lápida original entre el montón de escombros que había junto al basurero. Aquella misma tarde, Marcus Winslow, Jr. la recogió y se la llevó de nuevo a Fairmount. «Nos hemos alegrado de saber que no estaba en el fondo de algún río –fueron las declaraciones de Winslow según un diario local–. Es como encontrar la pieza final de un rompecabezas. Pero no tengo ni idea de lo que vamos a hacer con ella. Realmente no esperábamos encontrarla. Quizás es que quien se la llevase empezaba a tener remordimientos de conciencia.»

Eso fue exactamente lo que ocurrió. Poco después de que apareciese la lápida el hombre que la había robado, junto con dos amigos, escribió una carta a un periódico de Fort Wayne explicando las razones del hurto. «Tenéis héroes enterrados –decía desde el anonimato–. ¿Os imagináis cómo os sentiríais ante una de sus tumbas en mal estado? ¿Qué pensaríais si fuerais a su tumba y os la encontraseis pintarrajeada, con los nombres de novios y novias garabateados por todos lados y la gente esnifando cocaína encima de ella, como hacen en la tumba de Jim Morrison...? [Al principio] hubo alguien que desportilló la lápida [de Dean] y nosotros pensamos que era como un insulto. Preferimos llevárnosla antes que dejar que sufriese una muerte terrible... Solo quiero que la familia sepa que no intenté herir a nadie, y que lo hice por admiración y porque la lápida se estaba yendo al carajo. Muchos creemos que Dean fue el mejor actor que ha habido jamás.»

A finales de los años ochenta, Dean era más popular que nunca. Había tantas compañías que habían capitalizado su imagen –las cintas Maxwell, las zapatillas Converse, Adolph Coors, Levi Strauss, por nombrar solo algunas– que los Winslow contrataron a Curtis Management, de Indianápolis, para que registrase el nombre de James Dean. «Incluso hubo quien quiso comercializar frascos con lo que decían era el auténtico sudor de James Dean –dijo una vez Mark Roesler, de Curtis–. No sé de dónde sacaron el sudor pero, como con tantos otros productos sospechosos, nuestra compañía se vio obligada a retirarlo del mercado.» El sudor de Dean es uno de los muchos proyectos que Curtis ha evitado que salgan a la venta. En cambio, ha permitido que se utilice la imagen de Dean en pósters, camisetas, chándales, ceniceros, postales, cojines, gafas de sol y otras bagatelas, que sería imposible enumerar. Desde que fue contratada, la compañía Curtis ha generado unos beneficios de entre dos y tres millones de dólares al año. Ese dinero se reparte entre los Winslow y Winton Dean.

En 1990, para el trigésimo quinto aniversario de la muerte de Dean, treinta mil personas asistieron a los Museum Days. «Fairmount es el único pueblo de este tamaño, exceptuando quizá la parte vieja de Jerusalén, a la que acude gente de todo el mundo –dijo Jerry Payne, un habitante de Fairmount–. Vienen de cualquier parte y luego se van.» Después de observar este fenómeno durante años, Ortense Winslow solo podía expresar su desconcierto. «Han venido jóvenes de Francia, de Japón, de toda América –dijo–. Habían visto una película suya por la televisión y ya querían venir. He quemado miles de cartas y me quedan miles más. Me gustaría que alguien pudiera explicarme todo esto.»

5

En el improvisado escenario del aparcamiento del Citizen's Bank, Jeff Nelson, un actor de diecinueve años procedente de West Covina, California, se exhibió ante un público entusiasmado para hacer, como dice la canción de John Mellencamp, su mejor James Dean. Le siguieron Travis Feldman, un encargado de McDonald's de South Bend, Indiana; Jim Sorg, un empleado de banca, procedente de Fort Wayne; Larry Ledgerwood, un artesano alfarero de Clay City; y Scott Brim, un modelo de treinta y tres años de White Plains, Nueva York. Como Nelson, todos llevaban tejanos azules, camiseta blanca y chaqueta roja, el conjunto que vestía Dean en *Rebelde sin causa.* E igual que Nelson, pretendían imitar a Dean –inclinando ligeramente la cabeza, entornando los ojos, encorvando la espalda–.

Mientras cada uno de ellos se pavoneaba por el escenario, un público de mil quinientas personas –tan numeroso que llenaba el aparcamiento y se desbordaba por la calle Mayor– aplaudía a rabiar, como si fuese el propio James Dean quien estuviese en el escenario, y no un imitador tan joven que podría ser su hijo. Los citados fueron los cinco finalistas del concurso de dobles de James Dean de 1992. Se habían presentado veintitrés participantes a este acontecimiento, uno de los más populares de los Museum Days.

«¿Qué pensáis de los concursantes, amigos? –decía el locutor por el micrófono, arrastrando las palabras–. ¿Queréis verlos de nuevo?»

Mientras el público rugía enfebrecido, volvieron a salir los concursantes Había que escoger un ganador y el público lo hizo, aplaudiendo con mayor o menor intensidad, a medida que el presentador ponía la mano sobre la cabeza de cada uno de ellos. Los jueces –uno de los cuales era Marcus Winslow, Jr.– llegaron a la conclusión de que Jim Sorg era el ganador y que Jeff Nelson quedaba en segundo lugar. Una vez fuera del escenario, Nelson no parecía decepcionado; estaba contento de haberlo hecho tan bien el primer año que se presentaba. Sorg, sin embargo, estaba realmente sorprendido de su victoria, ya que había participado en el concurso solo por una apuesta con un amigo del trabajo. ¿Era un fan de Dean?, le preguntaron. «Lo soy ahora», dijo. Pero el verdadero ganador de la noche fue Travis Feldman, aunque en aquel momento aún no lo supiera. Megan Foley, una agente de casting que había acudido desde Los Ángeles para el concurso, porque no había encontrado ningún joven lo bastante parecido a Dean, incluso después de realizar una convocatoria a nivel nacional, contrataría unos días después a Feldman para un anuncio de McDonald's que se iba a rodar y a emitir en Australia. En el anuncio se ve a un empleado de McDonald's que sueña despierto con transformarse en James Dean, cosa que realmente ocurre en su sueño. Parecía apropiado que Foley encontrara un Dean, precisamente en el pueblo natal de este. «He pasado muchas noches frente al espejo –dijo Feldman para explicar cómo aprendió los movimientos de Dean–. Casi me sé de memoria los diálogos de *Rebelde*.»

De los treinta mil fans que acuden a los Museum Days, la mayoría admitiría que Dean es solo un pasatiempo para ellos. «Se hace querer –decía Heather Thatcher, una estudiante de instituto a la que coronaron Reina de los Museum Days de 1992. Yo he crecido pensando en James Dean. Me encanta su manera de actuar. Es tan misterioso. ¡Tiene unos ojos!»

Hay, sin embargo, un grupo de fans que se hace llamar los Deaners, para los cuales James Deans es más que un simple pasatiempo; ocupa un lugar importante en sus vidas. ¿Por qué sienten estos fans algo tan profundo por Dean? «Para algunos, hay un elemento religioso en todo esto», dice Del Rey Loven, un artista de Chicago de unos treinta años. Por ejemplo, para Bobby Dean, un treintañero restaurador de coches, de Colorado Springs, Colorado. «Cuando era joven, pensaba que James Dean era el rey de los adolescentes», dice. De hecho, su veneración hacia el ídolo era tan grande que en 1986 se hizo tatuar la escena de la crucifixión de *Gigante* (aquella tan famosa en la que Dean utiliza un rifle a modo de travesaño horizontal de la cruz y posa como Cristo en la crucifixión, con Elizabeth Taylor arrodillada a sus pies) en toda la espalda, por el precio de mil doscientos dólares más el consiguiente dolor. «Era mi manera de devolverle algo a Jimmy –continúa Bobby, cuyo verdadero apellido no es Dean–. De mostrar lo mucho que él ha dado a los demás.»

Bryan DeLuca también ve una cualidad espiritual en Dean. «Jimmy era tan eterno –dice DeLuca, de veintiún años– que no morirá nunca. Su espíritu está en todos nosotros.» Cuando DeLuca habla de Dean se nota claramente que lo dice en sentido literal. «Tuve un sueño en el que yo caminaba y allí estaba Jimmy. Le oí decir que mi cuerpo era perfecto para su alma y que quería entrar en él. En mi sueño, le sentí venir hacia mí, le sentí fusionarse conmigo. Ahora siento verdaderamente a Jimmy aquí dentro –dice señalándose el corazón–. Es como un cálido e intenso sentimiento. A veces ni siquiera me siento como yo mismo. Me siento otra persona. Para ser sincero, nunca le he dicho esto a nadie excepto a mi mujer.»

Si hay un rasgo común entre los Deaners, es su capacidad para identificarse con su héroe. Arnold Siminoff, un empleado de limpieza en el casino Caesar's de Atlantic City, piensa que él y Dean tenían mucho en común. «Nacimos el mismo año» –dice–. Además, era hijo único y su madre había muerto. Entre los Deaners, Siminoff es famoso por sus largas caminatas (recorre a menudo las diez millas que hay entre su hotel, en Marion, y Fairmount) y por su entrega y devoción a Dean. «Mi sueño era llegar a vivir en Fairmount, y eso hice en 1980. Ahora, mi otro sueño es quedarme aquí para siempre. Quizá también se cumpla como se cumplió el primero. Si Dios quiere.»

A la una del mediodía del 30 de septiembre de 1992, tres días después de que se acabasen los Museum Days, Tom Berghuis, un antiguo fan de Dean, originario de Flint, Michigan, subió al púlpito de la Iglesia de los amigos de Back Creek. A finales de los años cincuenta tenían lugar en esta iglesia las ceremonias anuales conmemorativas de la muerte de Dean que durante los años sesenta y a principios de los setenta se habían dejado de celebrar.

En 1976, Adeline Brookshire Nall reanudó las ceremonias, que continuaron luego cada año. Nall se encargó de organizarlas hasta 1992, año en que, confinada en una silla de ruedas, transmitió la responsabilidad a Berghuis. Nall, sin embargo, no ha dejado de asistir, y permanece en cada ocasión junto al púlpito, en su silla de ruedas.

Mirando a la congregación que llenaba a rebosar la diminuta iglesia, Berghuis inició el primer tema de su discurso. «Hoy no se encuentra entre nosotros –dijo– un amigo de Nueva Jersey, Arnold Siminoff. Todo el mundo conoce a Arnold, el chico de la chaqueta roja y el sombrero de cowboy. Más de una vez me lo he encontrado por la carretera, caminando hacia Fairmount. Yo iba en coche y a veces me paraba para preguntarle: 'Arnold, ¿por qué caminas?', y él me respondía: 'Porque quiero ir a Fairmount.'» Después de estas palabras, Berghuis presentó a Becky Byington, amiga de Arnold, para que esta explicara su ausencia. «A Arnold le han operado esta mañana de cáncer de huesos –dijo, aguantándose las lágrimas–, y por eso no puede estar hoy aquí, con nosotros. Pero me pidió que les leyera este poema para Jimmy.» El poema se titulaba" Con el corazón".

Prosiguió la ceremonia. David Loehr, un coleccionista de recuerdos de Dean, leyó una larga cita del actor, publicada en las revistas. Estaba escrita por Dean, pero corregida (y seguramente reescrita) por el departamento de publicidad de la Warner Bros. Después de describir a Dean como «un chico normal», Adeline Brookshire Nall explicó a los presentes dos episodios muy significativos de la época en que ella fue su maestra. Jeff Nelson leyó un pasaje de "El principito". También lo hizo Berghuis, comentando antes de empezar que el libro «no precisaba ningún tipo de introducción para los fans de Dean». Bob Pully, un compañero de clase de Dean en el instituto, recordó la vez en que él, Dean y algunos amigos prendieron fuego accidentalmente a un campo de hierba seca. «Jimmy era simplemente un chico más de Indiana, como el resto de nosotros», dijo Pully. Luego, Berghuis rogó que guardaran un momento de silencio por Dean, que concluyó cuando, al mirar al fondo de la iglesia, vio «algo sorprendente... el señor Nicky Bazooka».

Durante años, Bazooka había estado presente en la ceremonia del 30 de septiembre, aunque nadie sabía exactamente quién era ni de dónde procedía. El nombre era inventado. Su ropa, un conjunto compuesto por una cazadora Harley Davidson, pantalones de motorista, botas y una gorra, todo de color negro, no es precisamente el tipo de ropa que uno viste para ir al trabajo. Conducía su moto –una Triumph con matrícula 9-30-55– solo una vez al año, el 30 de septiembre, y se decía que el resto del año la tenía guardada en un garaje de Fairmount. Durante una década entera había aparecido a la una y media, puntual como un reloj, en la ceremonia conmemorativa de James Dean, celebrada en la Iglesia de los amigos de Back Creek. Subido a la moto, pasaba frente a la iglesia, con el motor ronroneando. Luego aparcaba su vehículo, entraba en el recinto y se quedaba de pie, cerca de la puerta. Una vez que era presentado, se acercaba al púlpito y decía algunas palabras sobre James Dean. Los Deaners estaban pendientes cada año de esta súbita materialización de Bazooka. «En la vida hay un par de cosas que puedes contar con que aparezcan cada año –explica Loehr–. Son Santa Claus y Nicky Bazooka.»

Aquel día, después de ser presentado, Bazooka decidió hablar de sí mismo. «Cuando vine aquí por primera vez y quise indagar sobre James Dean, la gente no parecía demasiado interesada en saber más sobre él –dijo con un lenguaje más pulido del que podría esperarse de alguien vestido como él–. Les bastaba con lo que ya habían oído hasta entonces. Tuve un año para pensarlo, y lo pensé. Si logro montar un poco de cisco, me dije, quizá la gente se interese un poco más. Tenía estas cosas –la chaqueta, los pantalones–, puesto que estaban de moda. Así que las reuní todas, cogí la moto y pensé: ¿y si pongo una buena corona de flores delante y hago un numerito como el de la dama enlutada de Rodolfo Valentino?» El público se rió y entonces Bazooka cambió el tono de sus comentarios. «Y continuaré viniendo mientras la gente quiera que conmemore la vida y el arte de James Dean. Algunos de nosotros conocíamos a Jimmy y algunos le queríamos, pero nos inspira a todos. Para la mayoría de nosotros, dos aciertos de tres no está nada mal.»

Mientras el público aplaudía, Bazooka se quitó el pañuelo azul que llevaba atado al cuello y se lo puso a Adeline Brookshire Nall, a la vez que la besaba en la mejilla. «Es hora de irse», dijo Berghuis. La multitud de fans fue saliendo despacio de la iglesia, en dirección al aparcamiento. Bazooka montó en su moto y, poniendo de golpe el motor en marcha, se alejó lentamente. Guiados por él, los fans, agrupados en hileras de a cuatro o cinco, recorrieron los cuatrocientos metros que les separaban de Park Cemetery. Los automovilistas locales, conocedores de la tradición anual, se apartaban respetuosamente a un lado mientras pasaba la comitiva. A la entrada del cementerio, Bazooka esperó con el motor ronroneando en punto muerto hasta que todos los fans llegaron a la tumba de Dean. Entonces, fue él quien se dirigió lentamente hacia la sepultura. Una vez allí, cogió la corona que llevaba sobre el manillar y la depositó sobre la lápida. Se arrodilló luego un momento y finalmente regresó junto a la moto y la puso en marcha. «¡Hasta el año que viene, Nicky!», gritó uno de los fans, haciéndose oír por encima del ruido del motor. Bazooka, a gran velocidad, recorrió el angosto camino de tierra del cementerio, entró en la carretera general y, sin volver la vista atrás, desapareció tras un recodo.

6

En la primavera de 1992, muchos de los amigos más cercanos a James Dean, así como algunos de sus familiares, habían muerto. En 1968, Nick Adams, que hizo un pequeño papel en *Rebelde sin causa,* murió de una sobredosis en su casa de Beverly Hills. En septiembre de 1971, Pier Angeli, que se había divorciado de Vic Damone ya en 1956 y estaba desesperada por hacer una película que le sirviera para resucitar su carrera, falleció de una sobredosis de barbitúricos. Aparentemente fue un suicidio. Tenía treinta y nueve años. El 12 de febrero de 1976, Sal Mineo fue asesinado en Los Ángeles. El 6 de abril de 1976, Marcus Winslow falleció de muerte natural en Fairmount. En 1979, Nicholas Ray falleció de un lento y doloroso cáncer. La noche del 20 de julio de 1981, Rolf Wuetherich, el mecánico que había sobrevivido al accidente de Dean, perdió el control de su coche en una carretera mojada de las afueras de Heilbronn, Alemania, y se estrelló contra un árbol. Al igual que Dean, no llegó vivo al hospital. La noche del 19 de noviembre de 1981, Natalie Wood, en camisón y con una chaqueta sobre sus espaldas, estaba paseando por la cubierta de su yate anclado frente a la costa de isla Catalina cuando cayó por la borda y se ahogó en las frías aguas de la bahía. Ni Robert Wagner, su marido, ni Christopher Walken, un amigo de la familia que se encontraban a bordo, la oyeron pedir auxilio. Al año siguiente, Lance Reventlow, con quien Dean tenía que cenar el día en que murió, fallecía en un accidente de aviación. El 2 de octubre de 1985, Rock Hudson se convertía en una víctima más del sida. En octubre 1991, Ortense Winslow murió de vieja en Fairmount.

En la primavera de 1992, Adeline Brookshire Nall, que actualmente vive en una residencia geriátrica de Marion, se encontraba bien de salud, aunque con ciertos problemas en la cadera. Cuando fui a visitarla en marzo a la residencia, en el transcurso de la investigación que llevé a cabo para escribir este libro, parecía animada y despierta. De todas formas, no pudimos terminar nuestra conversación, ya que se sintió fatigada. Me pidió que lo dejáramos para otra ocasión. Cuando me iba, mencionó que Winton Dean, quien años atrás se había mudado a Florida, donde murió su mujer, Ethel, vivía ahora en Marion, también en una residencia de ancianos.

—¿No querría ir a visitarle? -le pregunté.

—¡Me encantaría! -respondió-. No he visto a Winton desde hace años.

La señora Nall fijó el día y la hora en que yo debía recogerla. Era una tarde de domingo cuando atravesamos la ciudad para llegar al Oaks Retirement Home, la residencia cuyo huésped más famoso era Winton Dean. Moderna, con paredes de ladrillo y bien cuidada, es probablemente la residencia más agradable que hay en Marion. Varias personas me habían dicho que el personal del centro había recibido de la familia órdenes estrictas para impedir que nadie se acercara a Winton Dean. En su momento le llegó a abrumar de tal manera el fenómeno Dean que no había querido volver a hablar con ningún periodista -o fan- que se interesara por su hijo. La leyenda cuenta que en cierta ocasión Winton Dean se mudó de domicilio porque un periodista se enteró de donde vivía. Verdadera o no, la historia confirma hasta qué punto se había distanciado, a lo largo de las cuatro décadas pasadas, de su hijo o de su leyenda. No podía imaginarme lo que ocurriría en la residencia cuando llegáramos la señora Nall y yo. Era de suponer que una diligente enfermera nos saldría inmediatamente al paso para indicarnos la puerta de salida.

Pero tuvimos suerte. La enfermera de turno, una mujer vestida con ropa blanca almidonada y aires de ejecutiva, que pareció rejuvenecer veinte años mientras nos acercábamos, había tenido a la señora Nall de profesora de dicción en el instituto

Fairmount. «¡Ah! Señora Nall –exclamó efusivamente al verla–. ¡Mi profesora favorita del instituto!»

—La señora Nall querría ver a Winton Dean –dije, tratando de aprovechar la momentánea buena disposición de la enfermera. Cogí con firmeza el brazo de la señora Nall, no solo por el estado de su cadera, sino también para que la enfermera se enterase que yo estaba con ella.

—Al fondo –nos indicó la enfermera, sonriendo con felicidad a su antigua profesora. La señora Nall y yo recorrimos despacito el largo pasillo que conducía a la habitación de Winton Dean. Desde fuera de la habitación eché un vistazo al interior y lo descubrí sentado, con la espalda sumamente rígida, en una silla reclinable y mirando la televisión. Aunque desde fuera no podíamos ver el televisor, se oía por el pasillo desde mucho antes de llegar.

Tan impaciente como siempre, la señora Nall tiraba de mí hacia el interior de la habitación. Al principio, Winton no reaccionó al vernos. Simplemente, nos miró. Luego nos indicó con un ademán que entráramos, así que lo hicimos.

—Winton –dijo la señora Nall–. ¿Me conoces?

Vestido correctamente con unos pantalones de pana, una camisa a cuadros marrón y blanca, una chaqueta color tostado de cierre de cremallera y una gorra, Winton Dean no contestó. Me resultó muy extraño ver a Winton Dean allí sentado, con su gorra, en aquella residencia para ancianos, un domingo por la tarde. Como contestando la pregunta de la señora Nall, esbozó una sonrisa, dando a entender que la había reconocido después de tantos años. Acerqué una silla para que la señora Nall se pudiese sentar junto a él. En cuanto tuvo a la señora Nall a su lado, Winton Dean –que aún no había pronunciado palabra– le cogió una mano y la puso entre las suyas. Sus gestos eran lentos pero decididos. Era como si tuviese que considerar profundamente cada una de sus acciones. Me apoyé en una esquina de su cama, que estaba perfectamente hecha. A mi espalda, la televisión sonaba muy fuerte. A juzgar por el volumen, di por hecho que Winton Dean, que tenía entonces ochenta y cuatro años, estaba bastante sordo. Escuché por un momento los sonidos que manaban del aparato y por ellos pude darme cuenta de que Winton estaba viendo un programa de patinaje artístico.

—Tienes buen aspecto, Winton –dijo la señora Nall, acercando su rostro al de él, para que pudiera oírla por encima del estruendo de la televisión.

—Tú también –dijo él. Debido a su edad y su oído, hablaba despacio, angustiosamente despacio. Tardó en contestar cada pregunta, como si también tuviese que considerar mucho la respuesta antes de expresarla. Su voz era un poco estridente, una voz fuerte, quebrada. Charlaron sobre Fairmount. Compararon sus respectivas residencias. Hablaron de los amigos que tenían en común.

Pasó media hora, pasaron tres cuartos.

Me daba la sensación de que los dos sabían muy bien que si no dejaban de hablar de lo que se les ocurriera, conseguirían evitar el tema de James Dean. Jimmy, que era para uno el hijo y para la otra el alumno, había significado para los dos un cambio en el rumbo de sus vidas. Finalmente, la señora Nall le explicó a Winton Dean quién era yo, un periodista que estaba «escribiendo un libro sobre Jimmy». Cuando quedó claro que a Winton no le molestaba mi presencia, la señora Nall llevó la conversación hacia Jimmy.

—¿Sabes?, Winton –le dijo con su voz suave y entrecortada–, no tienes nada de que avergonzarte con respecto a Jimmy. Marcus y Ortense lo criaron bien.

Winton Dean simplemente permaneció callado. A lo largo de los años, nadie se había mostrado más reacio a hablar de James Dean que su padre. La situación no había cambiado. Una mirada de genuino dolor invadió su rostro cuando empezó a pensar en su hijo. De hecho, estuvo así, sin reaccionar, durante tanto tiempo que decidí no hablarle de Jimmy. Ya empezaba a buscar alguna forma de que pudiéramos irnos sin que se ofendiera, cuando finalmente habló.

—Me pongo muy sentimental al pensar en Jimmy –dijo.

Aún sostenía la mano de la señora Nall entre las suyas.

—Ya lo sé –dijo la señora Nall–, pero Jimmy tuvo una buena vida aquí en la granja. Y era un alumno maravilloso.

Hubo otra larga pausa.

—No recuerdo que Jimmy fuese bueno en la escuela –dijo su padre–. No era un chico muy estudioso.

—No –dijo la señora Nall–. Pero era bueno en otras cosas.

Winton Dean captó la intención de la señora Nall.

—Sí que recuerdo que Jimmy era bastante bueno en deportes –dijo.

—¡Y en arte dramático! –añadió ella, alzando la voz con entusiasmo–. Nunca tuve un alumno mejor. Aquel chico era un verdadero genio.

Una vez más, Winton Dean esperó antes de hablar.

—Costó tiempo que la gente reconociera el tipo de obras en las que Jimmy podía actuar bien. Fue la señora Nall la que se paró a pensar.

—Pero en serio, Winton –dijo–, no tienes nada de que avergonzarte.

Winton se sintió de pronto emocionado. Lo que le había dicho la señora Nall le había traído una oleada de recuerdos. Sus ojos se llenaron de lágrimas, pero no se derrumbó.

—Supongo –dijo, su voz estremecida mientras procuraba no llorar– que soy culpable de unas cuantas decisiones erróneas.

Si en algún momento de su vida dejó entrever cómo se sentía sobre la manera en que trató a su hijo, si alguna vez admitió alguna culpa, fue entonces. La forma en que pronunció la frase indicaba que Winton Dean había dicho todo lo que tenía que decir, aunque fuera tan breve. Supongo que soy culpable de unas cuantas decisiones erróneas. En ningún momento, mientras duró la conversación, soltó Winton Dean la mano de la señora Nall.

—Lo hiciste lo mejor que pudiste –dijo ella para resumir lo que pensaba–. Lo mejor que pudiste.

Al poco, la señora Nall y yo nos fuimos de la residencia y Winton Dean volvió a contemplar el patinaje artístico en la televisión. Más tarde, cuando me hube despedido de ella en su habitación, me dirigí hacia mi hotel en mi coche de alquiler. Puse la radio y David Bowie estaba cantando: «Rebel, rebel. Do you know what I mean? Rebel, rebel». Y mientras conducía, no pude menos que acordarme de un comentario que Andy Warhol hizo una vez sobre James Dean. «No es nuestro héroe porque fuera perfecto –dijo Warhol–, sino porque representaba perfectamente el alma maltratada pero hermosa de nuestros tiempos.» Por eso sigue siendo Dean una figura relevante. Era la quintaesencia del joven rebelde que no encajaba en la sociedad que le rodeaba. Era alguien no amado en busca de amor. Era una personalidad fragmentada que perseguía el absoluto. En la era del posmodernismo, lo que Joan Didion llama un tiempo «de atomización...[en el que] las cosas se caen a pedazos», James Dean es el actor que mejor personifica la influencia de la sociedad y la cultura que le crearon, una presencia hermosa, aunque maltratada, que vivió solo lo necesario para convertirse en leyenda.

7

Desde su muerte en 1955, uno de los aspectos más discutidos sobre James Dean ha sido el de su sexualidad. Durante los últimos dieciocho meses de su vida y durante los años que siguieron a su muerte, varias mujeres jóvenes, como Pier Angeli, Lori Nelson y Betsy Palmer, dieron a entender que habían estado sentimentalmente unidas a él. Si no lo declararon de forma directa, por lo menos se esforzaron con esmero en no desmentirlo. Paralelamente, se había establecido otra línea de pensamiento, aunque de manera mucho menos pública. En una fiesta en Nueva York, una vez le pedí a un conocido productor de Hollywood, familiarizado con Dean y su legado, que describiese la sexualidad de Dean. «Bueno, vivía su vida básicamente como un homosexual», dijo el productor, obviamente incómodo con el tema. Cuando le insistí para que ampliara su comentario, se resistió, y en cuanto pudo se fue a hablar con alguien al otro lado de la habitación.

¿Por qué respondió de esta manera? Porque no quería colaborar en el desprestigio del mito que Hollywood y su industria habían estado creando durante años –décadas–, y que continuaban manteniendo. En 1990 Dennis Hopper escribió sobre

Dean lo siguiente, en la introducción de un libro de fotografías, consistente en diferentes tomas de las tres películas de la Warner Bros.: «Pienso que es un infortunio que las dos biografías de James Dean que se han publicado afirmen que era gay. James Dean no era gay. Los dos grandes amores de su vida en Hollywood fueron Pier Angeli y Ursula Andress. Pier Angeli se casó con Vic Damone. Jimmy se quedó sentado en su motocicleta bajo la lluvia, fuera de la iglesia. Ella le había pedido a Jimmy que se casara. Él le había pedido que esperase hasta ver cómo se desarrollaba su carrera. Ursula Andress conoció a John Derek y empezó a exhibirlo por los platós de *Gigante,* después de que Jimmy rehusara casarse con ella por la misma razón que le había expuesto a Pier Angeli.»

Naturalmente, otros muchos han especulado sobre la posibilidad de que Dean fuera bisexual. Dean mismo parecía haber sugerido esta posibilidad cuando dijo: «Bueno, ciertamente no voy por la vida con una mano atada a la espalda.» Pero ¿qué era en realidad? No es insólito que un joven gay, que aún está acostumbrándose a su sexualidad, tenga idilios con mujeres. Algunos incluso se casan y solo aceptan su verdadera preferencia sexual después del matrimonio.

¿Era James Dean el clásico ejemplo de un joven que habría llevado un estilo de vida abiertamente gay si las presiones sociales del momento no se lo hubiesen impedido? ¿Reprimía sus auténticos impulsos sexuales y se relacionaba con una mujer –Angeli–, porque "supuestamente" tenía que enamorarse de ella? Si así fue, solo nos queda imaginar la tortura psíquica por la que tuvo que pasar. Y esa tortura ayudaría a explicar el tipo de comportamiento que habitualmente ostentaba en pantalla: rabia profunda, desprecio hacia la autoridad y frustración por no encajar en su entorno.

¿Pudo todo esto haber afectado su forma de actuar, que es, en resumidas cuentas, la razón por la cual todavía hoy nos importa? En todas sus películas, Dean representa personajes en profundo conflicto consigo mismos. En *Al este del Edén,* Cal Trask lucha con los contradictorios sentimientos que tiene hacia su padre. En *Rebelde sin causa,* Jim Stark tiene que enfrentarse con emociones semejantes, aunque en un tiempo y lugar diferentes. En *Gigante*, a lo largo de gran parte de la película, Jett Rink intenta hacerse un hueco propio en una sociedad que le rehuye primero por ser pobre y, luego, cuando es rico, por no pertenecer a la clase adecuada.

En resumen, todos sus personajes son seres inadaptados que intentan averiguar por qué se encuentran tan alejados del mundo que les rodea. Quizá fue el propio conflicto interno de Dean el que le llevó a profundizar en su subconsciente y a explorar su talento creativo. No hay duda de que Dean revolucionó la interpretación contemporánea. ¿Pudo desarrollar sus impulsos artísticos hasta los extremos en que lo hizo, porque precisamente estaba en constante conflicto con su homosexualidad? Un auténtico artista nunca acaba de encajar en el mundo que le rodea. Si lo hace, deja de ser un observador para convertirse en un objeto observado. Se puede decir que James Dean utilizó su angustia, la causada por la incapacidad de llevar la vida que quería, como impulso para seguir sobrepasando los límites de su arte.

AGRADECIMIENTOS

Quiero dar las gracias a James Stein, Marcy Posner, Tom Kazar y Kryst Hall de la agencia "William Morris"; a Maura Wogan y Martin Garbus de "Frankfurt, Garbus, Klein y Selz"; a Margaret Tufts, cuya ayuda en la investigación bibliográfica fue inestimable; a Steven Diamond, quien realizó un experto estudio de la ingente cantidad de material fotográfico de James Dean que existe; a Julie Grau por su amistad; a Paul Scott, que me informó sobre particularidades del oficio de actor, y al doctor Richard Shepard, que me ha visto pasar hasta el momento a través de tres difíciles libros. También estoy agradecido al Seminario de Biografía de la Universidad de Nueva York, del cual soy miembro, porque uno de los cursos impartidos en la primavera de 1993 fue dedicado a mi trabajo sobre James Dean. Además me gustaría dar las gracias a Cyndi Stivers de "Premiere" y Roger Alton de "The Guardian", para los cuales escribí un artículo sobre los Museum Days-Remembering James Dean, parte del cual está incluido en el capítulo "Valentino Redux".

Finalmente quiero agradecer a Stephen Friedman del PEN American Center por los consejos que generosamente me dio cuando los necesité.

Recibí material de investigación del museo Histórico de Fairmount, la Biblioteca Pública de Fairmount, la Biblioteca Pública de Houston, la Galería James Dean, la Biblioteca Pública de Marion, el Museo de Televisión y Radio y el Departamento de Artes Interpretativas de la Biblioteca Pública de Nueva York. En relación a las entrevistas y otra ayuda, me gustaría dar las gracias a Sylvia Bongiovanni, Hugh Caughell, Tony Cichiello, Dick Clayton, Linda Cummings, Winton Dean, Carol Easton, Megan Foley, William Fox, David Garfield, Zina Glad, Jon Harned, Julie Harris, Lianne Hart, Venable Herndon, Val Holley, Steve Josephson, Francis Kiernan, Ralph Levy, David Loehr, Ronald Martinetti, Elizabeth McBride, Sylvia Miles, Dona Munker, Adeline Brookshire Nall, Vivian Nathan, Jeff Nelson, Gene Neilsen Owen, Jerry Payne, Bob Pully, Jack Raup, Roy Schatt, Bertha Seward, Jarre Sheldon, Jayne Skinner, Clyde Williams Smitson, Saundra Webb Smitson, Ruth Wilson

Stegmoller, John Stix, Lois Underhill, Richard Vincent, Ann Warr, Harry Warr, Christine White, Marcus Winslow, Jr., Larry Wood y Nancy Wood.

De entre los fans de Dean me gustaría agradecer a Tom Berghuis, Scott Brim, Bobby Dean, Ana DeLuca, Bryan DeLuca, Travis Feldman, Larry Ledgerwood, Del Rey Loven, Arnold Siminoff, Jim Sorg y Heather Thatcher. Naturalmente, me hubiese gustado entrevistarme con Donald Turnupseed para que me hablara sobre las circunstancias del accidente que costó la vida de James Dean, pero cuando le llamé a su casa de Tulare, California, la tarde del 31 de julio de 1993, obtuve una respuesta negativa. Después de identificarme y decirle que estaba escribiendo un libro sobre Dean, me dijo bruscamente: «No nos interesa hablar del tema.» Y colgó el telefono.

También ha contribuido a la realización de esta obra la lectura de los siguientes libros: "James Dean", de William Bast; "The Unabridged James Dean", de Randall Riese; "The James Dean Story", de Ronald Martinetti; "The Death of James Dean", de Warren Newton Beath; "James Dean: A Portrait", de Roy Schatt; "A Life", de Elia Kazan; "Montgomery Clift", de Patricia Bosworth; "The Drama of the Gifted Child", de Alice Miller; "A Player's Place", de David Garfield; "Haywire", de Brooke Hayward; y "Marilyn", de Norman Mailer. Jonathan (ahora John) Gilmore me proporcionó una gran cantidad de información sobre su amistad con Dean, tanto a través de sus diarios personales como mediante horas de conversación; no podría haber escrito algunas partes de "Diez mil caballos cantando", "Broadway y la Motorola" y "James Dean" con tanto detalle de no haber sido por la cooperación de Gilmore.

El título de este libro fue tomado de un cuadro de Helnwein, basado en una fotografía de Dennis Stock. Finalmente, de "Viking", estoy en deuda con Amanda Vaill, que adquirió los derechos americanos de este libro en el verano de 1991, y con Al Silverman, quien se interesó por el libro, así como con Dawn Seferian, que lo editó con sensibilidad, comprensión y destreza.